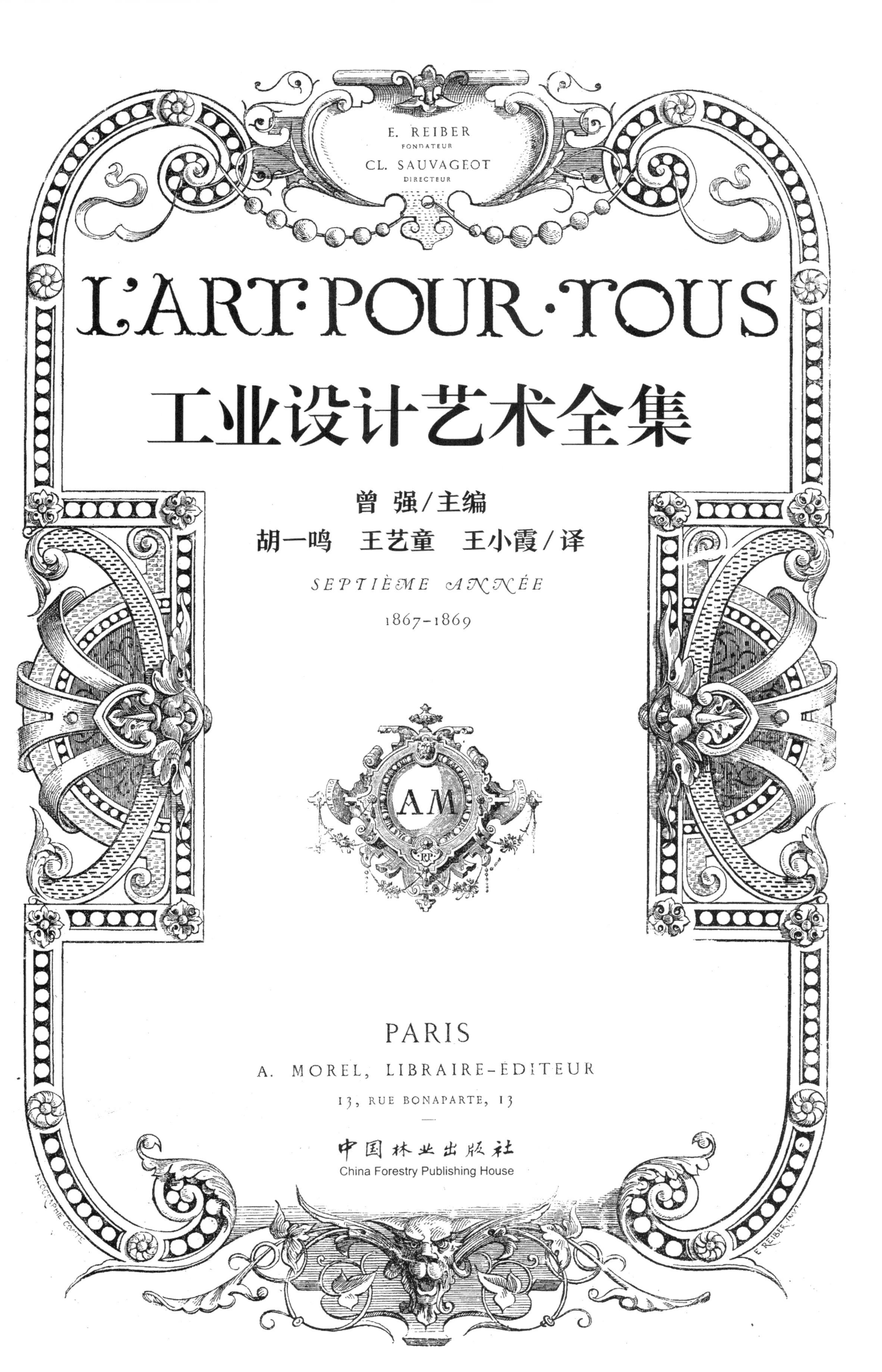

E. REIBER
FONDATEUR
CL. SAUVAGEOT
DIRECTEUR

L'ART·POUR·TOUS

工业设计艺术全集

曾 强/主编
胡一鸣　王艺童　王小霞/译

SEPTIÈME ANNÉE

1867-1869

AM

PARIS
A. MOREL, LIBRAIRE-ÉDITEUR
13, RUE BONAPARTE, 13

中国林业出版社
China Forestry Publishing House

TABLE DES MATIÈRES

目 录

PAR ORDRE DE PUBLICATION

SEPTIÈME ANNÉE

(1867-1868)

NUMÉROS	PAGES	FIGURES	SUJETS DE LA COMPOSITION		AUTEURS	ÉCOLES
CXCIII...	45	1756-63	Médailles historiques	纪念章	»	Allemande.
	46	1764	Panneau en bois sculpté	木雕镶板	»	Française.
	47	1765	Casque de parade	骑士头盔	»	Italienne.
	48	1766-69	Panneaux de bois sculpté au Caire	开罗木雕镶板	»	Arabe.
CXCIV...	49	1770	Brûle-parfums en bronze	青铜香炉	»	Japonaise.
	50	1771-77	Frises et culs-de-lampe	带状装饰和尾花	»	Française.
	51	1778	Ameublements intérieurs (*fac-simile* d'une gravure)	室内装饰（雕刻品写真）	JEAN VREDEMAN-VRIÈS.	Flamande.
	52	1779	Puits en fer forgé (hôtel de Cluny, à Paris)	铁艺石井（巴黎克吕尼公馆）	»	Française.
CXCV....	53	1780	Arabesques, ornements courants	蔓藤装饰、常见饰物	NICOLETTO, DE MODÈNE.	Italienne.
	54	1781-82	Chandeliers en faïence émaillée	彩陶烛台	»	Française.
	55	1783	Buste de jeune fille (terre cuite)	少女半身雕像（赤土陶器）	HOUDON.	Française.
	56	1784-85	Heurtoirs en fer repoussé	铁艺门环	»	Française.
CXCVI...	57	1786	Meuble à deux corps en noyer sculpté	双扇雕花胡桃木橱柜	»	Bourguignonne.
	58	1787-88	Grille en fer forgé	铁艺大门	»	Française.
	59	1789	Cheminée au château de Cormatin	科马丹城堡的壁炉	»	Française.
	60	1790-91	Épi de couronnement en terre cuite émaillée	尖状物陶器	»	De Lisieux.
CXCVII..	61	1792	Vase décoratif (*fac-simile* d'une gravure)	花瓶饰品（雕刻品写真）	CAUVET.	Française.
	62	1793	Pièce décorative en ivoire (Hercule et Cacus)	象牙装饰品（赫拉克勒斯和卡库斯）	»	Flamande.
	63	1794	Cuirasse et casque en fer repoussé	铁制盔甲和头盔	»	Italienne.
	64	1795-97	Frises. — Compositions diverses	带状装饰、各类作品	TORO.	Française.
CXCVIII.	65	1798	Rondache en fer repoussé et ciselé	浮雕盾牌	»	Italienne.
	66	1799	Tissu en soie avec appliques de velours	贴花浮丝绒布料	»	Française.
	67	1800-3	Frises. — Bordures, décoration de marlis	带状装饰、边框、边饰	»	De Rouen.
	68	1804-10	Vases divers en bronze	各种青铜花瓶	»	Étrusque.
CXCIX...	69	1811	Pendule en cuivre doré	镀金铜钟	»	Française.
	70	1812-15	Entourages, nielles	边饰、乌银镶嵌装饰	LE PETIT BERNARD.	De Lyon.
	71	1816	Aiguière et son bassin (métal incrusté)	水壶和凹盘（嵌银）	»	Persane.
	72	1817	Cuirasse ornée, d'après un dessin inédit	护甲、设计图纸	J. COUSIN.?	Française.
CC......	73	1818	Statuette en bronze de Gattamelata	格太梅拉达的青铜雕像	DONATELLO.	Florentine.
	74	1819-21	Armes diverses damasq. — Halleb., roncone, pertuisane	各类钢制武器、戟、意大利龙科内、阔头枪	»	Franç., Allem., Ital.
	75	1822-23	Cartouches, compositions	涡形装饰、艺术作品	TORO.	Française.
	76	1824-25	Panneau en chêne sculpté	橡木雕刻板	»	Française.
CCI.....	77	1826	Groupe de satyres	萨蒂尔家族	»	Française.
	78	1827	Coffre ou bahut en bois sculpté	木雕行李箱或旅行箱	»	Française.
	79	1828-29	Aiguière en bronze	青铜水壶	»	Arabe.
	80	1830-40	Bagues, montures de camées	戒指、镶嵌宝石	»	Française.
CCII.....	81	1841	Statues d'un portail à la cathédrale de Chartres	沙特尔大教堂门上的雕像	»	Française.
	82	1842	Alphabet d'initiales ornées, tiré d'un manuscrit	带装饰的大写字母表	»	Française.
	83	1843-44	Compositions de cheminées	壁炉组合	J. LE PAUTRE.	Française.
CCIII....	84	1845	Plat en cuivre émaillé	搪瓷铜盘	»	Française.
	85	1846	Croix reliquaire en cuivre doré	镀金铜洛林十字架	»	De Limoges.
	86	1847-48	Coffret en fer forgé et ciselé	镂空铁箱子	»	Française.
	87	1849	Dessus de table en marqueterie	细木镶嵌桌面	»	Flamande.
CCIV....	88	1850	Figures décoratives en terre cuite	赤土陶浮雕	»	Grecque.
	89	1851-56	Médailles historiques en bronze	青铜纪念章	»	Allemande.
	90	1857-60	Fragments de verrières en grisaille	彩色玻璃	»	Française.
	91	1861	Soufflet en bois sculpté	木雕风扇	»	Française.
CCV.....	92	1862	Canette ou cruchon en grès de Flandre	佛兰德陶罐	»	Flamande.
	93	1863	Bordures typographiques	边饰印刷装饰	»	Vénitienne.
	94	1864-65	Crédence en bois sculpté	木雕书柜	»	Française.
	95	1866-68	Trépieds en fer forgé	铁艺三脚架	»	Italienne.

E i j

PARIS. — J. CLAYE, IMPRIMEUR, 7, RUE SAINT-BENOIT. — [706]

HUITIÈME ANNÉE

(1868-1869)

NUMÉROS	PAGES	FIGURES	SUJETS DE LA COMPOSITION	AUTEURS	ÉCOLES
CCVI. . . .	96	1869	Crédence en noyer sculpté 胡桃木雕餐具柜	»	Flamande.
	97	1870-73	Nielles. — Entourages typographiques 乌银镶嵌装饰、边框印刷装饰	LE PETIT-BERNARD.	Lyonnaise.
	98	1874	Couvertures de livre 书籍封面	»	Française.
	99	1875-76	Cratères en terre cuite 陶制容器	»	Grecque.
CCVII. . . .	100	1877	Vases italiotes en terre 意大利陶制器皿	»	Étrusque.
	101	1878-79	Coffres en bois sculpté 木雕箱	»	Flamande et Italienne.
	102	1880	Brûle-parfums en bronze 青铜香炉	»	Chinoise.
	103	1881	Chanfrein de cheval en acier repoussé 金属马面盔甲	»	Italienne.
CCVIII. . .	104	1882	Grand plat émaillé 大陶瓷盘	BERNARD PALISSY.	Française.
	105	1883-86	Ornements courants. — Frises décoratives 常见饰物、边框装饰	»	Grecque.
	106	1877	Peinture sur un vase trouvé à Agrigente 阿格里真托花瓶上的绘画	»	Grecque.
	107	1888	Encadrement et marque d'imprimeur 刻印符号的边框	»	Lyonnaise.
CCIX. . . .	108	1889	Coffre en bois sculpté 木雕箱	»	Allemande.
	109	1890-98	Montures diverses de camées 各种镶嵌宝石的浮雕	»	Française et Allemande.
	110	1899	Gourde ou bouteille de chasse 水壶或狩猎瓶	»	Italienne d'Urbino.
	111	1900	Caparaçon de parade 马披	»	Milanaise.
CCX.	112	1901	Mouchoir brodé en batiste 细亚麻布绣花手帕	»	Italienne.
	113	1902-05	Crédence en chêne sculpté 橡木雕碗柜	»	Française.
	114	1906-07	Encensoirs en cuivre orné de gravures 铜雕香炉	»	Italienne.
CCXI. . . .	115	1908	Pendule incrustée de diamants 镶钻座钟	»	Française.
	116	1909	Coffre avec armature en fer 带铁架柜子	»	Espagnole.
	117	1910-14	Amphores. — Amphorisques. — Hydries 双耳尖底瓮、双耳瓶、三耳瓶	»	Grecque.
	118	1915-23	Bijoux. — Pendants d'oreilles, en or 首饰、耳坠等	»	Romaine.
CCXII. . .	119	1924-26	Vases, Burette en faïence émaillée 花瓶、彩陶细柄瓶	»	Persane.
	120	1927	Reliquaire en cuivre doré 镀金铜圣祠	»	Allemande.
	121	1928	Cartel avec sa gaîne 带长柜钟表	»	Française.
	122	1929-31	Mascarons de porte en fer repoussé 铁制面具门饰	»	Française.
CCXIII. . .	123	1932	Bouclier dit de Charles-Quint en fer repoussé 查理五世铁制圆盾	»	Italienne.
	124	1933	Trumeau orné de glaces 镀金饰墙面	»	Française.
	125	1934	Compositions. — Encadrements. — Vases 艺术作品、边饰、容器	J. LEPAUTRE.	Française.
	126	1935	Dessins de table en ébène incrusté d'ivoire 嵌象牙乌木桌面	»	Italienne.
CCXIV. . .	127	1936	Triptyque en ivoire sculpté 象牙雕刻三联画	»	Française.
	128	1937	Coffret en fer à couvercle cintré 拱形盖铁箱	»	Française.
	129	1938-39	Aiguière en argent oxydé 银水壶	»	Japonaise.
	130	1940-41	Vignettes. — Fleurons. — Culs-de-lampe 卷首插图、花饰、尾花	St.-NON et BERTHAULD.	Française.
CCXV. . . .	131	1942	Couverture de livre en maroquin 皮制书籍封面	»	Française.
	132	1943	Compositions diverses. — Cartouches 各种作品、涡形装饰	»	Flamande.
	133	1944	Aumônière à fermoir en acier 带铁扣的布施袋	»	Française.
	134	1945-49	Rhytons en terre cuite 赤土来通	»	Romaine.
CCXVI. . .	135	1950	Poire à poudre en ivoire sculpté 象牙雕火药筒	»	Italienne.
	136	1951-54	Coupes. — Verres à pied 高脚玻璃杯、玻璃底	»	Italienne de Venise.
	137	1955-56	Plaques de foyer en fonte de fer 铸铁壁炉板	»	Française.
	138	1957-59	Vignettes. — Fleurons. — Culs-de-lampe 卷首插图、花饰、尾花	P. CHOFFART.	Française.

Fi

NUMÉROS	PAGES	FIGURES	SUJETS DE LA COMPOSITION		AUTEURS	ÉCOLES
CCXVII. .	139	1960-61	Peigne en bois découpé à jour	木质几何形镂空装饰梳子	»	Flamande.
	140	1962	Peintures murales polychromes à Notre-Dame de Paris	巴黎圣母院的彩色壁画	E. Viollet-le-Duc.	Franç. contemporaine.
	141	1963	Peintures murales polychromes à Notre-Dame de Paris	巴黎圣母院的彩色壁画	E. Viollet-le-Duc.	Franç. contemporaine.
	142	1964-65	Compositions diverses. — Cartouches	各类艺术作品、涡形装饰	»	Flamande.
CCXVIII. .	143	1966	Plafond peint au château d'Ancy-le-Franc	昂西勒弗郎设计的城堡天花板彩绘	»	Franco-Italienne.
	144	1967-71	Hallebardes et pertuisanes damasquinées	钢制戟和阔头枪	»	Française et Allemande.
	145	1972-74	Buires en faïence peinte	彩陶瓶	»	Française de Strasbourg.
	146	1975-76	Compositions diverses. — Frises	各类艺术作品、带状装饰	J.-B. Toro.	Française.
CCXIX. . .	147	1977	Partie d'un retable peint et sculpté	彩绘雕刻的圣坛屏风	»	Flamande.
	148	1978-82	Types comiques en terre cuite	赤土陶面具	»	Grecque.
	149	1983	Biberon en faïence d'Oiron	瓦隆彩陶瓶	»	Française.
	150	1984-85	Clôtures ou grilles en fer forgé	铁艺栏杆	»	Française.
CCXX. . . .	151	1986	Fragment de guipure	镂空花边装饰物的碎片	»	Flamande.
	152	1987	Porte du cabinet de Sully à l'Arsenal	阿森纳博物馆的内部装饰	»	Française.
	153	1988	Urne contenant le cœur de François Ier	装有弗朗索瓦一世心脏的瓶子	Pierre Bontemps.	Française.
	154	1989-92	Trépied en bronze	青铜三脚架	»	Romaine.
CCXXI. . .	155	1993	Peintures à fresque. — Arabesques	壁画、蔓藤花纹	Luca Signorelli.	Italienne.
	156	1994-99	Vignettes. — Fleurons. — Culs-de-lampe	卷首插图、花饰、尾花	P.-G. Berthauld.	Française.
	157	2000-03	Salière en faïence émaillée d'Oiron	瓦隆彩陶盐罐	»	Française.
	158	2004-07	Balcons en fer forgé	铁艺栏杆	»	Française.
CCXXII. .	159	2008	Diane chasseresse. — Bas-relief en marbre	女猎人黛安娜、大理石浅浮雕	»	Française.
	160	2009	Chaire à prêcher de Notre-Dame de Paris (ensemble)	巴黎圣母院讲坛（整体）	E. Viollet-le-Duc.	Franç. contemporaine.
	161	2010-12	Chaire à prêcher de Notre-Dame de Paris (détails)	巴黎圣母院讲坛（细节）	E. Viollet-le-Duc.	Franç. contemporaine.
	162	2013-14	Candélabres en bronze	青铜烛台	»	Romaine.
CCXXIII. .	163	2015	Vase à émaux cloisonnés	景泰蓝瓷瓶	»	Chinoise.
	164	2016	Châsse ou reliquaire en cuivre doré	镀金铜石狮支墩庙宇	»	Allemande.
	165	2017-18	Antéfixes en terre cuite peinte	彩绘陶制瓦檐饰	»	Grecque.
	166	2019-22	Marqueterie d'écaille et de cuivre	镶嵌细工装饰带	Boule.	Française.
CCXXIV. .	167	2023-24	Buires ou petites aiguières en faïence	中世纪的陶制长颈壶	»	Hollandaise.
	168	2025-26	Bahut en chêne sculpté	橡木雕柜子	»	Flamande.
	169	2027-28	Burettes en faïence émaillée	彩陶圣水壶	»	Française.
	170	2029-30	Chandeliers en fonte de bronze	铁铸青铜烛台	»	Chinoise.
CCXXV. . .	171	2031	Cadre d'un miroir en bois sculpté	木雕镜框	»	Italienne.
	172	2032	Peintures à fresque. — Arabesques	壁画、蔓藤花纹	Luca Signorelli.	Italienne.
	173	2033	Couverture de livre	书籍封面	»	Française.
	174	2034-35	Dessins et composition. — Encadrements	绘画艺术作品、边饰	Bernardino Poccetti.	Italienne.
CCXXVI. .	175	2035	*L'Adoration des Mages,* émail	膜拜圣人、珐琅	Penicaud.	Française de Limoges.
	176	2036	Casque d'après un dessin ancien	头盔图样	P. de Caravage.	Italienne.
	177	2037-38	Porte en bois du château d'Anet	安奈城堡的木门	P. de l'Orme.	Française.
	178	2039-42	Brasero et chaufferettes	火盆和暖脚器	»	Flamande.
CCXXVII.	179	2043-47	Panneaux ou montants en bois sculpté	门或木雕柱子	»	Française.
	180	2048	Commode ornée d'incrustations	镶嵌细工梳妆台	Boule.	Française.
	181	2049-50	Dessins et compositions diverses	各类图画作品	»	Italienne.
	182	2051-55	Vases divers en terre noire	各种陶制容器	»	Étrusque.
CCXXVIII.	183	2056	Cuir gauffré et doré	饰金压花皮革	»	Française.
	184	2057	Encadrements. — Frontispices	边饰、卷首插画	Babel.	Française.
	185	2058	Figures décoratives. — Frises	人物装饰、檐壁	»	Grecque.
	186	2059-63	Gaînes et supports en bois sculpté	木雕支柱	»	Française.
CCXXIX. .	187	2064	Cadre en bois sculpté	木雕边框	»	Française.
	188	2065-66	Saladier en faïence émaillée (chromo)	彩陶盘（彩色）	»	Française de Rouen.
	189	2067-69	Entrelacs tirés d'un manuscrit	缏带饰绘图原稿	»	Saxonne.
	190	2070	Vase votif, terre cuite	许愿瓶、陶制	»	Grecque.

PARIS. — J. CLAYE, IMPRIMEUR, 7, RUE SAINT-BENOIT. — [849]

XVIe SIÈCLE. — ÉCOLE ITALIENNE. **MIROIR AU BOIS SCULPTÉ.**

(COLLECTION DE M. RÉCAPÉ.)

1643

Ce qui frappe tout d'abord dans ce petit meuble, dont l'exécution est assez remarquable, c'est qu'il doit être placé d'angle non sur une des faces du carré. Cette disposition est nettement indiquée par deux des mascarons sculptés dans un sens identique, tandis que les têtes du côté opposé sont dirigées vers le centre de l'objet.

Bien que ce miroir n'ait conservé aucune trace de dorure, on peut supposer que diverses parties ont dû être rehaussées d'or, et notamment la rangée d'oves qui contourne la glace, ou miroir proprement dit, et les fruits peut-être qui courent à travers les échancrures du cadre.

这件体积不大的民用家具，制作精良，从外形可以看出它的摆放角度（上下两个直角对角线与水平面垂直），而不是沿正方形边水平摆放（上下两条边与水平面平行）。这是因为其中的两个雕刻的面像都朝向同一方向，同时，另外的两个方向相反的面像都朝向家具的中心部位。

虽然这面镜子没有镀金的痕迹，但可以推测出的是若干部位是用黄金装饰，尤其是镜子边缘的圆珠，以及镜子边框凹陷处的果实状的圆珠可能也是黄金质地的。

In this little piece of household furniture, rather remarkable for its execution, that which strikes at once is that it ought to be placed angularly and not on one of the square's faces. This particularity is clearly indicated by two of the carved masks having an identical direction, whilst the opposite ones are looking towards the centre of the object.

Although no trace of gilding is to be seen in this looking-glass, one may surmise that divers portions of it were set off with gold, especially the row of ovuli edging the very looking-glass, and perhaps the fruits thrown along the hollowings of the frame.

XVIIe SIÈCLE. — FABRIQUE ITALIENNE. MEUBLES. — CABINET EN ÉBÈNE INCRUSTÉ D'IVOIRE.

(APPARTENANT A M. DE MONBRISON.)

1644

Si la forme générale de ce meuble est peu élégante, il prend en revanche une véritable importance, un sérieux intérêt, par les incrustations dont il est couvert depuis le bas jusqu'au sommet. La partie inférieure du coffre ne montre, comme incrustation, que des ornements en ivoire se détachant sur fond noir. Mais la partie centrale, divisée en douze parties qui sont autant de tiroirs, montre des arabesques et des scènes de chasse souvent très-remarquables. Dans la partie supérieure se voit la Fortune; et de chaque côté des animaux dont le symbolisme nous échappe.

如果说这件家用物品的整体外形缺少雅致的话，其从上到下的纹饰镶嵌所体现出的真正的艺术价值和庄严的吸引力，便能多少补偿这一不足。储物柜的底端嵌有全部为乳白色的装饰物，与柜子黑色的底色区分开来。中间部分有十二个分格，每一个都是一个独立的抽屉，每个抽屉都刻有精美的漩涡花饰和狩猎题材的图画。顶端部分中间装饰有命运女神，左右分别装饰了动物图案，如果它们有具体的象征的话，那么对此我们目前尚未知晓。

If the general shape of this article of household-stuff may be said little elegant, by way of compensationthe object does possess a real importance and presents a serious interest, through the incrustations with which it is covered from top to bottom. The lower part of the coffer is inlaid only with ivory ornaments detaching themselves on a black ground. But the central part with its twelve divisions, every one of which is a drawer, contains arabesques and hunting subjects often very remarkable. In the upper part are seen Fortune and, right and left, animals having we don't know which symbolisation, if any.

XVIe SIÈCLE. — CÉRAMIQUE PERSANE.

ACCESSOIRES DE TABLE. — AIGUIÈRES ET BUIRES MONTÉES EN ORFÉVRERIE.

La représentation de figures humaines est, dans toutes les parties de l'Orient qui obéissent aux lois de Mahomet, rigoureusement défendue. Aussi les artistes persans, scrupuleux observateurs de cette défense, n'emploient-ils que les fleurs et les animaux dans toutes leurs décorations. Dans la faïence émaillée surtout, les fleurs jouent un rôle important. On y voit souvent la tulipe, à l'origine fleur sacrée, la rose pourpre, la jacinthe, le chèvrefeuille, l'œillet d'Inde et l'œillet à longue tige. Ces fleurs sont représentées à peu près au naturel ou franchement ornemanisées. Les Persans attribuent à chaque fleur, comme à chaque parfum, un sens caché: on comprend dès lors leur prédilection pour les fleurs.

Dans les deux objets ci-contre, le couvercle seul est en argent ainsi que l'extrémité du goulot de l'aiguière. Cette dernière, chose à signaler, est semée çà et là de pierres précieuses.

❀

在每一个信奉伊斯兰教的西方国家，代表人像的图案都是严格禁止的。因此波斯的艺术家们都小心谨慎地遵守着这一禁令，只使用花朵和动物作为装饰图案。尤其是珐琅彩陶器，花朵图案是十分重要的一部分。由此，起初最常见的是视为神圣花朵的郁金香、紫玫瑰、风信子、金银花、万寿菊和长茎石竹花。这些花的姿态或是自然生长，或是常有观赏性的随意的弯曲缠绕。同样的，对于每一种花和香气，波斯人认为它们都具有一种神秘感。因此波斯人对花朵的偏爱是可以理解的。图中的两个水壶，壶盖都是银质的，此外引人注目的还有水壶颈部的表面，是用宝石装饰的。

1645 1646

In every Eastern country where Mahometan law reigns supreme, the representation of human figures is strictly forbidden. So the Persian artists, scrupulous observants of that prohibition, use in every decoration of theirs but flowers and animals. Specially in the enamelled faiences, have the flowers an important part to play. There, we often see the tulip, originally a sacred flower, the purple rose, the hyacinth, the honey-suckle, the African marigold and the long-stalked pink. Those flowers are represented either pretty much natural or freely distorted for ornamental purposes. To each bloom and perfume likewise, the Persians ascribe a secret sense. Therefore one may understand their being partial to flowers.

In these two objects, the lid only is of silver, as well as the tip of the neck of the ewer, which, and that must not be passed unnoticed, is strewn with precious stones.

❀

XVIe SIÈCLE. — TYPOGRAPHIE PARISIENNE.
(HENRI II.)

LETTRES MAJUSCULES ORNÉES,
TYPES ROYAUX.

1647

1648

1649

1650

1651

1652

1653

1654

1655

1656

1657

1658

1659

1660

1661

Nous renvoyons, au sujet de ces beaux caractères ornés, au quatrième vol. de *l'Art pour tous*, page 60 et 92, où des lettres de ce genre ont déjà trouvé place.

本页所示的这些精致的字母，读者朋友们可以参阅《艺术大全》第四年的第 60 页和 92 页，其间介绍了同种类型的字母装饰。

For these fine ornated characters, we refer our readers to the fourth vol. of *l'Art pour tous*, pages 60 and 92, where letters of the same kind have been already shown.

XVIe SIÈCLE. — ORFÉVRERIE. — ÉMAUX PEINTS.

(COLLECTION DE M. BASILEWSKI.)

ACCESSOIRES DE TABLE. — BUIRE ÉMAILLÉE.

(JEAN PENICAUD OU SON ÉCOLE.)

In the art's kingdom, nothing comes to life abruptly : so it is only after the feudal epoch, if we may use that expression, of the *cloisonné, champlevé* and translucid enamelling, that comes the reign of the painted enamels of which one of the finest examples is here given. During the Renaissance the artists are trying to get into enamels and stained glasses the charm of colours, and to drive away the rigidness of contours; and this revolution seems to be arrived at from all but a desire of reproducing more freely and fully the portraits or decorative pictures, the quick processes of which Italy had taught France, and above all for the sake of economy, an important question, the key to, and the first cause of, the successive transformations of all the industrial arts. Nardon Penicaud, a painter on glass, of Limoges, appears as having promoted this reform, which was carried on by several members of his family.

The ewer of Mr. Basilewski has for its main subject, on the vase's belly : Moses striking the rock (*Exodus*, ch. XVII). Women holding vessels are waiting for the water which is to gush out of the rock, whilst others are hastening to the spot. A group of men are showing their astonishment by eloquent gestures; then two females seem to give the news to an old man who exerts himself to run up. All those scenes, delineated on a black ground, are intersected by a vigorous vegetation. The four medallions at the top have a red or black ground. A satyr under a drapery occupies the centre of the neck, and the handle is decorated with white ornaments set off with gold.

4662

在艺术的王国里，没有什么是忽然兴盛起来的：在封建时期（如果我们可以这样称呼这一时期的话），景泰蓝、镶嵌珐琅和半透明珐琅盛行；封建时期之后，迎来了绘制珐琅的全盛时期，本页展示的就是这一时期的名作之一。文艺复兴时期，艺术家们开始尝试用搪瓷和彩色玻璃来展示色彩的魅力，以及尝试着去除线条轮廓上的生硬。这一变革几乎涉及到了方方面面，除了更加自由和完善地复制人物肖像和装饰图案。这一变革十分迅速地从意大利传到了法国，尤其是为了经济上的利益，而这一变革也成为了后续工业艺术连续转变提升的重要议题、关键点和首要原因。来自利摩日的玻璃画家纳尔顿・佩尼柯（Nardon Penicaud）极大地推动了这一变革，而他的事业也由几位他的家庭成员传承了下来。

贝西莱夫斯基（Basilewski）先生制作的水罐的重要部分，主要集中在瓶身上：摩西击打磐石（出埃及记，十七章）。在其他人都在急忙赶到摩西击打磐石的地方时，女人们拿着容器等着水从岩石里涌出。几个男人手势生动，对摩西的举动显得十分惊讶，接着两个女人似乎是把这个消息告诉了一个在努力跑过去的老人。所有的这些场景，都描绘在黑色的背景上，由一种生长茂盛的植物连接了起来。水罐顶部的四个圆形图饰的背景是红色的和黑色的。帷幔下的萨蒂尔（Satyr）占据了罐颈的中心位置，把手上装饰的白色饰物是黄金打造的。

Rien n'éclôt brusquement dans le domaine des arts, et c'est après avoir passé par les émaux cloisonnés, champlevés et translucides, époque féodale de l'émaillerie, si l'on peut ainsi s'exprimer, que l'on arrive aux émaux peints, dont nous présentons ci-dessus un des plus beaux exemples. A la Renaissance, dans les vitraux et dans les émaux, on s'applique à chercher l'agrément de la couleur, à repousser l'austérité des contours, et cette révolution paraît se faire surtout par le désir de traduire plus librement et plus fidèlement les portraits ou les scènes décoratives dont l'Italie avait enseigné à la France les rapides procédés, et surtout aussi par la grande question d'économie qui est le secret, la cause première des transformations successives de tous les arts industriels. Nardon Penicaud, peintre verrier de Limoges semble avoir été le promoteur de cette réforme et il eut dans sa famille plusieurs continuateurs.

L'aiguière de M. Basilewski montre, comme sujet principal, sur la panse du vase : Moise frappant le rocher (*Exode*, ch. XVII). Des femmes munies de vases attendent que l'eau jaillisse du rocher, tandis que d'autres accourent empressées. Un groupe d'hommes montre sa surprise par des gestes éloquents, puis deux femmes semblent annoncer la nouvelle à un vieillard qui fait des efforts pour accourir. Une végétation vigoureuse sépare toutes ces différentes scènes se dessinant sur fond noir. Les quatre médaillons du sommet sont sur fond rouge et sur fond noir. Un satyre sous une draperie occupe le centre du col, et l'anse est décorée d'ornements blancs rehaussés d'or.

6 XVIIIe SIÈCLE. — FABRIQUE FRANÇAISE.

(FIN DE LOUIS XV.)

MEUBLES. — FAUTEUIL ET CHAISE,

RECOUVERTS EN TAPISSERIE,

APPARTENANT A M. RÉCAPPÉ.

1663

1664

La structure du mobilier, dont nous montrons deux pièces seulement, est correcte et sévère, mais élégante en même temps et parfaitement étudiée et soignée. La tapisserie, d'une couleur harmonieuse, est par exemple d'une exécution souvent naïve, surtout en ce qui concerne les personnages qui ont trouvé place, soit sur le siége, soit au centre du dossier.

此类民用家具的结构合理，精益求精，在这里我们只举出了两例；除此之外，它们还经过了全面的研究和精细的制作。我们承认色彩和谐的织锦做功还不成熟，特别是椅座或椅背上的人物的刻画。

The structure of the household furniture, of which we give only two pieces, is correct and even severe; but, withal, perfectly studied and carefully executed. We confess to the tapestry, of harmonious colouring, having often a naivety of execution, specially with the personages represented either on the seat or on the centre of the back.

XIIe SIÈCLE. — ÉCOLE FRANÇAISE.

(COLLECTION DE M. DIDOT.

L'ANNONCIATION.

MINIATURE SUR VÉLIN.

1665

La scène de l'Annonciation est ici divisée en deux : au recto du livre se voit l'ange Gabriel, et sur le verso la sainte Vierge.

Ces deux compositions sont loin d'être parfaites au point de vue du dessin ; mais elles sont d'une couleur harmonieuse et d'une disposition ingénieuse. Les personnages sont entourés d'un cadre orné d'une architecture libre et possible seulement dans une vignette. Les fonds presque identiques laissent voir à travers les ouvertures de la loge un horizon de paysage.

Nous ne savons ce qui a pu motiver à l'une de ces miniatures un emblème lugubre, si ce n'est que la personne qui a fait exécuter ces dessins, étant veuve, elle a voulu rappeler ainsi le souvenir de son époux dans la tombe.

《圣母领报》这幅画在这里被分成了两部分：正面是天使加百列（Gabriel），背面是圣母（Virgin）。就绘画而言，这两幅作品都不能称之为完美，但是它们都具有和谐的色调和精巧的布局。画中人物身边都环绕着一个结构不规则的装饰框，并且只容得下一个花饰。透过门廊的空隙，两幅画中几乎相同的背景可以让人看到风景的延伸。其中一幅画饰中表示葬礼的象征缘由，我们无从知晓，也许可以推测为创作这两幅画的人是一个寡妇，想以此来纪念她的亡夫。

The Annunciation is here divided into two scenes : on the obverse, the angel Gabriel is seen, and on the reverse, the Holy Virgin.

Both compositions are far from being perfect in respect of the drawing ; but they possess harmony of colour and ingeniousness of disposition. Their personages are encircled with an ornamented frame of a wild architecture, admissible only in a vignette. The almost identical back-grounds let one see, through the apertures of the loggia, the development of a landscape.

We do not know the reason of the funeral emblem in one of the miniatures ; perhaps it may be guessed that the person, who had those drawings executed, was a widow, and wished so to bring the remembrance of the spouse entombed.

1666

XVIe ET XVIIe SIÈCLES. — FABRIQUES FRANÇAISES ET ITALIENNES.

FLAMBEAUX EN CUIVRE ET EN BRONZE.

1667

1668

1669

La figure centrale, 1669, est en bronze et d'origine italienne. Elle est d'un grand caractère; mais le pied nous paraît avoir bien du développement.

Les figures 1667 et 1668 sont en cuivre doré et d'un travail français. Des figures pleines de mouvement, un satyre et une bacchante, forment la tige. Quelques parties sont mates et tout le reste bruni.

中间图 1669 是一件产于意大利的青铜艺术品。这件艺术品风格华丽；但我们认为它的底座还有很大的提升空间。

图 1667 和图 1668 都是法国制造的鎏金铜艺术品。它们的柱身都是栩栩如生的人物形象，分别是萨蒂尔（Satyr）和酒神巴克斯的女祭司。除了个别死角，整件艺术品都被打磨光亮了。

The central fig. 1669 is of bronze and of Italian origin. It has a grand style; but its foot seems to us to have a rather large development.

Figures 1667 and 1668 are copper gilt and of French make. A Satyr and a Bacchante, both lively figures, form the tige. With the exception of a few dead spots, the whole is burnished.

XVIe SIÈCLE. — SCULPTURE FRANÇAISE.
(HENRI III.)

PANNEAU DE BOIS SCULPTÉ.
COLLECTION DE M. ACHILLE JUBINAL.)

1670

Nous ignorons d'où provient cet intéressant panneau de bois; mais on doit y voir, il nous semble, un des épisodes de la royauté de Henri III en Pologne. Ici, le jeune prince fait son entrée dans son nouveau royaume. Il est à cheval, précédé et suivi de deux nobles polonais. Le cadre de cette scène est du meilleur goût et d'une savante exécution, mais les personnages, en revanche, sont légèrement naïfs. Nous appelons l'attention du lecteur sur l'architecture qui compose le fond.

我们没有查到这块有趣的木画板的出处，但据我们保守估计，它应该是属于亨利三世统治时期下的波兰。在这幅画中，年轻的王子正在进入他的新王国。他骑在马背上，身边一前一后跟随着两个波兰的贵族。这一场景的框架构图独具匠心，技法娴熟，但必须要承认的是，画中对于人物的处理过于简单。我们建议读者可以把注意力集中在构成背景的建筑上。

We do not know where this interesting wood panel has come from; but we think we may safely enough give it as representing one of the episodes of the reign of Henry III., in Poland. The young prince is here represented as making his entry into his new kingdom. He is on horseback with two noble Poles, the one before, the other behind. The frame of that scene is of the best style and of a skilful execution; but the personages, it must be admitted, are rather naively treated. We call the reader's attention to the architecture which forms the back ground.

XVIe SIÈCLE. — ARQUEBUSERIE FRANÇAISE ET ESPAGNOLE.

POIRES A POUDRE EN IVOIRE.

COLLECTION

DE

M. LE Cte DE NIEUWERKERKE.

1671

La figure 1671, appartenant à M. le comte de Nieuwerkerke, est représentée de grandeur d'exécution. Le personnage qui en occupe le centre est Mars tirant son épée du fourreau. Cet objet date de 1532, ainsi que le constate une inscription placée à droite de la tête du dieu de la guerre. L'orifice est en cuivre, ainsi que les quatre anneaux de suspension. La fig. 1672 paraît représenter le combat d'Hercule et d'Antée. L'orifice et les deux autres points extrêmes, ainsi que les anneaux, sont garnis de cuivre tout le reste est en ivoire un peu jauni par le temps.

如图1671，这个按照原尺寸再现的火药筒，属于纽威赫奎克（Nieuwerkerke）伯爵。火药筒正中间的人物是正在拔剑的战神马尔斯（Mars）。火药筒制作于1532年，这一年份刻印在战神头部的右侧。筒口和四个吊环均为铜铸。图1672应为大力神赫拉克勒斯（Hercules）和安泰俄斯（Antaeus）间的战斗。它的筒口、两个分支的末端和两个一样的吊环也均为铜铸。火药筒的其他部分是象牙质的，随着时间的流逝已经出现了淡黄的色泽。

In fig. 1671, the powder-horn, belonging to the count of Nieuwerkerke, is reproduced full size. The personage in the centre is Mars unsheathing his sword. The date of the fabrication of this object is 1532, as stated in the inscription at the right of the head of the god of war. The orifice is of copper, as well as the four suspension rings. Fig. 1672 seems to represent the fight of Hercules and Antæus. The orifice, the two other extremities and the rings likewise, are of copper; all the rest is of ivory to which time has given a light yellowish hue.

COLLECTION

DE M. SPITZER.

1672

XVIe SIÈCLE. — MENUISERIE ET SCULPTURE. (HENRI III.)

CABINET OU MEUBLE A DEUX CORPS. (ÉCOLE DE FONTAINEBLEAU.)

(APPARTIENT A M. CL. SAUVAGEOT.)

Ce qui distingue ce meuble de la plupart de ceux fabriqués vers cette époque, c'est l'heureux agencement des lignes principales, à la fois pures, fermes, vraiment architecturales et l'emploi de plaques de marbre de diverses couleurs appliquées çà et là et qui donnent à ce cabinet un éclat et une richesse relatives qu'il n'aurait pas sans cela.

Toutes les moulures sont étudiées et d'une exécution qui ne laisse rien à désirer. La sculpture, employée avec une certaine réserve, est bien à sa place et généralement peu saillante. Il faut excepter les deux cygnes des panneaux inférieurs, les chimères marines des panneaux du haut et le mufle de lion, où s'adapte la poignée du tiroir, qui sont exécutés en haut relief.

Le meuble est en noyer et d'une couleur fort agréable. Peut-être les cannaux des colonnettes d'angle ont-ils été doré primitivement, mais on n'en voit pas trace aujourd'hui, et les entrées de serrures viennent seules emprunter à l'or un éclat assez nécessaire, et qui contraste avec les plaques de marbre en formant comme quatre petits points lumineux.

Le cabinet se termine par un fronton interrompu, au milieu duquel se dresse une statuette de sainte Cécile.

That which distinguishes this piece of household furniture from most of the ones executed about the same epoch, is the happy disposition of the principal lines at once pure, vigorous and truly architectural, and the use of diversely coloured marble plates, placed here and there and giving to this cabinet a relative brilliancy and richness of which their absence would deprive it.

All the mouldings are well studied and their execution leaves nothing to be desired. Here, sculpture made use of with a certain reserve is in the right place and generally little projecting. We must except the two swans of the lower panels, the sea-chimeræ of the upper panels, and the lion's head into whose muzzle fits the handle o the drawer, which are executed in high relief.

This object is in wall-nut wood and has a pleasant colouring. The flutings of the side columns have perhaps been gilt primitively, but no traces of that gilding are now to be discovered, and the key-holes alone borrow from gold a rather called for eclat, which nicely contrasting with the marble plates produces, so to say, four luminous spots.

The cabinet is terminated by an intersected pediment in the centre of which is seen a statue of Sancta Cecilia.

图中这一件家具从同一时期制造的其他大多数家具中脱颖而出，是因为其主线的布置令人赏心悦目，同时又纯粹有力，具有真正的建筑美；以及将不同颜色的大理石，布置在不同地方，给这个橱柜增添了交相呼应的光彩和华丽，缺少任何一部分都会使这种美丽失色。

所有的装饰线条都十分考究，制作精良。这件家具的雕刻在适当的地方作出了适当的保留，整体没有什么突出的地方。我们可以肯定的是底部两块大理石板上的天鹅，上部石板上的海中怪兽和狮头的鼻口部位安装的抽屉把手，都是运用高浮雕的制作工艺。

这件橱柜为胡桃木材质，色彩丰富。边柱的凹槽起初应该是镀过金的，但目前没有发现任何镀金的痕迹，令人高兴的是钥匙孔是金的，并很好的与大理石形成了对比。可以说它们就像四个发光点一样。

橱柜的顶端是分割的三角楣饰，三角楣饰的中央是圣塞西莉亚（Sancta Cecilia）的雕像。

XVIIIe SIÈCLE. — ÉCOLE FRANÇAISE.

(LOUIS XVI.)

PANNEAUX. — DÉCORATION PEINTE

D'APRÈS DES DESSINS INÉDITS.

(COLLECTION DE M. J. GUICHARD.)

1674 1675

Tous les motifs de panneaux peints, sculptés ou seulement dessinés de cette féconde époque offrent une véritable similitude, et sont, pour ainsi dire, le sceau d'une décoration gracieuse et élégante qui triompha à Versailles dans les intérieurs du Petit Trianon.

Il subsiste encore un grand nombre de dessins de maîtres de la fin du XVIIIe siècle, ayant trait aux décorations d'appartements, et la gravure, de son côté, n'a rien épargné pour populariser cette sorte de rénovation de l'art qui s'éteignit assez misérablement sous le Directoire et sous le premier Empire.

Les deux panneaux que nous figurons ici sont de la bonne époque de Louis XVI.

在那一个艺术品多产的时代，所有的油画板、雕刻面板或者只是设计用的面板，都画有逼真的肖像画，有人也许会说，高贵典雅的装饰风格的高潮时期开始于凡尔赛的小特里亚侬宫里。

在小特里亚侬宫中依然保留着大量 18 世纪末期艺术大师们的画作，这些画作大多是用来装饰房间的。这里还保留了大量雕刻艺术品，在法兰西第一帝国和督政府的统治下，这类艺术逐渐衰弱，而当时的艺术家们进行了各方面的尝试，只为重新恢复这类艺术的活力。

这两块嵌板创作于艺术发展十分兴盛的路易十六时期。

All the panels painted, carved, or only designed, of that fecund epoch, offer a real likeness and, one may say, the climax of a graceful and elegant decoration whose triumph took place at Versailles in the interiors of the Petit-Trianon.

There exist still a large number of drawings from the masters of the end of the XVIIIth century, relating to decorations of rooms, and the engraving, too, has left nothing untried in order to popularize that kind of a renovation of the art which died off, rather miserably, under the Directory and the first Empire.

The two panels here represented belong to the good epoch of Louis XVI.

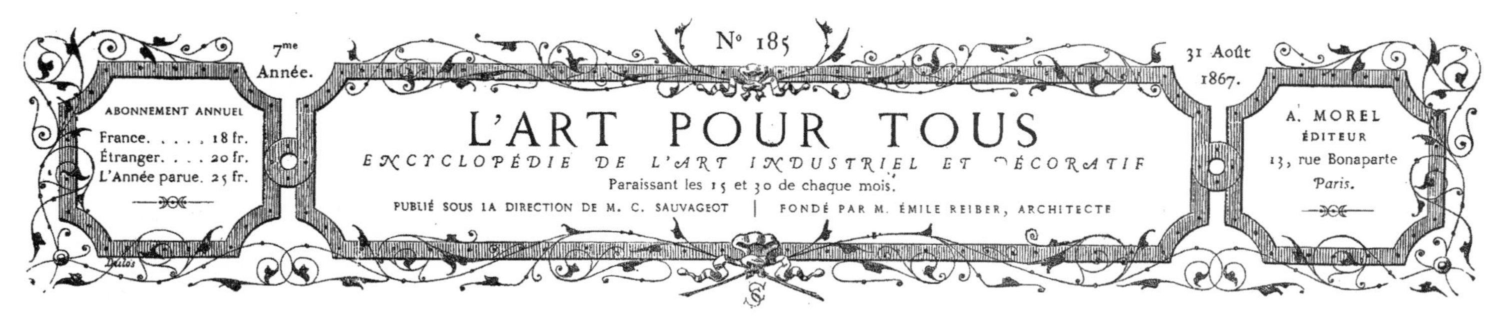

XIIIe SIÈCLE. — SCULPTURE FRANÇAISE.
(CATHÉDRALE DE CHARTRES.)

INSTRUMENTS DU CULTE.
ENCENSOIR EN PIERRE SCULPTÉE.

GRANDEUR DE L'EXÉCUTION.

4676

Une des statues du porche nord de la cathédrale de Chartres tient en mains cet encensoir de pierre, objet aussi délicat, aussi riche, que s'il était en métal et sorti des mains d'un orfévre. Il est bien connu des artistes qui ont visité le chef-d'œuvre architectural de la Beauce. Il a même été moulé en plâtre, et c'est d'après l'estampage que nous l'avons fait dessiner et graver. Il est, à ne pas en douter, copié sur un encensoir du temps; c'est pourquoi nous le présentons à la fois comme un modèle de sculpture et un modèle d'orfévrerie.

在沙特尔大教堂的北门，其中的一个雕像手中握着图中的这个香炉，虽然它是石制的，却如同金匠手里的金属制品一样的精致和宝贵。对于见过博斯（Beauce）的建筑奇景的艺术家来说，这个香炉并不陌生。它是在雕刻和勾画的模具里塑造而成的。毫无疑问，它首先是以当时的香炉为摹本，正是由于这个原因我们把它作为雕塑和银匠艺术的典型。

One of the statues of the northern portal of the Chartres cathedral, is holding in its hands this censer in stone, but as delicate and precious as if it were in metal and came out of a goldsmith's hand. It is well known to the artists who have visited the architectural marvel of Beauce. It has even been moulded in plaster and it is from the stamp that we had it drawn and engraved. Beyond a doubt it was first copied from a censer of the time, and for that very reason do we offer it as a model at once of sculpture and of the silversmith's art.

XIXe SIÈCLE. — ART CONTEMPORAIN.
(DÉCORATION ARCHITECTURALE.)

F. DUBAN, ARCHITECTE.

PAVEMENT OU MOSAIQUE DU CLOITRE
A L'ÉCOLE DES BEAUX-ARTS.

BOILEAU DEL. IMP. LEMERCIER ET Cie, 57 RUE DE SEINE, — PARIS. AD. LÉVIÉ, LITH.

1677

Il ne fallait point employer pour ce pavement des couleurs trop éclatantes. On a voulu un ton relativement sombre et doux pour être en harmonie avec les peintures murales voisines. L'agencement des grecques est ingénieux et à une excellente échelle. (Voy. le numéro du 30 juin 1867.)

对于这块铺地材料，使用较暗的色彩是非常必要的。较为柔和的色调是为了和紧靠着的壁画色彩保持一致。材料所应用的回纹细工的排布巧妙，比例精细。（详情请见1867年6月30日刊）

It was necessary to use, for this pavement, no colours too glowing. A somewhat subdued and soft tone was required to be in keeping with the mural paintings hard by. The arrangement of the fret-works is ingenious and on an excellent scale. (See the number of June, 30, 1867.)

XIXe SIÈCLE. — ART CONTEMPORAIN.
(DÉCORATION ARCHITECTURALE.)

F. DUBAN, ARCHITECTE.

PLAFOND PEINT DU CLOITRE
A L'ÉCOLE DES BEAUX-ARTS.

BOILEAU DEL. IMP. LEMERCIER ET Cie, 57 RUE DE SEINE. — PARIS. AD. LÉVIÉ, LITH.

1678

Tout le petit cloître du palais des Beaux-Arts est exécuté dans un esprit pompéien, mais original qui fait le plus grand honneur à M. Duban, l'architecte. Le plafond que nous montrons ici est des plus harmonieux et des mieux combinés. (Voy. le numéro du 30 juin 1867.)

位于美术宫里的小修道院，整体是按照庞培风格建造的，但依然保留了自身的独创性，正是这种独特的风格给了它的建造者迪邦（Duban）先生巨大的声誉。这里展示的是修道院的天花板，色调协调自然，设计十分精巧。（详情请见 1867 年 6 月 30 日刊）

The whole of the small cloister in the *Beaux-Arts* palace, is executed in a Pompeian, yet original style, which does infinite honour to Mr. Duban, the architect. The ceiling here given, is one of the most harmonious and best contrived. (See the number of June, 30, 1867.)

XVIe SIÈCLE. — ART PERSAN ANCIEN.

(COLLECTION DE M. DE BEAUCORPS.

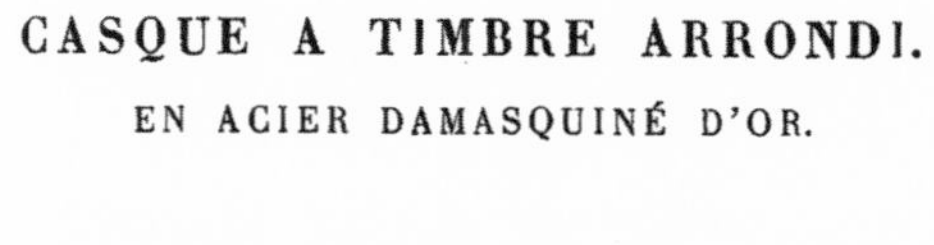

CASQUE A TIMBRE ARRONDI.

EN ACIER DAMASQUINÉ D'OR.

La forme donnée à ce casque est la forme orientale. C'est en quelque sorte une calotte qui emboîte le sommet de la tête et que termine une pointe anguleuse. Point de visière comme à nos casques européens, mais on y voit en revanche une longue languette s'abaissant sur le visage et destinée à parer les coups de sabre. Un réseau d'acier, ou garniture de mailles suspendue à la calotte proprement dite, descend jusqu'aux épaules pour préserver le cou et le reste de la tête.

Ce beau casque que nous pouvons montrer, grâce à l'obligeance de M. de Beaucorps, est des plus riches. Il est couvert d'ornements damasquinés d'une parfaite exécution. Le bord inférieur est orné d'une inscription tirée très-probablement du Coran.

Le procédé le plus souvent employé pour fixer sur l'acier ces élégantes arabesques consiste à graver ou plutôt à strier tous les ornements dessinés sur la surface de l'acier, puis à y poser un filet d'or qu'on fixe sur les entailles au moyen du marteau et du brunissoir.

Ajoutons que la garniture de mailles possède presque, tant elle est agencée avec soin, la souplesse de l'étoffe.

The shape given to this helmet is decidedly oriental. It is somewhat of a metallic cap into which the crown of a head was to fit, and terminated by an angular point. No visor is seen as in our European helmets; but in its stead a long and strait piece of metal is seen lowering before the face and destined to ward off the sword's cuts. A net of steel or mail is falling from the casque properly said, down to the shoulders, to protect the neck and the rest of the head.

This fine helmet, which we are enabled to show, thanks to Mr. de Beaucorps, is one of the richest. It is covered with damaskeened ornaments of a perfect execution. The brim is ornated with an inscription very probably borrowed from the Koran.

The most usual process employed, for fixing on steel those elegant arabesques, is to engrave the ornaments or rather to have them all striated upon the metallic surface, then to lay the fillet of gold which is fixed into the notches by means of the hammer and of the burnisher.

The net of mail, let us add it, is so nicely made and disposed that it is nearly as supple as a textile fabric.

从这个头盔的外形可以明显判断出它来自东方。它是一个金属质地的帽子形状，能够佩戴皇冠，帽子的顶端有一个凸起的尖角。在欧洲的头盔中并没有护目的部分，只有一块又长又窄的金属的面罩，垂在面前，来阻挡剑的袭击。用钢制成的的网罩或者锁子甲从头盔后面垂下，确切地说是垂到肩膀上，来保护脖子和头部。

这个制作精良的头盔十分的珍贵，我们能够展示它，要感谢比博科尔（Beaucorps）先生。头盔全部用金银镶花来装饰，做工精美。头盔的盔沿装刻有文字，很可能是《古兰经》。

在钢盔装饰上这些优美的蔓藤花纹，通常采用的方法是将花纹雕刻在钢盔上，更确切地说是把这些花纹都纹刻在金属的表面上，然后用锤子和磨光器将适当大小的金丝放进刻痕的凹口中。

此外，锁子甲网制作精细，几乎像纺织品一样柔软灵活。

1679

XVIIe SIÈCLE. — ÉCOLE FRANÇAISE.

(LOUIS XIV.)

FAUNE ET CHEVREAU. — STATUETTE EN MARBRE,

PAR COUSTOU.

(APPARTENANT A M. É. GALICHON.)

Coustou's father was a carver of wood, at Lyons, and he taught his son the first principles of his art. Coustou was born in Lyons, on the ninth of January, 1658, and came to Paris, when eighteen years old, to profit by the higher lessons of his uncle, the sculptor Coysevox. At the age of twenty three years, he won the Grand-Prize and was sent to Rome with the king's pension. Once in Rome, he made a special study of the works of Michael-Angelo, and executed the copy of Hercules Commodus, which is still to be seen in the gardens of Versailles. After being absent for three years he came back to Paris; henceforth his talent was much in request. In the year 1693, he was made a fellow of the Academy : a marble bass-relief representing the French rejoicing at the recovery of Louis XIV., was his reception piece. Coustou's most important work was the group which represents the confluence of Seine and Marne, with children bearing the attributes of both rivers. This capital piece, destined to the gardens of Marly, is now in the garden of the Tuileries. Coustou has produced several works of merit whose nomenclature would be too long for this notice. He ended a laborious life on the first of May, 1733.

Thanks to Mr. E. Galichon, director of the *Gazette des Beaux-Arts*, we have been enabled to reproduce this marble statuette, one of the master's fine works.

4680

库斯图（Coustou）的父亲是里昂的一个木雕师，他传授给了库斯图艺术理念的第一课。1658 年 1 月 9 日，库斯图在里昂出生，十八岁时来到了巴黎，他的叔叔柯塞沃克（Coysevox）进一步教授他更高级的课程。在库斯图二十三岁的时候，他获得了大奖和国王津贴，于是就被送到罗马继续深造。库斯图一到罗马，就专门研究了米开朗基罗（Michel-Angelo）的作品，这些作品如今在凡尔赛花园依然能看到。三年后他回到了巴黎，自此以后，他的天赋受到了大众的喜爱。1693 年，他成为了皇家美术学院院士，学院展览了他的作品——一个关于法国人民庆祝路易十四回归的大理石浅浮雕。库斯图最为重要的作品是关于塞纳河与马恩河汇流的群像，其中用孩子代表两条河以及河的特质。这一重要作品最初是打算放到马尔利花园里，现在放置在杜伊勒里宫的花园中。库斯图创作了许多有价值的作品，而这些作品的命名法过长，便不在此一一讲述了。库斯图于 1733 年结束了他勤勤恳恳的一生。

感谢《美术公报》的主编 E. 盖尔 · 肖恩（E.Gal.chon）先生，我们才能够重现大师级的作品——这座大理石雕像。

Le père de Coustou était sculpteur sur bois à Lyon, et il donna à son fils les premiers principes de son art. Coustou naquit à Lyon le 9 janvier 1658 et vint à Paris à l'âge de dix-huit ans recevoir des leçons plus savantes de Coysevox, son oncle. Il remporta le grand prix à l'âge de vingt-trois ans et fit le voyage de Rome avec la pension du roi. Une fois à Rome, il étudia de préférence les ouvrages de Michel-Ange et fit la copie de l'Hercule Commode que l'on voit aux jardins de Versailles. Il revint à Paris après trois années d'absence; dès lors il vit son talent recherché. En 1693, l'Académie le reçut dans son sein : un bas-relief de marbre représentant la joie des Français au rétablissement de la santé de Louis XIV fut son morceau de réception.

L'ouvrage le plus important de Coustou fut le groupe qui représente la jonction de la Seine et de la Marne, groupe où des enfants portent les attributs des deux rivières. Cette œuvre capitale destinée aux jardins de Marly est à présent au jardin des Tuileries.

Coustou produisit plusieurs œuvres de mérite dont la nomenclature serait trop longue dans cette notice. Il finit sa carrière laborieuse le 1er mai 1733.

Nous devons à M. E. Galichon, directeur de la *Gazette des Beaux-Arts*, de pouvoir montrer cette statuette en marbre, une des belles œuvres du maître.

PI-TONG-FAMILLE VERTE.

COLLECTION DE M. MONNOT.

The denomination o. *Green Family* is grounded on an ostensible fact : every piece of that series, indeed, irradiates with the ecla of a fine copper-green, so much predominant, that it absorbes all the other colours. Green, one of the five primordial colours, had been chosen for its livery ɔy the Ming dynasty, which ruled over China from 1368 to 1615. Therefore it is supposable that in making this peculiar colouring predominate in such a fashion on so many vases, as homogeneal as numerous, the artists were wont to express a religious or political meaning. An examination of their decoration soon becomes a confirmer of this idea; almost every scene, represented on the vases or objects of that epoch, has a decided hieratic or historical character. Flowers also are often symbolical therein. Besides the green, the colours made use of are : pure red, manganese-violet, sky-blue and lapis-lazuli blue, bright gold, brown and light yellow, with black for the outlines. All those colours detach themselves on a pure white paste, perfectly smooth, which forms the ground of the subjects.

1684 1682 1683

五彩瓷风格的形成是基于一个显而易见的事实：这一类型的所有瓷器在光照中都会放射出美丽的铜绿色，更为重要的是，这种绿色会吸收掉其他的颜色。绿色是五种原始的颜色之一，在明朝（中国，1368~1615年）就被选为服饰的颜色。因此不难得知这一独特的颜色能应用到许许多多相同种类的花瓶上，甚至创造了一种潮流。创作这些花瓶的艺术家都习惯于在花瓶上表达宗教或政治上的思想。不久之后关于这些装饰的研究更是印证了前文所说的观点。在这一时期，几乎所有的花瓶和其他器物上的装饰图案都是神圣风格或者关于历史人物的。花朵通常也在某方面具有象征意义。除了绿色，艺术家们使用的颜色还包括：正红色、锰紫色、天蓝色、天青石色、亮金色、棕色和淡黄色，搭配黑色的轮廓线。用纯白色的厚漆作为背景底色，所有的这些颜色都在纯白色的厚漆上完美地均匀分离开来。

La dénomination de *Famille verte* est basée sur un fait ostensible : toutes les pièces de cette famille brillent en effet de l'éclat d'un beau vert de cuivre tellement dominant qu'il absorbe les autres couleurs. Le vert, l'une des cinq couleurs primordiales, avait été adopté comme livrée par la dynastie des Ming, maitresse de la Chine de 1368 à 1615. Il est donc à supposer qu'en faisant prédominer à ce point une couleur significative dans une série de vases aussi nombreuse qu'homogène, les artistes ont cédé à une intention religieuse ou politique. L'examen des décors vient confirmer cette supposition ; presque toutes les scènes qui sont représentées sur les vases ou objets de cette époque ont un caractère hiératique ou historique bien tranché. Les fleurs y sont aussi souvent symboliques. Les couleurs employées en dehors du vert sont : le rouge pur, le violet de manganèse, le bleu céleste et le bleu lapis, l'or brillant, le jaune brun, le jaune pâle et le noir pour les contours. Toutes ces couleurs se détachent sur une pâte d'un blanc pur et parfaitement uni qui forme le fond des sujets.

XVIe SIÈCLE. — ORFEVRERIE ORIENTALE. LAMPE ARABE EN CUIVRE DORÉ.

APPARTENANT A M. SCHEFFER.

Indépendamment de sa forme générale qui est d'un beau caractère, l'objet que nous montrons intéresse par les ornements exquis dont il est littéralement couvert.

Tous ces ornements, où le goût oriental est fortement empreint, sont découpés à jour et enveloppés sur leur contour d'un trait gravé qui ajoute encore à leur richesse. Plusieurs parties ornées (à la panse et au col du vase) sont formées d'inscriptions gravées dans des bandes et pourtournant l'objet. Ces inscriptions se confondent à première vue avec les ornements qui les avoisinent et avec lesquels elles offrent une certaine similitude; elles sont, selon toute probabilité, extraites du Coran.

L'objet est à pans; il est nécessaire de le dire, car on ne le distingue pas assez dans notre gravure, et l'on croirait volontiers la partie inférieure absolument circulaire, tandis qu'elle est à pans légèrement arrondis et presque insensibles à la vue.

On aimerait à voir reproduire ou tout au moins imiter cette lampe d'un goût si pur et d'un travail si étonnant.

Besides its general form, which is of a beautiful style, the object here shown is interesting for the exquisite rnaments with which it is literally covered.

Those ornaments, all bearing the oriental stamp, are cut out and have along their contours an engraved trait which still increases their richness. Several ornated parts (as on the belly and neck of the vase) are composed of inscriptions engraved on bands and encompassing the object. Those inscriptions are blending, at first sight, with the contiguous ornaments, to which they bear a certain resemblance; they are, in all probability, extracts from the Koran.

The object is angularly shaped; it is necessary to say it, as that is not discernible enough in our engraving, and one would readily believe the lower portion quite circular, whilst it has light roundish angles, almost imperceptible to the eye.

One should like to see reproduced, or at least imitate, this lamp of so pure a style and of so wonderful a workmanship.

这件物品除了整体造型优美，如图中所示，其装饰也十分精致，恰到好处的铺排开来。

这些刻印有东方图案的装饰，都是裁切出来的，并且在裁切轮廓的边缘又进行了雕刻，使得它显得更为精美。一些装饰华丽的部分（例如瓶子的瓶肚和瓶颈）都是由雕刻有铭文的金属环组成的，环绕着整个瓶身。乍一看，这些铭文都是交叠混合在一起的，这种连续的装饰图案，都有一个相似之处，它们很有可能来源于《古兰经》。

这件物品的外形呈角度构成，在这里有必要提出，我们的版画并不是很清晰，一些人很容易把下半部分看成是圆形的，而它所呈的角度受光线影响，肉眼不容易观察出来。

我们希望看到更多的这类风格独特、工艺精湛的灯具的制作或者模仿。

XVIe ET XVIIe SIÈCLES. — FABRIQUES FRANÇAISES.

SERRURERIE. — CLEFS EN FER FORGÉ.

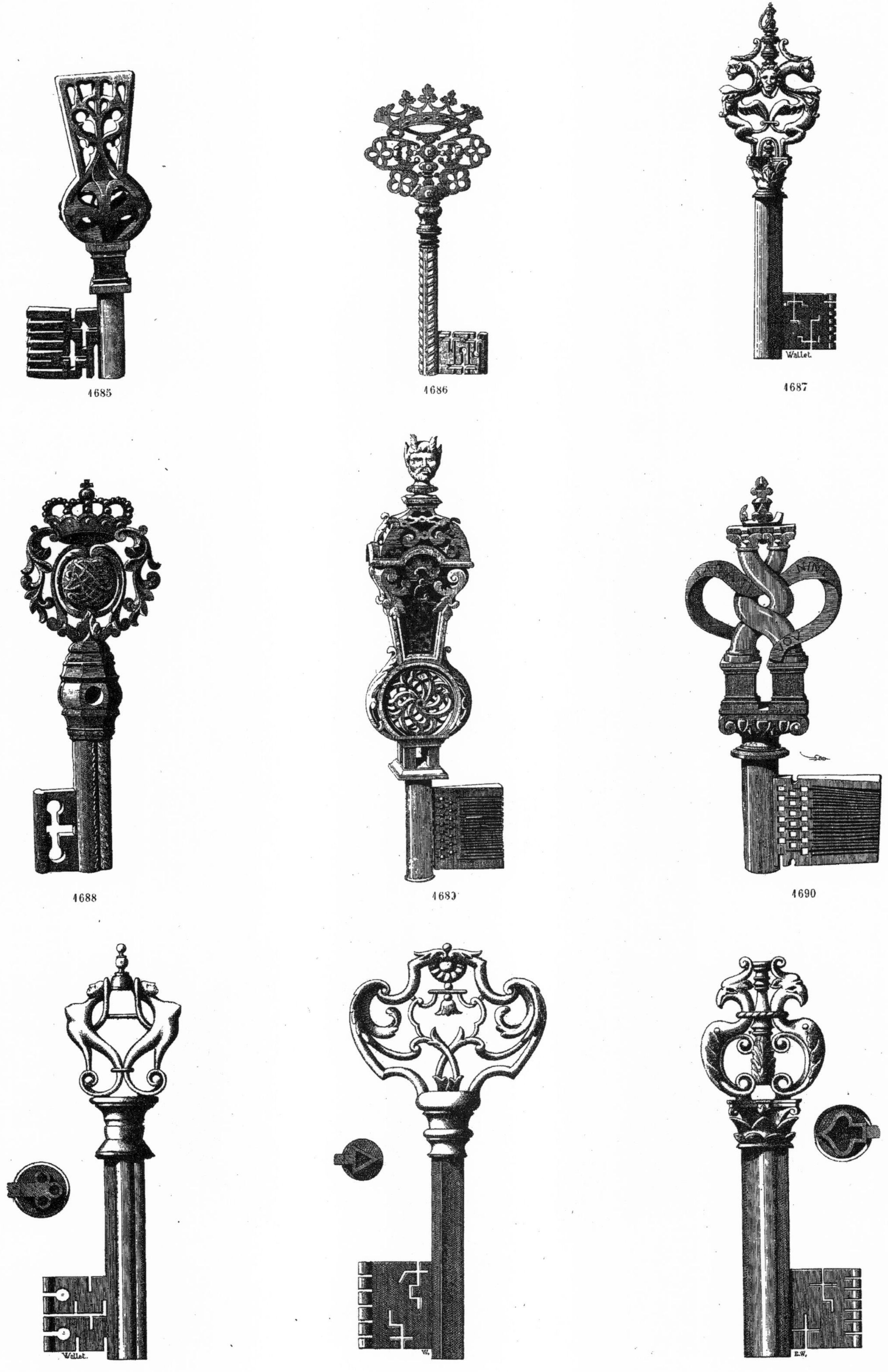

1685 1686 1687

1688 1689 1690

1691 1692 1693

XIIIe SIÈCLE. — ORFÉVRERIE ET ÉMAILLERIE.
(ÉCOLE DE LIMOGES.)

SAINT PAUL.
STATUETTE EN CUIVRE REPOUSSÉ SUR FOND ÉMAILLÉ.

(COLLECTION DE FEU M. GERMEAU.)

本页展示的小型雕像，仅仅是它制作的尺寸就足以称为是一件精良的艺术品了，但其作为背景的搪瓷底板制作精美，使雕像更具艺术价值。这个不大的圣徒保罗（Paul）的雕像，毫无疑问曾作为一座神祠的一部分，装饰着神殿。如果是这样，通过这件当时的碎片，我们不难联想到当时整座神庙建筑风格的宏伟和精致。圣徒保罗坐在中间，右手拿着宝剑，代表他的品格；左手拿着展开的经匣，上面的印刻着：SI SECUNDUM CARNEM VIXERITIS, MORIEMINI。这句话的意思是："如果你为了满足肉体而活，那么你的灵魂将死。"他的头周围有线条装饰的光环，头部十分有特色，胡子垂到胸前，眼睛是珐琅质的，衣服的束口处都装饰了宝石。他的座位并不是浮雕的，而是瓷漆的，并用混合了镶嵌珐琅这样一种精美的装饰方法，画在了蓝色的背景上。

在13世纪，这一时期的利摩日瓷釉工匠层出不穷，这一座雕像毫无疑问是来自利摩日的瓷釉品艺人制作的最为美丽的作品之一。M. 热耳姆（M.Germeau）是这件圣徒保罗雕像的所有者，拥有同样的高超技艺，他日后也许也能制作出这样的作品。

1694

This statuette, here represented with the very size of execution, is in itself already remarkable; but to it a new value is still given by the richness and fine style of the enamelled plate, which forms its back ground. This small image of saint Paul was doubtless part of a shrine one of whose bays it ornated. If so, an idea may be realized, through this fragment, of the richness and importance of the whole fabric. The apostle is seated and holds in his right hand the sword which is his attribute. His left hand unfolds a phylactery upon which this inscription is written : SI SECUNDUM CARNEM VIXERITIS, MORIEMINI; that is to say : *If you live according to the dictates of the flesh, you shall die.* He has a nimbus ornated with rays. The head is of a fine character, with a beard flowing down to the lower part of the chest. The eyes are in enamel, and the binding of the garments is enriched with precious stones. As for the seat, it is not in relief, but is enamelled and blending with the *champlevé* ornaments of so fine a style and drawn on a blue ground.

This fragment is undisputably one of the beautiful articles produced by the enamellers of Limoges, so fertile during the XIIIth. century. To M. Germeau likewise belonged the statuette of saint Thomas; presenting an identical workmanship, and having probably at first the same destination.

Par elle-même, cette statuette représentée ici de la grandeur même de l'exécution est déjà remarquable; mais elle prend encore de la valeur par la richesse et le bon goût de la plaque émaillée qui lui sert de fond. Cette statuette de saint Paul faisait sans doute partie d'une châsse dont elle ornait une des travées. On peut alors se faire une idée par ce fragment de la richesse et de l'importance du monument entier. L'apôtre assis tient en main l'épée qui est son attribut. Il porte de la main gauche un philactère sur lequel on lit cette inscription : SI SECUNDUM CARNEM — VIXERITIS MORIEMINI, c'est-à-dire *si vous vivez selon la chair, vous mourrez.* Il est nimbé, et le nimbe est orné de rayons. La tête est d'un beau caractère avec barbe descendant jusque sur la poitrine. Les yeux sont en émail et la bordure du vêtement ornée de pierres précieuses. Quant au siége, il n'est pas en relief; il est dessiné en émail et se mêle aux ornements champlevés d'un si beau caractère, dont le fond est bleu.

Ce fragment est sans contredit une des belles choses produites par les émailleurs si féconds de Limoges pendant le XIIIe siècle. M. Germeau possédait également la statuette de saint Thomas, d'un travail identique, et ayant eu sans doute la même destination primitive.

XVIe SIÈCLE. — FERRONNERIE FRANÇAISE. HEURTOIR EN FER FORGÉ.

A M. DELAHERSCHE, DE BEAUVAIS.

Nous ignorons d'où provient cet objet en fer d'un dessin relativement heureux et conçu en dehors des formes habituelles des heurtoirs. C'est à l'exposition rétrospective qui avait lieu il y a deux ans que nous l'avons remarqué et fait dessiner.

Montrer un heurtoir ou marteau de porte des siècles précédents par ce temps de sonneries électriques, c'est presque commettre un hors-d'œuvre; c'est entrer dans tous les cas en plein domaine archéologique. Nous en convenons, et nous ne croyons pas inutile de montrer quelquefois des objets dont l'application semble impossible aujourd'hui.

Pendant le xvie et le xviie siècle, l'art du forgeron et du serrurier se montre plein de force, de séve et produit en quantité des objets d'un grand caractère et d'un beau travail, dont un certain nombre est parvenu jusqu'à nous. On peut donc voir dans la publicité assez fréquente que nous faisons d'objets de ferronnerie, un hommage rendu aux maitres en ce genre, plutôt que des modèles à imiter. Toutefois dans le heurtoir ci-contre, comme dans bien d'autres objets de même nature, il y a beaucoup à prendre, et on peut, il nous semble, s'en inspirer largement dans maintes compositions n'ayant aucun trait avec la ferronnerie.

We do not know wherefrom has come this object of iron, which presents a rather happy drawing and whose conception differs from the usual forms of knockers. We remarked in at the Retrospective Exhibition which took place two years ago, and we had it drawn for us.

To show a door-knocker of past centuries, in this epoch of ours which is producing electric bells, seems rather out of fashion; it is, to say the least, an incursion into the realm of Archæology. We plead guilty to it; but we contend that it is not useless to show sometimes objects whose application appears nowadays very near to an impossibility.

During the xvith. and xviith. centuries, the art of the black-smith and lock-smith shows itself full of vigour and variety, and produces numerous objets of grand style, fine execution, some of which have come to us. Thus one ought to see in the rather frequent publicity given by us to iron-works, a homage which we do to the masters of that class, rather than models to imitate. Yet, in this here knocker, as well as in many other objects of the same kind, there is not an unimportant harvest to reap, and one may get therefrom nice ideas for compositions quite at variance with the art of iron working.

我们并不知晓这件铁质门环来自哪里，这反而使这幅画更加的吸引人了。这个门环的设计概念不同于其他普通的门环样式。我们是在两年前的回顾展上注意到的，于是便把它画了下来。

在我们这个电门铃广泛应用的时代，展示一个若干世纪前的门环似乎有些过时了。事实确实如此，退一步说，这可以算是进入考古学领域的“尝试”。我们承认错误，但有时展示一些当代几乎快要用不到的物品，还是有意义的，我们对此也感到满意。

在16~17世纪，铁匠和锁匠的技术工艺发展越来越多样化，充满了活力。这一时期创造出了众多风格华丽、制作精良的艺术品，其中的一些作品保存到了今天，使我们能够领略到这些艺术品的美。当今时代我们如此频繁的宣传铁质艺术品，从中可以看出我们对这一类艺术品大师的尊敬，而不是把他们作为模仿的对象。除此之外，本页展示的门环以及其他同类的艺术品，都能让人获益良多，即使是和铁器制造艺术不同的其他艺术类型，也能从这些艺术品上获得灵感的启发。

XVIe SIÈCLE. — FABRIQUES ALLEMANDES.

HORLOGES EN CUIVRE DORÉ.

1696

Here are seen two time-pieces of the sixteenth century, but of a very different style. In the one, fig. 1696, we see a kind of a temple with six faces, ornated with six columns and put on six chimeræ. This small edifice, having an architectural bearing, is crowned with a balustrade above which a statue of Faith shows the hour by means of a long sword. That symbolical arm is here in the stead ot the commonplace hand of the clocks, and it is the dial which moves round. This disposition is perhaps very ingenious, but when wishing to see the time, one is obliged to bend down over the clock.

The other piece, fig. 1697, is more massive; it has, too, six faces, is supported by vulgar feet, and has no cutting out but on the cover disposed as a cupola. On the openworked cornice, preceding the cupola, six figures are seated, and a seventh, Judith holding the head of Holofernes, stands up at the top. The six faces are ornated with engraved drawings.

❀

本页展示的是两件来自 16 世纪的艺术品，但它们的风格却大不相同。如图 1696，我们可以看到一个底部为六角形的庙宇，每个角装饰有一根圆柱和一个奇美拉。这个不大的庙宇顶部有一个建筑承托，承托上面装饰了矮护墙，最上面是信仰女神（Faith），手中拿着宝剑，并通过剑的指向来显示时间。这条象征性的手臂代替了平日里司空见惯的表针，女神下方的钟面自己转动来显示时间。这种设计或许看上去非常的有创意，但是要在庙宇的上方弯腰或者低头，才能看到时间。

另一个作品如图 1697 所示，它的体积更大，也有六面，底部由六个矮小的底座支撑。它上下一体，顶部为圆屋顶设计。在穹顶旁镂空雕刻的飞檐上，坐有六个雕像，第七个是尤迪特（Judith），她站在建筑的顶端手里拿着荷罗孚尼（Holofernes）的头。建筑的穹顶上雕刻了六张不同的人脸作为装饰。

1697

Voici deux horloges du XVIe siècle d'un style bien différent. Dans l'une, fig. 1696, nous voyons une sorte de temple à six pans orné de colonnes posé sur six chimères ; une balustrade couronne cet édicule aux formes architecturales, et au-dessus de la balustrade, une figure de la Foi marque l'heure avec une longue épée. Cette épée symbolique remplace ici l'aiguille banale des pendules, et c'est le cadran qui tourne. Cette disposition est fort ingénieuse, mais pour voir l'heure, il faut se pencher sur l'horloge.

L'autre pièce, fig. 1697, est plus massive; elle est à six pans également, pose sur des pieds vulgaires et n'offre de découpures qu'au couvercle disposé en coupole. Six figures assises sont posées sur la corniche ajourée qui précède la coupole, et une septième figure, Judith, tenant la tête d'Holopherne, est au sommet. Les six faces sont ornées de gravures au burin.

XVIe SIÈCLE. — TYPOGRAPHIE PARISIENNE.

(HENRI II.)

LETTRES MAJUSCULES ORNÉES.

(TYPES ROYAUX.)

1698

1699

1700

1701

1702

1703

1704

1705

1706

1707

1708

1709

Ces lettres ornées, d'une rare élégance, font suite à celles de même époque et peut-être d'un même auteur publiées pages 120 et 176 du deuxième volume de *l'Art pour tous*.

这些装饰精美的字母，是前文同一时期字母的后续部分。我们认为它们都出于同一作者手中，本页的字母发表在《艺术大全》的第二年，第 120 页和 176 页。

These ornated letters, are a continuation to those of the same epoch, and we believe from the same author, that have been published in the 2nd volume of the *Art pour tous*, pp. 120 and 176.

XVIIIe SIÈCLE. — FABRIQUE FRANÇAISE.
(RÉGENCE.)

CARTEL AVEC SON SUPPORT.
(COLLECTION DE M. SPITZER.)

Toute la structure proprement dite de ce meuble qui doit dater ou de la fin du règne de Louis XIV, ou des premières années de la Régence, est en cuivre admirablement ciselé; figures ou ornements sont marqués au coin d'une véritable perfection. Ajoutons que les lignes en sont étudiées et réussies.

Diverses parties ont reçu des ornements d'écailles incrustées ou de simples plaques rectangulaires. Ainsi la base ou socle du cartel montre des applications de cette nature que nous retrouvons encore de chaque côté des pilastres ou supports du fronton qui emboîte le cadran; puis nous les voyons encore former le fond des fleurons qui ornent l'élégante coupole du sommet. Enfin, sur la plaque de fond en cuivre, l'écaille se produit encore dans une ornementation compliquée et pleine d'entrain.

Ce cartel est de grande dimension; il mesure 1m, 20 de hauteur et peu passer pour un des plus parfaits qu'ait produits cette époque.

4740

The whole tructure proper of that piece, whose date is either the end of Louis XIV's reign or the first year of the Regency, is in admirably chased copper; its figures and ornaments bear the stamp of real perfection. Let us add that its lines are at once well studied and happy.

Sundry portions have received ornaments of inlaid tortoise-shell, or simple rectangular plates. So, the basis or pedestal of the clock shows chargings of that kind, which are likewise found on each side of the pilasters supporting the frontal wherein fits the dial; and again do we see them forming the ground of the flowers with which the elegant crowning cupola is ornated. Lastly, on the copper plate at the bottom, the tortoise-shell is again spreading in intricate and spirited ornaments.

This time-piece has large dimensions, being 1m,20 high, and may be esteemed one of the most perfect of its epoch.

这件家具的制作时间，可能是路易十六统治末期，也有可能是摄政时期的第一年。它的结构特点，就是通身的铜雕十分精美。上面的人物造型和装饰花纹都雕刻得精美绝伦。这里还要补充一下，它的线条也十分的考究，让人赏心悦目。

这座钟表的各个部分都镶嵌了玳瑁壳或者简洁的方形装饰物。底座和正面支撑钟面的两根壁柱，都雕刻有这类装饰、在钟表最上方的穹顶，我们也可以看到这类装饰风格由花朵构成了背景装饰图案。在底部的铜制底板上也出现了精美、栩栩如生的玳瑁壳装饰。

这座钟表的尺寸较大，高约1.2米，它也许可以称为是那个时代最负盛名的钟表之一了。

XVIe SIÈCLE. — TYPOGRAPHIE LYONNAISE. CARTOUCHES, — FRONTISPICES.

La fig. 1711 est un des frontispices les mieux composés, les mieux agencés qu'il soit donné de voir. Quatre médaillons circulaires s'accrochent à une couronne de lauriers formant le centre de la composition.

Dans le bas de cette couronne centrale, se dessine la silhouette d'une ville avec la mer pour horizon, tandis qu'un immense oiseau, les ailes déployées et donnant la pâture à sa progéniture, occupe la partie supérieure.

Deux bandes verticales, à droite et à gauche contiennent ce verset des commandements de Dieu : « *honora patrem tuum et matrem tuam, ut sis longævus super terram.* »

Les médaillons d'angle dont nous avons parlé plus haut, contiennent quatre scènes ayant trait à la piété filiale : en haut à gauche, c'est le jeune Tobie ouvrant les yeux de son père avec le fiel du poisson qu'il tient encore; l'ange se voit derrière lui. La scène de droite montre Enée portant son père Anchise et fuyant Troie. La troisième scène, dans le bas et à droite, doit représenter Boëce en prison; mais la quatrième échappe à notre érudition.

La fig. 1712 contient au centre un portrait flanqué de Mars et de Minerve avec cette devise: « *Et Marti et Minirvæ* » pour la guerre et pour l'étude. Le portrait doit être celui d'Antonius Verderius, seigneur du Val Privé. Nous extrayons cette belle vignette d'un livre intitulé : « *Imagines Deorum qui ab antiquis collebantur,* » publié à Lyon en 1531.

1711

Fig. 1711 is one of the best contrived and executed frontispieces that may come under one's notice. Four circular medallions are hooked on a wreath of laurel which is the centre of the composition.

At the bottom of that central crown, the silhouette of a town is sketched having the sea for its horizon; whilst, at the top, a large bird with spreading wings is feeding its young.

Right and left, two vertical bands contain this verse of God's commandments : « *honora patrem tuum et matrem tuam ut sis longævus super terram.* »

The above mentioned medallions of the angles, contain four scenes alluding to filial piety; at the top and on the left, young Tobias is seen opening his father's eyes by means of the gall of the fish which he is still holding; behind him stands the good angel. The right scene shows Æneas carrying his father, in his flight from Troy. The third scene, the one at the bottom and on the right, probably represents Boecius in his prison; but the fourth and last is too much for our erudition.

Fig. 1712 has in its centre a picture with Mars and Minerva for supporters, and with this motto : « *Et Marti et Minirvæ* » for war and study. The portrait is presumably that of Antonius Verderius, lord of Val Privé. We give that fine vignette from a book, whose title is : « *Imagines Deorum qui ab antiquis collebantur,* » published in Lyons, A. D. 1531.

1712

图 1711 中的卷首插画，可以说是我们所能见到的最好的插画之一了。四个圆形图案勾连着插图中心部位的月桂花环。

在插图中心的花冠内，底部画有一个小镇的轮廓，小镇的后面海天一线；顶部画有两只鸟，大的那只展开双翼正在给小的喂食。在插画的左右两侧，有两条竖带，上面写有关于上帝的诫命的诗节：“honora patrem tuum et matrem tuam ut sis longaevus super terram”。

上文提到的，画有天使的圆形图案，包含四个关于孝心的场景。左边第一个讲的是年轻的托拜厄斯（Tobias）用他手中拿着的鱼的胆汁，使他的父亲睁开了双眼，在托拜厄斯身后站着得失仁慈天使。右边第一幅图描述了埃内亚（Eneas）背着他的父亲逃出特洛伊。右下角的第三幅图，应该是描绘了 Boecius 在监狱中的场景。但是最后一幅图，超出了我们的知识范围，所以不能断明它的内容。

如图 1712 所示，插画描述的是正中间的照片和战神马尔斯（Mars）和智慧女神密涅瓦（Minerva），它们都是中间照片中的人的支持者。照片上写有这样一句格言：“马尔斯和密涅瓦”，为了战斗和学习。我们大致推测出，照片中的肖像应该是安东尼厄斯・福德列斯（Antonius Verderius），他是 Val Privé 的君主。我们从一本书中选出了这幅图，这本书出版于 1531 年的里昂，名字是《Imagines Deorum qui ab antiquis collebantur》。

XIXe SIÈCLE. — ÉCOLE CONTEMPORAINE.
(STYLE NÉO-GREC.)

JARDINIÈRE DÉCORANT UN SALON,
PAR M. CLAUSES, SCULPTEUR.

Ce meuble de style néo-grec destiné à décorer un salon, est un exemple des tentatives du luxe moderne et de l'alliance heureuse de l'agréable pur et du confort. En effet, des coussins régnant à la base du meuble permettent le repos en même temps que les fleurs disposées dans la corbeille ajourée répandent dans l'appartement une odeur douce et suave.

Il ne nous a pas été possible de montrer complétement la partie inférieure de ce meuble, et nous le regrettons, car l'ensemble y eût gagné; mais nos lecteurs suppléeront facilement à cette absence.

L'œuvre de M. Clauses, sculpteur lyonnais, est exécutée en bois de noyer avec une grande perfection. Le luminaire disposé au sommet du meuble est seul en bronze platine et vient contraster avec la couleur du bois.

Cette élégante jardinière appartient à M. Gaudet de Rive-de-Gier à qui nous devons de la pouvoir montrer dans l'*Art pour tous*.

这件民用家具，属于新希腊风格，用于装饰画室，外观让人赏心悦目，是现代风格和希腊古风相互融合的典例。实际上，家具的底部是用来休息的褥垫，与此同时，垫子上方透空式的花篮里摆放的鲜花，也徐徐不断地在屋内散发着香甜的气息。

我们不能完全地展示出这件家具的底部，对此我们深表遗憾。如果它的整体都能展示出来的话，观感一定会更好。但是我们相信读者朋友们可以很容易地通过自己的想象填补这一空缺。

This piece of household furniture, with a neo-greek style, and destined to decorate a drawing-room, is an example of the modern luxury blending with the antique, and of the happy union of pleasure with comfort. Effectively, at the base of the object, cushions are lain as an invitation to rest, and in the meantime flowers arranged in the open worked basket spread their sweet perfumes through the room.

It was impossible to show completely the inferior portion of the object, and we regret it, as it should have been so much the better for the ensemble; but our readers will easily fill up that want.

This work has been executed by M. Clauses, a Lyons carver, in wallnut-tree wood and with undeniable perfection. The only candelabrum, placed at the top of the object, is of bronze and so contrasts to the colour of the wood.

This elegant flower-stand belongs to M. Gaudet of Rive-de-Gier, to whose kindness we owe to be able to show it in the *Art pour tous*.

这件作品的作者是来自里昂的M. 克劳西斯（M. Clauses），他是一位公认的优秀的胡桃木雕刻师。位于家具顶端的大枝形烛台是青铜制品，与木质地方的颜色形成了鲜明的对比。

来自里夫德比耶的M. 戈代（M.Gaudet），是图中典雅精致的花台的设计者，正是因为他，我们得以在《艺术大全》里展示这件作品。

XVIe ET XVIIe SIÈCLES. — FABRIQUES FRANÇAISES ET ALLEMANDES.

(AU MUSÉE D'ARTILLERIE.)

COUTELLERIE DE CHASSE ET DE TABLE.

COUTEAUX, ÉPÉE ET POIGNARDS.

La fig. 1714 est une épée de ville de la seconde moitié du XVIe siècle avec poignée en ivoire sculpté représentant les *travaux d'Hercule*. La lame évidée et dorée autrefois porte la devise : « *Gloria pro patria.* » Cette épée est très-remarquable d'exécution.

La fig. 1715 est d'origine allemande. La poignée est faite en treilles d'argent doré sur fond d'écaille ; la garde en coquille enrichie d'une cornaline travaillée; le manche en ivoire est terminé par une tête d'aigle.

La fig. 1716 est un couteau de chasse du temps de Louis XIV avec lame gravée et dorée sur la moitié de la longueur. On voit sur cette lame, d'un côté les figures de deux soldats à pied et d'un cavalier, et de l'autre un gentilhomme et une dame en grand costume; manche en ivoire sculpté en volute.

Les fig. 1717 et 1718 sont deux couteaux à manche d'ivoire sculpté représentant des figures de crocodile et exécutés vers le milieu du XVIe siècle. (Henri II.)

La fig. 1719 est un petit poignard de femme du XVIe siècle portant l'inscription suivante : « *A bien conduire son espoir il faut attendre la fin.* » La poignée en ivoire représente Vénus et l'Amour. Sur le fourreau également en ivoire on voit Minerve | armée, et au-dessous d'elle l'Amour jouant de la guitare.

Fig. 1714 represents a sword of courtesy from the second half of the XVIth. century, with hilt in carved ivory upon which are represented Hercules' labours. The blade hollowed and formerly gilt, bears this motto : « *Gloria pro patria.* » The execution of this arm is very remarkable.

Fig. 1715 has a German origin. The hilt is of silver gilt on a tortoise-shell ground, the guard has the form of a shell enriched with a cut cornelian; the handle of ivory has at the top an eagle's head.

Fig. 1716 is a hunting cutlass of the time of Louis XIV, with a blade gilt and engraved on the first half of its length. On one side of this blade are seen the figures of two foot soldiers and of one horseman, and on the other a nobleman with his lady in state dress.

Figures 1717 and 1718 are two knives with handles of carved ivory representing crocodils and executed about the middle of the XVIth. century. (Reign of Henri II of France.)

Fig. 1719 is a lady's small dagger, of the XVIth. century bearing the following inscription : « *A bien conduire son espoir il faut attendre la fin.* » The handle in ivory represents Venus and Cupid. On the sheath, which is also of ivory, are seen Minerva in arms and Love playing on the guitar.

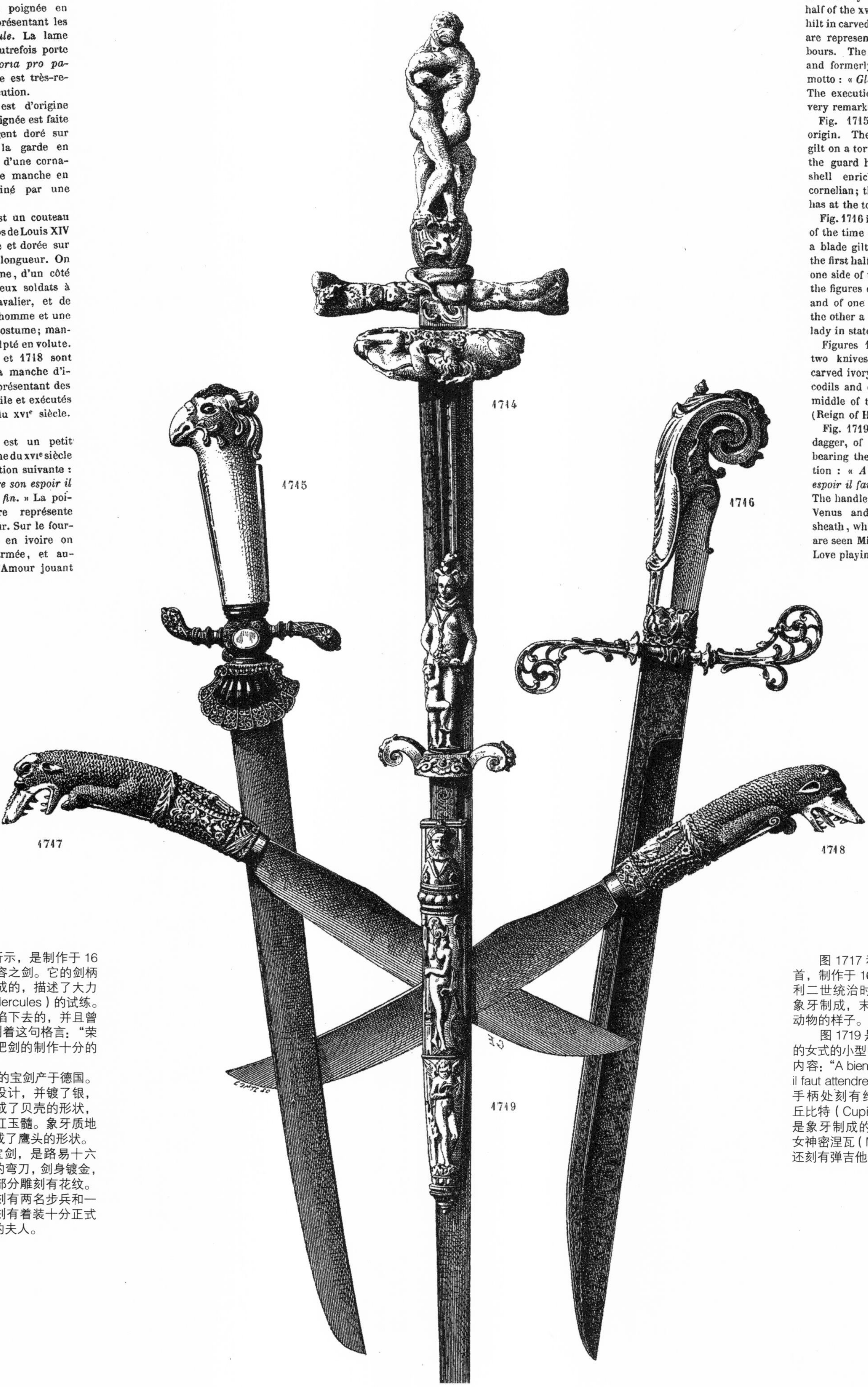

如图 1714 所示，是制作于 16 世纪下半叶的宽容之剑。它的剑柄是用象牙雕刻而成的，描述了大力神赫拉克勒斯（Hercules）的试练。剑身的中间是凹陷下去的，并且曾经镀过金，上面刻着这句格言：“荣耀的家园”。这把剑的制作十分的精致出众。

图 1715 所示的宝剑产于德国。剑柄是玳瑁壳的设计，并镀了银，剑的护柄处设计成了贝壳的形状，装饰了切割好的红玉髓。象牙质地的剑柄末端雕刻成了鹰头的形状。

图 1716 的宝剑，是路易十六时期打猎时使用的弯刀，剑身镀金，并在剑身的竖半部分雕刻有花纹。剑身雕刻的一面刻有两名步兵和一位骑兵，另一面刻有着装十分正式的一位贵族和他的夫人。

图 1717 和图 1718 是两把匕首，制作于 16 世纪中期（法国亨利二世统治时期），手柄处均为象牙制成，末端都雕刻成了鳄类动物的样子。

图 1719 是一个制于 16 世纪的女式的小型匕首，上面刻有以下内容：“A bien conduire son espoir il faut attendre la fin.” 象牙制成的手柄处刻有维纳斯（Venus）和丘比特（Cupid）。匕首的护套也是象牙制成的，上面雕刻有智慧女神密涅瓦（Minerva）手持武器，还刻有弹吉他的爱神（Love）。

7me Année. — N° 189 — 30 Octobre 1867.
ABONNEMENT ANNUEL
France. . . . . 18 fr.
Étranger. . . . 20 fr.
L'Année parue. 25 fr.
L'ART POUR TOUS
ENCYCLOPÉDIE DE L'ART INDUSTRIEL ET DÉCORATIF
Paraissant les 15 et 30 de chaque mois.
PUBLIÉ SOUS LA DIRECTION DE M. C. SAUVAGEOT | FONDÉ PAR M. ÉMILE REIBER, ARCHITECTE
A. MOREL
ÉDITEUR
13, rue Bonaparte
Paris.

XIIe SIÈCLE. — ÉCOLE LIMOUSINE.

COUVERTURE DE MANUSCRIT.

APPARTENANT A M. FIRMIN DIDOT.

1720

La bordure de cette riche couverture est en or repoussé. Le centre est émaillé et montre le Christ en croix ayant la Vierge à sa droite et saint Jean à sa gauche. Ils sont obtenus, ainsi que les anges du sommet, par la gravure au trait; les têtes seules sont en relief. Les fonds sont en émail bleu foncé orné d'un semis de grands et petits fleurons bleus et blancs.

Le manuscrit est un évangéliaire du IXe siècle qui contient plusieurs belles miniatures.

这件内容丰富的封面采用的是烫金凸印的方法制作的。搪瓷的中间部分，描绘了固定在十字架上的基督（Christ），以及站在他右边的圣母（Holy Virgin）和左边的圣约翰（Saint John）。这些人物，还有封面顶端的天使们，除了他们浮雕的头部之外，都是通过线刻的方法雕刻而成。封面背景是深蓝色的珐琅，装饰点缀有大大小小的白色和蓝色的花朵。

这是伊万吉尔斯（Evangils）的一本手稿的封面，这本书创作于9世纪，内容有关于一些精美的微型画。

The edge of this rich cover is in embossed gold. Its enamelled centre shows Christ on the cross, with the Holy Virgin at the right and saint John at the left. These figures, as well as those of the angels at the top, have been obtained through line-engraving; the heads only are in relief. The grounds are of a dark-blue enamel embellished with a sprinkling of large and small flowers white and blue.

The manuscript is a book of the Evangils, from the IXth. century, and contains several beautiful miniatures.

XVIe SIÈCLE. — TYPOGRAPHIE LYONNAISE. ENTOURAGES, — FIGURES MYTHOLOGIQUES,

(EXTRAITS DES MÉTAMORPHOSES D'OVIDE.) PAR LE PETIT BERNARD.

4721

4722

4723

4724

Dans le quatrième volume de l'*Art pour tous* (pages 434 et 518) commence l'intéressante série de vignettes des métamorphoses d'Ovide, par Bernard Salomon, dit le petit Bernard. Voici la suite de ces entourages ou bordures si variés et si remarquables. Celles-ci ne sont plus disposées comme les premières nielles, c'est-à-dire en forme d'orfèvrerie; elles empruntent le secours de personnages, de grotesques, d'animaux et de chimères.

在《艺术大全》的第四年（参见第434页和518页），介绍了伯纳德·所罗门（Bernard Salomon）的作品《小伯纳德》，这个作品是关于奥维德（Ovid）《变形记》中一系列有趣的装饰图案。本页展示的就是上文提到的各式各样吸引人的花饰边框的后续。但实际上，本页列举出的这些作品，不再按照前文提到的那种方式进行装饰了，也就是说，它通过结合人物、怪物、动物和精灵，使其更加具有银匠的艺术特点。

In the fourth volume of the *Art pour tous* (pages 434 and 518) was commenced the interesting series of the vignettes of Ovid's metamorphoses, by Bernard Salomon, called Little Bernard. Here is the continuation of these borders or frames so varied and so noteworthy. These actually given are no longer disposed as the former ones, that is to say bearing the stamp of the silver-smith's art; they borrow the help of personages, grotesques, animals and chimeræ.

XVIIIe SIÈCLE. — CÉRAMIQUE FRANÇAISE.

(FAIENCES DE ROUEN.

ACCESSOIRES DE TABLE.

SUCRIERS POUR LE SUCRE EN POUDRE.

1725 1726 1727

Les trois objets des fabriques de Rouen que nous représentons aujourd'hui sont destinés à compléter l'intéressante série commencée dans un des précédents numéros de l'*Art pour tous*. La forme est à peu près la même et les ornements sont peu différents, il est vrai, mais il n'était pas inutile de les montrer.

这三件物品均来自于鲁昂的制造商，我们如今将它们展示出来，是打算对之前的这一系列的吸引人的艺术品进行内容上的完善。这一系列作品的装饰确实没有太多的不同，但是我们认为对它们进行补充也是具有实际意义的。

The three articles of the Rouen manufactures which we show to-day are destined to complete the interesting series begun in one of our preceding numbers. It is true their ornaments are little dissimilar; yet we think their addition is not useless.

XVIe SIÈCLE. — FABRIQUES FRANÇAISES ET ITALIENNES.

(HENRI II.)

ARMES OFFENSIVES.

ÉPÉES ÉMAILLÉES ET DAMASQUINÉES.

(COLLECTION DE L'EMPEREUR NAPOLÉON III.)

1728

La fig. 1728 présente une épée de l'époque de Henri II en acier émaillé. La perfection des émaux cloisonnés à fond d'or et la pureté des ornements dont elle est couverte en font une des pièces capitales de la collection. Le pommeau est enrichi de figurines et de rinceaux émaillés, mais la lame, de fabrication espagnole, n'offre rien de particulier. Provient de l'ancienne collection Soltykoff.

La fig. 1729, de fabrication italienne, est de même époque que l'arme précédente. La poignée est entièrement damasquinée d'or et d'une grande finesse d'exécution. Le pommeau, en forme de champignon, montre sur un fond damasquiné des médaillons en relief argentés, et la lame, de fabrique espagnole, est longue et présente deux arêtes; elle est, à la naissance, couverte d'ornements et de médaillons contenant des figures.

如图 1728 所示，是亨利二世统治时期用搪瓷钢制成的宝剑。这把剑完美地用金色的背景，制作出了间隔搪瓷的效果，加上剑身上装饰的花纹典雅精致，使得这把剑非常具有收藏价值。剑柄上的圆头装饰有小型的图案和搪瓷的树叶。但是，剑身部分是西班牙制造，所以没有什么特别之处。这把剑是来自于 Soltykoff 的后期收藏。

图 1729 的剑产自意大利，和另一把剑一样，都制造于亨利二世统治时期。这把剑的整个剑柄都是用金色的波纹装饰的，制作十分精良。剑柄呈蘑菇形状，在波纹背景上雕刻有镀银的圆形浮雕。剑身是西班牙制造，长度较长并且是双刃的，剑身上半部分装饰有圆形浮雕，浮雕的中心是一些人像。

Fig. 1728 shows a sword in enamelled steel of the time of Henri II. The perfection of the partitioned enamels with gold ground, and the chasteness of the ornaments with which it is covered, render it one of the capital pieces of the collection. The pommel is enriched with diminutive figures and enamelled foliages, but the blade, of Spanish fabrication, has nothing particular. This arm comes from the late Soltykoff collection.

Fig. 1729, of Italian make, belongs to the same epoch, like the other. The hilt is entirely damaskeened with gold and very finely executed. The pommel, mushroom-shaped, shows medallions in silvered relief on the damaskeened ground, and the blade, of Spanish manufacture, is long and double-edged; it is covered, on the upper part, with ornaments and with medallions encircling some figures.

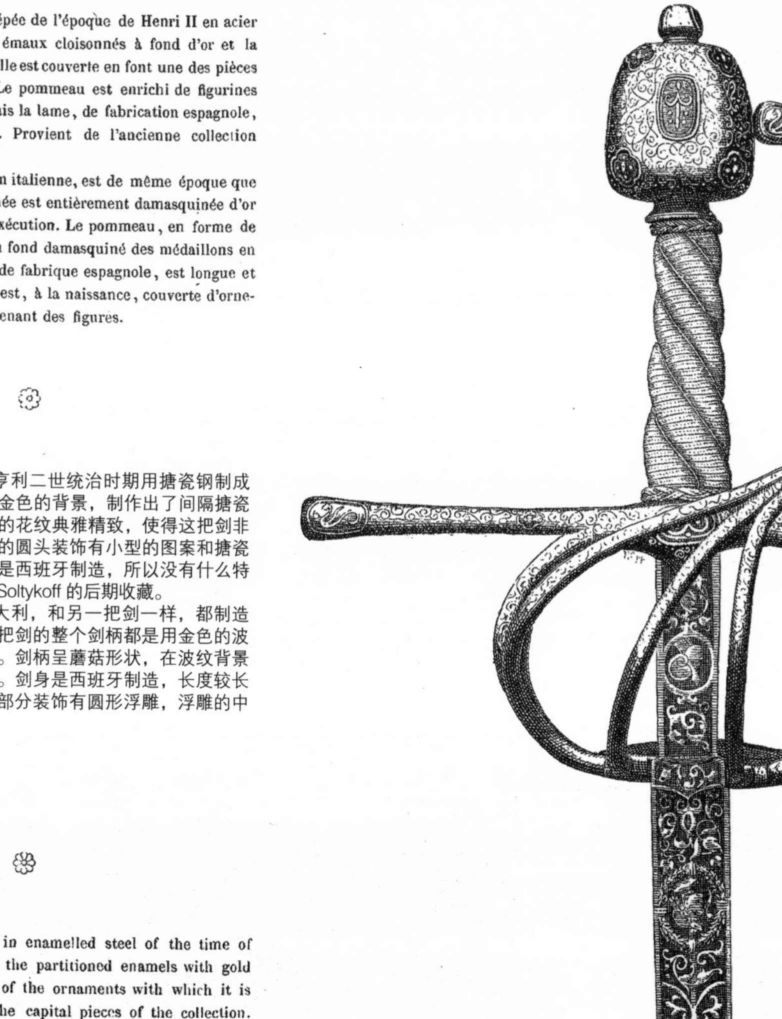

1729

ANTIQUES. — CÉRAMIQUE GRECQUE.

(TERRE CUITE).

PENTHÉSILÉE MOURANTE.

FRAGMENT D'UNE FRISE.

MUSEE DU LOUVRE.)

1730

Le sujet s'élève ici à la plus haute émotion. Penthésilée tombe mourante dans les bras d'Achille plein de compassion. Le dessin est partout correct et le modelé des mieux observés.

Ce fragment en terre cuite est un des plus beaux qui nous soient parvenus ; tout autre éloge deviendrait superflu. (Voy. les précédentes années de l'*Art pour tous*.

本页展示的物品具有强烈的感情色彩，它所描绘的内容是：彭忒西勒娅（Penthesilea）临死时跌落到可怜的阿喀琉斯（Achilles）的怀中的场景。这幅作品对人物和场景的刻画都十分的精准，尤其是画面具有非常好的立体感。

可以说本页所示这件赤土陶器碎片，是我们找到的最为精美的陶器之一，其他的赞美之词都是略显多余的。（详情请见前面的《艺术大全》）

The subject here given reaches the very pith of emotion : Penthesilea expires and falls in the arms of pitying Achilles. The drawing is everywhere correct and the modelling most remarkable.

This terra-cotta fragment is one of the finest which have come to us ; and to praise it otherwise would be superfluous. (See the preceding years of the *Art pour tous.*)

XVIIe SIÈCLE. — ART PERSAN MODERNE.

A M. DE BEAUCORPS.

CARREAU DE FAIENCE ÉMAILLÉE

OU PLAQUE DE REVÊTEMENT.

IMP. LEMERCIER ET Cie, 57 RUE DE SEINE. — PARIS. 1731 MASSOT, LITH.

En Perse, les mosquées, les cafés, et souvent les appartements privés sont généralement revêtus de plaques de faïence émaillée, d'un grand éclat, en même temps d'une grande harmonie, et qui, il faut bien l'avouer, remplacent avec avantage nos peintures polychromes ou notre papier peint. Le fragment ci-dessus est un des beaux exemples de ce genre de revêtement. Les fleurs et les feuilles y sont franchement ornemanisées.

在波斯，清真寺、咖啡厅和通常的私人住所都有室内的装饰面是用搪瓷的彩陶图版装饰的，这类装饰色彩明亮，色调和谐。说实话，这些装饰有利于给我们的彩色绘画和彩绘壁纸提供地方。本页的作品，是这类饰面中最好的样品之一。这件作品中的自由伸展的花朵和叶子起到了装饰的作用。

Mosques, coffee-houses and often private dwellings have, in Persia, interior facings of enamelled faience plates of great brilliancy and likewise of great harmony, which, to say the truth, advantageously supply the place of our polychromatic paintings or of ours painted paper-hangings. The present fragment is one of the finest samples of that kind of facing. Its flowers and leaves are freely made use of for ornamental purpose.

XVIIe SIÈCLE. — CÉRAMIQUE PERSANE.

A M. CL. SAUVAGEOT.

PLAT EN FAIENCE ÉMAILLÉE.

AUX DEUX TIERS DE L'EXÉCUTION.

1732

IMP. LEMERCIER ET Cie, 57 RUE DE SEINE. — PARIS.

MASSOT, LITH.

1733

On ne sait, à l'examen de ce plat, ce qu'il faut le plus admirer, ou de l'éclat harmonieux des couleurs, ou bien des formes si bien appropriées à la décoration. Comme dans toutes les faïences de Perse, les fleurs sont ici la base de la décoration, et on voit que, sans sortir de ces données, il est possible d'arriver à un excellent résultat décoratif.

在观察这个盘子的时候，我们对它的喜爱溢于言表，协调的颜色亮度，以及它的美观外形和装饰的花纹融合的恰到好处。就像波斯的每一个彩色陶器一样，它的花朵是装饰的基础，在如此简洁的底部装饰里，每一个人都能感受到它所产生的独特的装饰效果。

In examining this dish, one does not know what is the more to be admired, the harmonious brightness of the coulours or the very shape of the object which adapts itself so nicely to the decoration. Like in every Persian faience, flowers here are the ground-work of the decoration, and one can see that, with such a simple base, it is possible to produce an excellent decorative effect.

XIVe SIÈCLE. — ÉCOLE FRANÇAISE.

(COLLECTION DE M. RÉCAPPÉ.)

OBJETS ET INSTRUMENTS DU CULTE.

OSTENSOIR EN BOIS SCULPTÉ.

Le xive siècle vit très-souven fabriquer des objets en bois de cette nature et destinés au culte. On dirait que, fatigué d'employer l'or, l'argent et autres matières précieuses à la fabrication des reliquaires, des châsses, des ostensoirs, des tabernacles, on voulût revenir sans transition à des matières plus modestes. Mais alors ces objets, taillés dans une matière aussi commune que peut l'être le bois, devaient forcément présenter de l'attrait et de l'intérêt par la perfection du travail et l'abondance de la sculpture. En effet, puisque la gravure, les émaux, les pierres précieuses se trouvaient délaissés, il fallait attirer le regard par l'éclat et la perfection de la sculpture. On n'y manqua point et l'ostensoir ajouré et travaillé comme une flèche de cathédrale que nous montrons ici, en est une preuve évidente.

Il est d'une exécution parfaite et dans sa structure comme dans sa décoration, on remarque l'emploi des formes architecturales de cette époque; seulement, ces formes sont si bien ajustées et combinées, et d'un caractère si réussi, qu'on peut affirmer sans crainte que les meubles de ce genre et de ce mérite ne sont pas très-fréquents.

Nous signalons à M. E. Viollet-Le-Duc ce reliquaire, pour le décrire dans le second volume de son *Dictionnaire du Mobilier français*. Il y a droit, il nous semble.

这一类带有宗教崇拜色彩的木制品，盛行于16世纪。有些人会说，这是那些尝试使用金、银以及其他贵重材料来建造圣坛、圣物箱、圣体匣和神龛的人，忽然决心要返回到朴素的事物上。但是那些被删减得只剩下了木头这一简朴的材料的物品，当然需要能激起人们兴趣和注意力的东西，比如良好的工艺和丰富的雕刻内容。实际上，如果没有版画、珐琅和宝石的话，就需要通过完美和成功的雕刻来吸引人们，在此，艺术家们并没有在雕刻这方面让人失望。本页所展示的这个镂空式的圣体匣，雕刻得如同大教堂的顶部一样，就是一个证明。

Objects in wood, of that kind and destined to religious worship, were very often made in the xivth. century. One would say that people, tired of using gold, silver and other precious materials in the fabrication of shrines, reliquaries, monstrances and tabernacles, were determined to fall back, without transition, on more modest stuff. But then those objects, cut out of so plain a material as wood, required of course, to excite attraction and interest, the perfection of the working and the ampleness of the sculpture. Effectively, the engraving, enamels and precious stones being absent, it was needful to captivate the eye by the eclat and perfection of the carving; and the artists did not fail on that respect, and the monstrance open-worked and cut like a cathedral's spire, which is shown here, stands as a proof of it.

It has a perfect execution and in its structure, as well as in its decoration, one may remark the use of the architectural forms of that epoch; only those very forms are so nicely contrived and combined, and their style is so fine, that one may confidently affirm household pieces of that kind and merit are far from being common.

We call the attention of Mr. E. Viollet-le-Duc to that shrine, as a fit subject of description for his *Dictionnaire du Mobilier français*. We think it has a right to that honour.

在那个时期，人们在评价建筑样式时，也许会说它的制作优良，造型别致，装饰精美。只有那些样式设计的十分精巧，风格十分别致的，人们也许才会自信的说它适合摆放在家里，或者价值连城。

我们引起了E.维奥勒拉·杜克（E. Viollet-le-duc）对这件圣体匣的注意，因为这件圣体匣符合相应装饰主题，他就把它写进了《法国家具字典》中。我们认为这件作品值得这份殊荣。

1734

ART INDUSTRIEL CHINOIS ANCIEN. **GOURDE EN PORCELAINE.**

(APPARTENANT A Mme LA BARONNE DE BASTARD.)

1735

La porcelaine de Chine est composée d'une pâte blanche, fine et ténue, extraite d'une roche décomposée nommée *Kaolin*. Sa couverte est formée par une autre roche de même origine et à grains cristallins. Il y a de cette façon identité parfaite entre la pâte et la couverte qui s'harmoniant complétement, offrent une résistance égale et une sonorité pour ainsi dire métallique.

中国的瓷器是由一种叫做高岭土的复合岩石制成的，成品是做工精美的、易碎的白色瓷盘。瓷盘表面的釉料是从另一种相同来源的岩石中获取的，这种岩石里含有晶粒。所以在瓷盘和釉料间有着完美的同一性，这种特性使它们能完全的调和在一起，同时又具有相互间同等的阻力，这种阻力可以说就是敲击瓷器时所发出的金属质感的声音。

Chinese porcelain is composed of a white, fine and tenuous paste made out of a decompound rock called *Kaolin*. Its glazing is taken from another rock of a likely origin and with cristalline grains; so that there is a perfect identity between the paste and glazing which completely harmonize together and possess an equal power of resistance and, as it were, a metallic sonorousness.

XVIIe SIÈCLE. — TYPOGRAPHIE FRANÇAISE.
(LOUIS XIII.)

VIGNETTES, — CULS-DE-LAMPE.

1736

1737

本页所示的四幅图里，其中两个尺寸较大的是三角形形状。如图 1736 中的植物为灰色的浮雕，各处镶嵌有戴面具的人像、动物和鸟类。在图 1739 中的花纹是对称的，植物从灰色的背景上分离开来，画得栩栩如生的鸟儿在卷曲的花纹间飞翔和跳动。图 1737 和图 1738 的尺寸虽然较小，但装饰却一点不少。（此类章末装饰图，参见第三年，第 282 页）

1738

1739

La masse de ces quatre culs-de-lampe, dont deux sont de dimensions énormes, est la forme triangulaire. Dans la fig. 1736, les rinceaux sont à grisailles semés çà et là de masques humains, d'animaux et d'oiseaux; dans la fig. 1739, c'est au contraire les rinceaux qui se dessinent sur un fond gris; des oiseaux d'un excellent dessin courent et volent à travers les enroulements de l'ornementation. Les fig. 1737 et 1738, beaucoup plus petites d'échelle, ne sont pas moins ornées. (Voy. la troisième année, page 282, des culs-de-lampe de ce genre.)

Each of these tail-pieces, two of which have enormous dimensions, are triangularly shaped. In fig. 1736, the foliages are in grey cameo, studded here and there with human masks, animals and birds; in fig. 1739, the order is reversed, as the foliages detach themselves on a grey ground; finely drawn birds run and fly through the rolling ornaments. Figures 1737 and 1738, on a much smaller scale, are not less ornated. (See in page 282 of the third year, tail-pieces of that kind.)

ART CHINOIS ANCIEN.

ÉMAUX CLOISONNÉS.

PETIT BRULE-PARFUMS.

GRANDEUR DE L'EXÉCUTION.

(A M. L'AMIRAL COUPVENT DES BOIS.)

4740

Il y aurait beaucoup à dire sur cet objet d'un grand caractère, mais l'espace nous manque. La cassolette est portée par trois têtes d'éléphant parfaitement modelées, posées elles-mêmes sur un socle ajouré et fouillé à l'imitation de plantes et de fleurs enlacées. La cassolette et le couvercle son. couverts d'émaux cloisonnés à ornementation régulière, dont l'harmonie est incomparable.

关于这件艺术品有如此巨大尺寸的设计，有很多值得探讨的地方。但是由于版面有限，不能详细的讨论。这个香炉由三个刻画的惟妙惟肖的大象头支撑，象头下方连接着一个镂空式雕刻的柱脚，采用镂空雕刻是为了模仿缠绕的蔓藤和花朵。这盛放香料的容器和它的盖子都装饰有分隔的珐琅，纹饰典雅大方，图案协调精致。

Much could be said about this object of a grand style; but we are debarred from trying by sheer want of room. The perfume-vase is supported by three elephant's heads perfectly modelled and themselves reposing upon a socle open-worked and cut so as to imitate twisted plants and flowers. The perf*me-pan and its lid are covered with partition enamels whose chaste ornamentation has a peerless harmony.

XVIe SIÈCLE. — MENUISERIE FRANÇAISE. (FRANÇOIS Ier.)

BOISERIE, — FRAGMENT DE CLOTURE EN BOIS, A M. RÉCAPPÉ.

1741 1742

Malheureusement cette clôture du xvie siècle est incomplète, et tout le monde remarquera l'absence de la corniche qui devrait la terminer. Malgré cela nous la reproduisons, non comme un modèle à suivre servilement, mais comme parti pris général à imiter.

Il est à remarquer que les colonnettes de la partie supérieure sont très-bombées pour leur conserver l'aspect, le caractère de balustre, nécessaire, il nous semble, dans une œuvre de ce genre. La fig. 1742 montre la coupe de cette boiserie.

很遗憾，这座16世纪的围墙是不完整的，每个人应该都能察觉到围墙顶部檐口的缺失。我们临摹时复原了这一围墙，尽管这不是一个无可挑剔的临摹范本，但也是一个总体上有所成效的仿制。

需要注意的是，柱子的上部分是凸出的，为了维护另一面的外观和栏杆的特色，我们认为，需要使用类似的木工制品进行维护。图1742展示了这座围墙的一部分。

This enclosure of the xvith. century is unhappily incomplete, and everybody will perceive the absence of the cornice which ought to crown it. Notwithstanding we reproduce the object, not as a model to be servilely copied, but as an ensemble to fruitfully imitate.

It is to be noted the columns of the upper part are very convex, in order to maintain thereto the look and character of balusters which, in our opinion, are necessary to a wood-work of that kind. Fig. 1742 shows the section of the object.

XVIe SIÈCLE. — FABRIQUE FRANÇAISE.

(COLLECTION DE M. LECHEVALIER-CHEVIGNARD.)

MEUBLES. — COFFRE DE MARIAGE

DE PHILIPPE II D'ESPAGNE.

1743

La forme générale du meuble est exempte de toute recherche et de toute prétention : elle est évidemment sacrifiée à la commodité de la manœuvre du meuble ; mais aussi quelle profusion de bon goût dans les détails incrustés, dessinés et modelés avec tant de perfection. Les onze tiroirs et le panneau central sont ornés d'arabesques inscrites dans la forme rectangulaire des tiroirs. On remarque dans cette ornementation qui se dessine en blanc mat sur un fond relativement foncé des rinceaux, des figures grotesques, des animaux et des chimères. Le panneau central, faisant exception, est sans doute une allusion à l'union de Philippe et de Marie Tudor, et ce sont eux que nous y voyons debout auprès d'une fontaine dont l'Amour est la décoration principale. Les armes d'Angleterre existent sur le meuble et sont estampées d'or. A l'intérieur, les tiroirs sont revêtus de cuir gravé et doré dans les entailles, se détachant sur un fond bleu azuré.

这件家用家具的整体外形十分质朴、自然。显然这件家具的设计宗旨是为让人尽可能方便地使用它。柜子上镶嵌的装饰图案高雅精致，绘画的线条和构图都可以称之为经典。柜子上有十一个抽屉，中间有一个镶板，每个抽屉和镶板的方形边框里都装饰了蔓藤花纹。

这些装饰是用无光泽的白漆描画在略黑的背景上，装饰图案有叶子、怪诞的人物、动物和奇美拉。柜子中间的镶板上则是个例外，很可能是暗指西班牙国王菲利普（Philip）和玛丽·都铎（Mary Tudor）的婚姻，他们两人都站在一个装饰着爱神（Love）的喷泉前。“英格兰的权利”这几个字印在柜子上。柜子里面，在抽屉天蓝色背景的凹槽中内衬有镀金和雕刻的皮革。

The general form of this piece of household furniture is unpretending and unaffected; it has evidently been adopted to make as convenient as possible the use of the object; yet what tasteful abundance is to be found in its ornaments inlaid, drawn and modelled with so great a perfection! The eleven drawers and the central panel are ornated with arabesques enclosed in the rectangle of each drawer.

In this ornamentation, delineated in dead white on a somewhat dark ground, are seen foliages, grotesque figures, animals and chimeræ. The central panel, being an exception, doubtless alludes to the marriage of Philip of Spain and Mary Tudor, both of whom are seen standing up by a fountain of which Love is the chief decoration. The arms of England are stamped in gold on the object. Inside, the drawers are lined with leather engraved and gilt in the notches on a sky-blue ground.

CHINE. — ART INDUSTRIEL MODERNE.

MEUBLES. — SIÉGE EN JONC ET BAMBOU.

(COLLECTION DE M. THÉODORE DELAMARRE.)

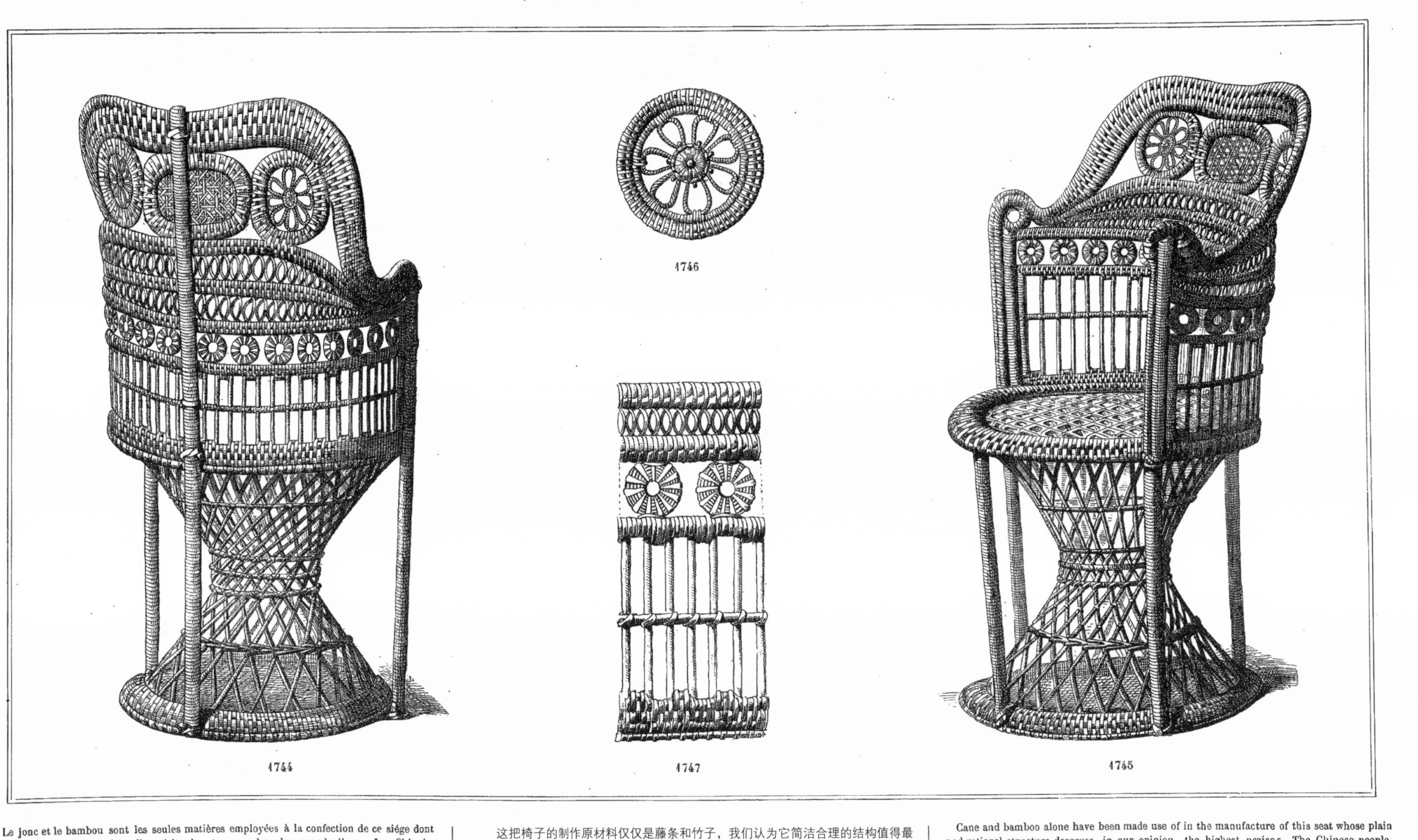

1744 1746 1747 1745

Le jonc et le bambou sont les seules matières employées à la confection de ce siége dont la structure simple et rationnelle mérite, à notre sens, les plus grands éloges. Les Chinois, nos maîtres en tant de choses, le sont encore ici : ils ont trouvé moyen, avec des tiges de bambou, qui sont les lignes principales du meuble, et du jonc tressé en ornements variés, de construire et décorer à peu de frais un siége élégant, solide, extrêmement léger et commode, et, ce qui ne gâte rien, d'une très-jolie forme, d'un très-beau caractère. C'est on ne peut plus ingénieux et bien préférable à tous égards aux meubles de même usage, mais non de mêmes matières, que l'on fabrique chez nous, et nous déclarons le faubourg Saint-Antoine du céleste Empire plus ingénieux que le célèbre faubourg parisien.

La fig. 1744 montre le dos du siége, tandis que la fig. 1745 le présente presque de face. Les fig. 1746 et 1747 sont des détails à une grande échelle destinés à montrer comment les diverses pièces sont reliées entre elles avec l'aide du jonc.

这把椅子的制作原材料仅仅是藤条和竹子，我们认为它简洁合理的结构值得最高的褒奖。中国人在许多我们熟悉的事情上都有着和这类似的风格。用竹竿作为椅子的主要骨架，用藤条制成各式各样的装饰，中国人通过精巧的设计用最少的花费来制作和装饰一把椅子，而且这把椅子造型优雅、坚固、轻巧、舒适，最后但同样重要的，就是它美观的外形和精美的风格。它是非常精美的作品，并且和我们制造的其他不同制作材料但相同用途的物品相比，在各个方面都要更好。并且我们要向圣安东尼街区坦白，打个比方，中国在这方面打败了著名的巴黎街区。

图 1744 展示了椅子的背面。图 1745 是正面的全图。图 1746，1747 是细节的大比例尺图，展示了不同的部分是如何通过藤条连接在一起的。

Cane and bamboo alone have been made use of in the manufacture of this seat whose plain and rational structure deserves, in our opinion, the highest praises. The Chinese people, in so many things our masters, are so likewise in this one. With bamboo stalks, which furnish the main lines of the object, and with cane platted so as to form various ornaments, they have contrived to make and decorate at little cost a seat elegant, substantial, very light, comfortable, and last not least, nicely shaped and of a fine style. It is a most ingenious piece and in every respect preferable to the articles for the same use but not from the same materials which we manufacture, and we confess to the faubourg Saint-Antoine, so to say, of the celestial Empire beating herein the celebrated Parisian faubourg.

Fig. 1744 shows the back of the seat, whilst fig. 1745 gives its nearly full front. Figures 1746-47 are details on a large scale destined to show how the diverse pieces are bound together by means of the cane.

XVIIIe SIÈCLE. — ÉCOLE FRANÇAISE. FANTAISIES ARTISTIQUES. — TERRES CUITES.

1748

1749

La fig. 1748 est intitulée *l'Automne par Rolland*. Les Amours ont goûté à la récolte nouvelle, et les coups vont succéder aux rires joyeux. L'un d'eux est déjà terrassé, et les autres, armés d'une bouteille vide et d'un *pique-vin*, s'apprêtent à le frapper. Ce bas-relief est traité avec une verve et une facilité remarquables.

La fig. 1749 représente une jeune fille accoudée sur une urne (*la Source*). Elle est signée *Clodion* sous le bras gauche.

图 1748 是罗兰（Rolland）创作的《秋天》。爱神们（Loves）品尝新酿的葡萄酒，风吹走了欢声和笑语。其中的一个小丘比特（Lupid）已经被撞倒了，剩下的两个，一个拿着钻孔弓箭头，另一个手里拿着一个空瓶子，都准备要打倒在地上的小丘比特。这个浅浮雕的创作充满了非凡的自由精神。

图 1749 描绘了一个小女孩拄着手肘斜靠一个缸（喷泉头）上。克洛迪昂（Clodion）的签名就在女孩左臂的下方。

Fig. 1748 is entitled *Autumn*, by Rolland. The Loves have tasted the new vintage, and blows will take the place of joyous laughs. One little Cupid has already been knocked down, and two others, armed the first with a drill, the second with an empty bottle, are ready to strike him. This bass-relief is executed with remarkable spirit and freedom.

Fig. 1749 represents a young girl leaning her elbow on an urn (*the fountain-head*). The signature of Clodion is under the left arm.

XVIe SIÈCLE. — FABRIQUES FRANÇAISES.

(COLLECTION DU MUSÉE DE CLUNY.)

ACCESSOIRES DE TABLE. — CUILLERS ET FOURCHETTES.

(GRANDEUR DE L'EXÉCUTION.)

La fig. 1750 est une cuiller en agate orientale avec manche en cuivre doré représentant une figure de satyre assise sur un enroulement gravé. La monture est enrichie de rubis. Cette cuiller d'un travail précieux est montrée de côté fig. 1752.

La fig. 1751 représente une cuiller en argent, avec manche surmonté d'une figure de madone dont le travail laisse à désirer. Sur la poignée, on lit les inscriptions : I. IEHENIAV. M. CONA.

Les fig. 1754 et 1755 représentent une cuiller et une fourchette en agate d'Allemagne montées en argent doré.

La fig. 1753 est une cuiller de poche en argent s'ajustant avec la fourchette. Le manche est ployant et surmonté d'une figure terminée par une gaîne.

Ces cinq objets sont tous remarquables par le précieux du travail et par leur forme commode et élégante. Nos lourdes cuillers et fourchettes modernes, il faut l'avouer, ne sont guère dignes de leur être comparées.

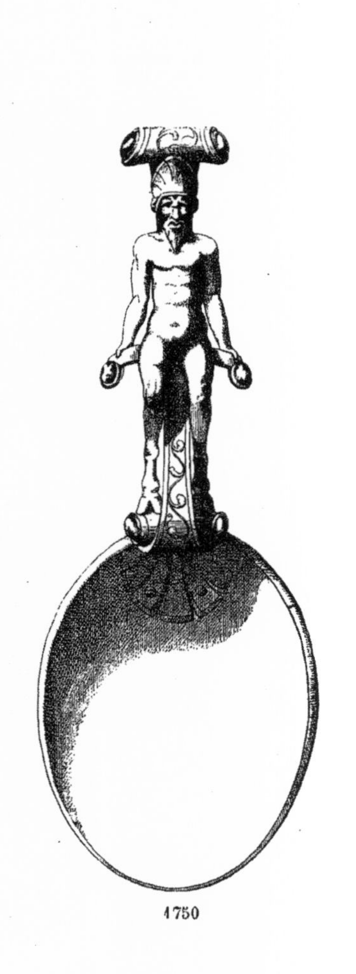

1750

1751

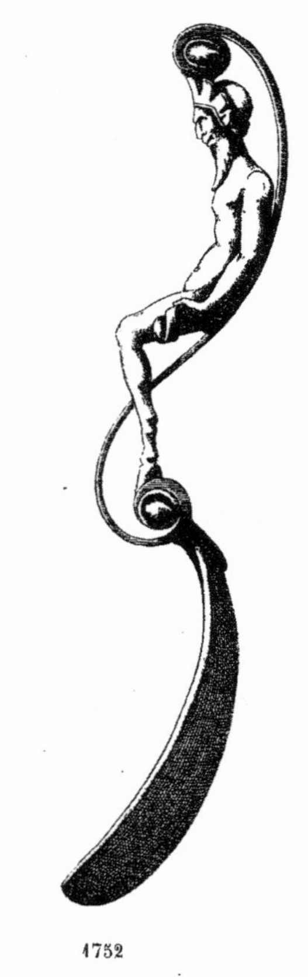

1752

Fig. 1750 is a spoon in oriental agate with handle of copper gilt, representing the figure of a Satyr seated on an engraved rolling and with a setting of rubies. This spoon, precious for its working, is shown slantingly in fig. 1752.

Fig. 1751 represents a silver spoon with handle topped with a figure of madonna, and its execution leaves something to be desired. On the handle one may read the inscriptions : I. IEHENIAV. M. CONA.

Figures 1754-55 represent a spoon and a fork of German agate mounted with silver gilt.

Fig. 1753 is a travelling silver spoon which fits into the fork. The handle, which can be folded down, has at its top a terminal.

These five objects are all remarkable for their precious work and their form both convenient and elegant. Our modern heavy spoons and forks, let us acknowledge it, can bear but little comparison with them.

图 1750 是一个镶嵌了东方玛瑙的勺子，勺柄镀铜，萨蒂尔（Satyr）的人像安装在刻有花纹的勺柄卷曲的部分，并且镶嵌有红宝石。这把勺子做工精美，侧面展示为图 1752。

图 1751 是一把银质勺子，勺柄装饰有圣母玛利亚像，它的制作遗留了一些有待进一步挖掘的信息，在勺柄上可以看到以下铭文："I. IEHENIAV. M. CONA"。

1753

1754

1755

图 1753 是一个可装卸的银勺，勺柄可以折叠，勺柄顶端有接口，也可以安装到叉子上。

这五个勺子做工精致、各有各的便利和优雅。我们不得不承认，我们现代沉重的勺子和叉子，一点也比不上它们。

XVIe SIÈCLE. — ÉCOLE ALLEMANDE.
BRONZE ET ÉTAIN.

COSTUMES. — MÉDAILLES HISTORIQUES.
GRANDEUR D'EXÉCUTION.

(COLLECTION DE M. WASSET.

1756 1757 1758 1759 1760 1761 1762 1763

Ces huit médailles choisies parmi la riche collection de **M. Wasset** sont précieuses à plus d'un titre. Si l'exécution est très-remarquable et la conservation intacte, il faut ajouter que les divers costumes qu'elles nous retracent fidèlement contribuent aussi à leur donner de l'intérêt.

Le modelé de ces portraits est d'une vérité et d'une perfection sans égale; chaque trait des individus représentés est à sa place, on le voit, et la pose, le caractère, sont parfaitement observés.

Charles-Quint, à gauche, est reconnaissable surtout par la saillie de la mâchoire inférieure, qui était, on le sait, une des particularités de cette physionomie impériale.

Nous remercions M. Wasset de nous avoir permis de montrer aux lecteurs de *l'Art pour tous* ces extraits de son admirable collection.

这八个纪念章选自M. 沃斯特（M. Wasset）的收藏，它们都十分的珍贵。首先它们的制作都十分的精良，并且都得到了很好的保护；我们必须要补充的一点是，纪念章中的人物真实再现了不同服饰，让它们更加的新奇和吸引人。这些肖像的立体感，使人物显得十分真实和生动。每一个人物的容貌特征都被很好的刻画出来，甚至可以从中观察出人物的姿势和人物性格。

位于左边的查理五世，这样一张典型的皇室面庞，大多数人都能从他那众所周知的下颌的侧影中认出他来。

在此要感谢M. 沃斯特先生，能够让我们将他非凡收藏的一部分，展现给《艺术大全》的读者朋友们。

These eight medals chosen from among **M. Wasset's** collection are esteemed precious on more than a score. First their execution is very remarkable and their conservation intact; then we must add that the diverse costumes which they truthfully reproduce give them a novel interest.

The modelling of those portraits has a matchless truth and excellence; each feature of the person represented is finely depicted, as may be seen, and the attitude and character are nicely observed.

Charles the Fifth, at the left, is mainly recognizable by the projection of his lower jaw which was, it is well known, a particularity of that imperial face.

We here thank **M. Wasset** for his having enabled us to show the subscribers of the *Art pour tous* the present extracts of his admirable collection.

XVIe SIÈCLE. — SCULPTURE FRANÇAISE.
(HENRI III.)

PANNEAU DE BOIS SCULPTÉ.
(COLLECTION DE M. ACHILLE JUBINAL.)

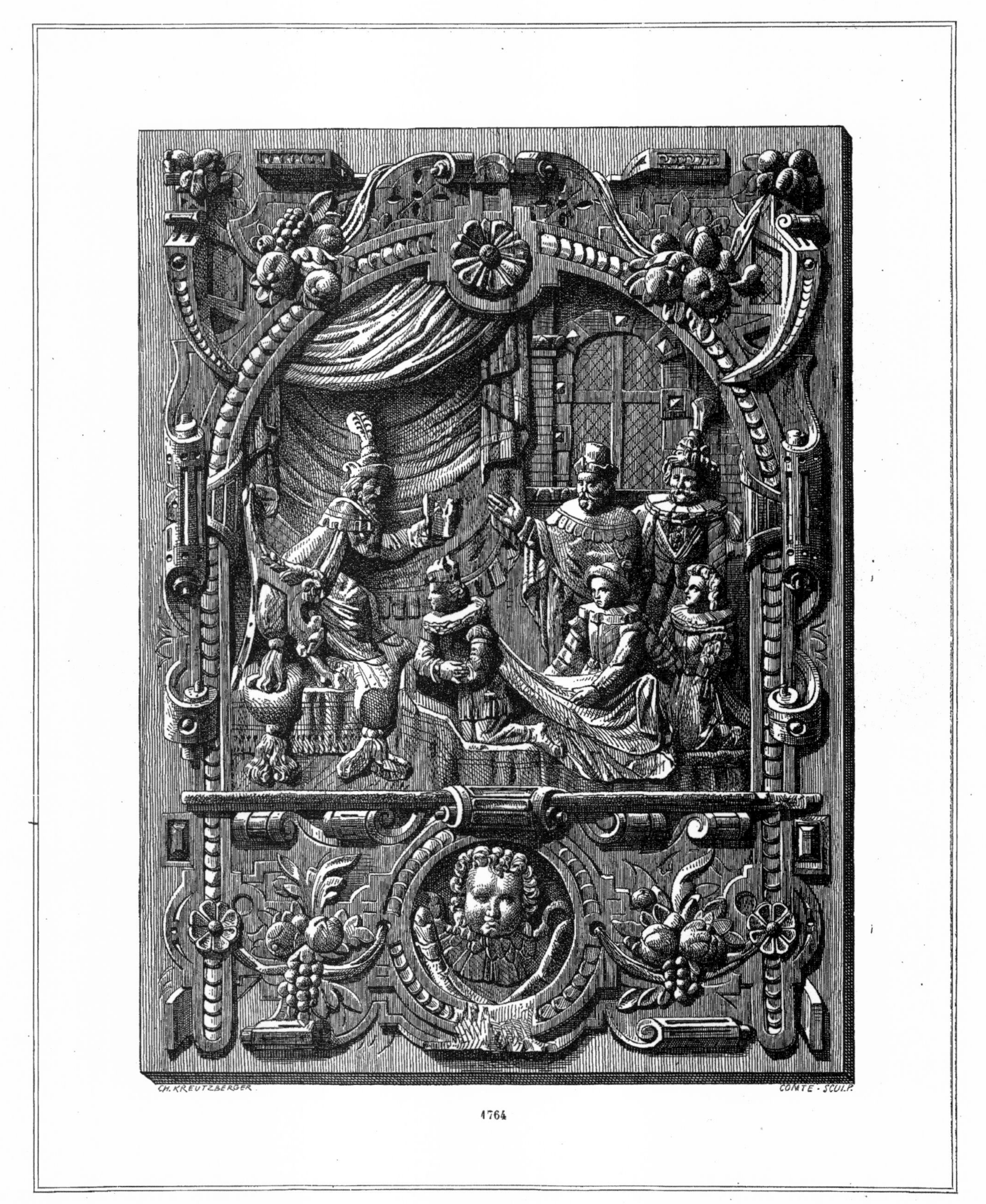

1764

Dans ce nouvel épisode de Henri III en Pologne, nous voyons le jeune prince recevoir la couronne de l'un des grands-électeurs. Il est à genoux, et son manteau est porté par deux gentilshommes français. Le personnage qui tient en main la couronne est assis sur un siége dont la forme est très-remarquable.

L'encadrement est, à peu de chose près, semblable au sujet précédemment publié et aux autres panneaux de cette curieuse collection que, pour ce motif, nous éviterons de publier.

在这个有关波兰国王亨利三世的场景中，我们可以看到年轻的王子从一位伟大的选帝侯手中接过王冠。他跪在地上，斗篷的后半部分由两名法国贵族托在手中。拿着王冠的人坐在座位上，轮廓十分鲜明突出。

这件作品的边框和不久前出版的作品的边框没什么不同，出于这个原因，其他类似的嵌板和收集品，我们将不再展示。

In this new scene of Henry III., as king of Poland, we see the young prince receiving the crown from the hand of one of the great-electors. He is kneeling and the lower part of his mantle is borne by two French noblemen. The personage holding the crown is placed on a seat whose shape is very remarkable.

The frame is pretty much the same as the one of the subject published not long ago, and resembles the other panels of that curious collection which, for this reason, we avoid reproducing.

XVIe SIÈCLE. — FABRIQUES ITALIENNES.
(COLLECTION DU MUSÉE D'ARTILLERIE.)

ARMES DÉFENSIVES. — CASQUE DE PARADE,
DIT CASQUE DE L'ANTIQUE.

1765

Cet admirable casque, un des plus beaux et des plus riches qui aient été faits, date du milieu du XVIe siècle et correspond, par conséquent, au règne de Henri II de France. C'est une sorte de bourguignote à oreillères et à couvre-nuque. Il est surmonté d'une guivre ou dragon ailé en ronde bosse à fond noir damasquiné d'or, dont la queue enroulée retombe comme une crinière. Le timbre est enrichi d'arabesques, de figurines, de masques humains, d'oiseaux et de reptiles d'un goût et d'une exécution admirable et qu'on ne saurait vraiment trop louer.

这件精美的头盔，可以算是做工最为精致、内容最为丰富的头盔之一。制作于16世纪中期，也就是法国亨利二世的统治时期。这个头盔是有垂耳式的护颈。头盔的顶部有一只亚龙或者说是飞龙，采用高凸浮雕的工艺，装饰在有金色波纹的黑色背景上。龙的卷曲的尾巴垂下来，如同马鬃一样。头盔的主体装饰有蔓藤花纹、小的人像、面具、鸟类和蛇，整体制作精致，风格别致，我们甚至找不到其他合适的词来赞扬它了。

This marvellous helmet, one of the finest and richest ever made, dates from the middle of the XVIth century and is consequently connatural to the reign of Henry II. of France. It is a kind of *bourguignote* with ear and nape-coverings. It has for its crest a *Guivre* or winged dragon, in high-relief with a black ground damaskeened in gold, whose rolling tail falls down in the stead of horse-hair. The helmet's body is enriched with arabesques, small figures, human masks, birds and reptiles whose style and execution are admirable and could not be too highly praised.

XVe SIÈCLE. — ART ARABE.

FRAGMENTS D'UNE MOSQUÉE.

PANNEAUX DE BOIS SCULPTÉ,

A M. DE BEAUCORPS.

Nous devons à M. F. de Beaucorps, voyageur et collectionneur distingué, de pouvoir montrer les spécimens de décoration arabe rapportés par lui du Caire dans un récent voyage. Ils proviennent de la mosquée d'Ebn-Touloun, édifice remarquable, et faisaient partie de la chaire à prêcher. Nous ignorons quel était leur agencement dans la construction de cet édicule, mais tels que nous les présentons, c'est-à-dire isolés, nous les croyons susceptibles d'utilité. Ces enchevêtrements, particuliers à l'art arabe, et que l'on voit assez souvent employés dans la décoration générale de l'Alhambra, prennent ici un caractère peu commun.

Les quatre motifs ou panneaux, semblables comme forme générale, sont variés d'ornementation tout en conservant à peu près la même physionomie. Le panneau inférieur cependant diffère des autres. Il offre une disposition étoilée dont le compartiment central, et des écoinçons produits par les branches de l'étoile, ont reçu une décoration sculptée analogue aux panneaux précédents, tandis que les branches elles-mêmes sont formées d'applications de bois plus foncé, agencées triangulairement et formant par leur assemblage des dessins prismatiques.

Nous le répétons, l'application servile ou modifiée de ces divers arrangements, dont les entrelacs sont la base, nous semble possible dans plus d'un cas.

1766

M.F. 德·博科尔(M.F.de Beaucorps),是位著名的旅行家和收藏家。我们承蒙他的帮助，才能展示这些阿拉伯式的装饰图样，因为这些都是他近期去开罗旅游带回来的。这些装饰都来自于一个叫 Ebn-Touloun 的清真寺，其建筑宏伟，有部分的神职人员。我们并不知道他们用这么小块的构造能够做什么；但是既然我们已经将它们展示在这里了，也就是说，我们相信它们应该是有一些用处的。这些交织的花纹，是阿拉伯艺术特有的，它们在阿罕布拉也很常见，这就引出了一个不平常的问题。

这四个图案，或者说嵌板，整体结构类似，但装饰细节却不同，虽然它们看上去都差不多。底部的这块嵌板不同于其他的，它有类似于星星的形状，正中间的不同的图案以及星星各个角之间的角撑，都雕刻有和另外两个类似的装饰。同时这些分角在更黑颜色的木头上的一部分也得到了应用，三角形的处理以及各个角之间的搭配所产生了菱形图案。

1767

1768

在这里再次强调一下，我们认为这种模仿或多或少地摆脱了那些以缠绕为基础的各种排布，这是非常难得的。

1769

To M. F. de Beaucorps, the distinguished traveller and collecter, we are indebted for the reproduction of these specimens of Arabic decoration, which he brought from Cairo in his recent travel. They come from the Ebn-Touloun mosque, a remarkable building, and were a portion of the pulpit. We do not know in what they were arranged in that small fabric; but such as we give them here, that is to say isolated, we believe they may be useful. These interlacings, peculiar to the Arabic art and which are rather frequently found in the Alhambra, present here an uncommon character.

The four motives, or panels, alike as far as the general form goes, are unlike by their ornamentation, yet they nearly have the same aspect. The lower panel however differs from the others. It presents a starry disposition, the central compartment of which, as well as the angle-ties produced through the branches of the star, have received a sculptural decoration analogous to the former panels; whilst the branches themselves are formed of applications in darker wood, triangularly disposed and reproducing prismatic designs by their assemblage.

To say it again, we think the imitation more or less free of those various arrangements, whose base is the twine, is possible in more than a case.

7me Année.
N° 194
15 Janvier 1868.
ABONNEMENT ANNUEL
France. . . . . 18 fr.
Étranger. . . . 20 fr.
L'Année parue. 25 fr.
L'ART POUR TOUS
ENCYCLOPÉDIE DE L'ART INDUSTRIEL ET DÉCORATIF
Paraissant les 15 et 30 de chaque mois.
PUBLIÉ SOUS LA DIRECTION DE M. C. SAUVAGEOT | FONDÉ PAR M. ÉMILE REIBER, ARCHITECTE
A. MOREL
ÉDITEUR
13, rue Bonaparte
Paris.

A'RT INDUSTRIEL JAPONAIS.

(ÉPOQUE ANCIENNE.)

BRULE-PARFUMS EN BRONZE DORÉ,

AVEC SOCLE EN BOIS.

A M. DE BOISSIEU.

Les nations chinoises et japonaises sont voisines; l'esprit, les mœurs des deux peuples n'offrent pas de bien grandes différences, et les arts, chose toute naturelle, présentent souvent la plus grande similitude. Il faut déjà chez nous de certaines connaissances archéologiques et avoir manié un certain nombre d'objets artistiques de ces deux pays pour pouvoir à première vue distinguer un objet chinois d'un objet japonais. L'aspect général est souvent le même et les détails sont parfois identiques. L'art industriel de la Chine nous paraît cependant présenter un caractère plus sévère et plus vigoureux, du moins en ce qui concerne les objets en métal.

Au sujet du brûle-parfums que nous montrons au milieu de cette page, on peut dire qu'il ne le cède en rien à certaines pièces chinoises et qu'il est digne des plus grands éloges. Le socle est en bois noir, recouvert sur la plate-forme d'une étoffe ou tissu bleu clair. l'objet entier est en bronze doré avec quelques parties peintes en noir. Les ornements sont tautôt en relief, tantôt gravés. Le couvercle, surmonté d'un monstre bizarre, est ajouré et orné de feuillages et de fleurs.

4770

The Chinese and Japanese are placed near to each other; both differ but little in intellect and morals, and as may be expected the arts of either countries present the greatest similarity. From a European certain archæologic notions are required, and he must have had under his eye and in his hand a number of artistic objects from these two countries, to be able to single out which is the Chinese and which is the Japanese article. The general form of these is often the same, and their details are sometimes identical. Yet, the Chinese industrial art seems to us to present a stronger and severer character, at least in reference to metallic objects.

As to the perfume-burner shown in the middle of this page, it may be said that it is second to none of the best Chinese pieces of that kind and that it deserves the highest praises. The socle is of black wood covered on the upper flat with a light blue cloth or tissue. The whole object is in bronze gilt, but with some parts painted black. The ornaments are here in relief and there engraved. The lid, topped with an odd monster, is open-worked and enriched with leaves and flowers.

中国和日本比邻而居，两个国家虽然不同，但在才智和道德观念上却很相似。也许任何两国间在艺术上也有很大的相似之处。如果一位欧洲的考古学家，要想分辨出一件艺术品到底是来自中国还是日本，那么他需要观摩和亲身了解许许多多来自这两个国家的艺术作品，才能分辨出不同来。这两国的艺术品大体形式相同，有时一些细节甚至会完全相同。但是，对于西方人来说，中国的艺术产业似乎具有更为强烈的特点和留有深刻的印象，至少在铁器艺术品上是这样的。

至于本页展示的香炉，可以称之为中国同类艺术品中首屈一指的典范，而这就是对这件艺术品最好的褒奖。柱脚是黑檀木制成的，它顶部的平面铺有蓝色的布料或薄纱。整个香炉为青铜镀金，但一些部位漆成了黑色。关于装饰，一些地方为浮雕，一些地方是雕刻。香炉盖是镂空式的并雕刻有树叶和花朵，盖的顶部装饰有一只奇珍异兽。

XVIIe SIÈCLE. — TYPOGRAPHIE FRANÇAISE. FRISES ET CULS-DE-LAMPE.

1771

1772

1773

1774

1775

1776

1777

Extraits de plusieurs livres imprimés au XVIIe siècle. | 取材于若干本 17 世纪的书。 | Taken from several books printed in the XVIIth. century.

XVIe SIÈCLE. — ÉCOLE FLAMANDE.

AMEUBLEMENTS INTÉRIEURS.

FAC-SIMILE D'UNE GRAVURE DE JEAN VREDEMAN VRIES DIT LE FRISON.

CVBICVLVM INTROSPICIENTIBVS MODERNVM

1778

Pour Vries, qui exécutait cette gravure vers la fin du xvie siècle, le style de l'appartement était moderne; pour nous c'est déjà de l'histoire ancienne. Nous le désignerons sous le nom de style du xve siècle. Nous y voyons les meubles qui entraient dans une chambre à coucher de cette époque et la place qu'ils y occupaient. La crédence fait face à la porte d'entrée, le lit est près du foyer, et la table en face de la fenêtre. Nous avons cru d'un certain intérêt de reproduire cette vieille gravure devenue extrêmement rare.

弗里斯（Vries）于16世纪末期创作了这个作品。房间里家具的风格属于现代，仅仅是这一点就很特别了，但我们还是要将这种设计风格归列为16世纪。在这幅图中我们可以看到这一时期的卧室中家具的样式和摆放的位置。可以看到祭器台和门是相对的，床摆放在壁炉旁边，桌子放在窗户前面。我们的确认为再现这一现在十分少见的旧版雕刻品，是非常值得的。

To Vries, who made this engraving about the end of the xvith. century, the style of this room's furniture was modern; to us it is already antique. We will give it the designation of style of the xvth. century. There we see the pieces with which a bed-room of that epoch was furnished and the place assigned to each of them; so, the credence is opposite to the door, the bed is by the fire-place and the table in front of the window. We did think worth while to reproduce this old engraving now extremely rare.

XVe SIÈCLE. — FERRONNERIE FRANÇAISE.

(ANCIEN HOTEL DES ABBÉS DE CLUNY.)

PUITS EN FER FORGÉ,

AVEC MARGELLE EN PIERRE.

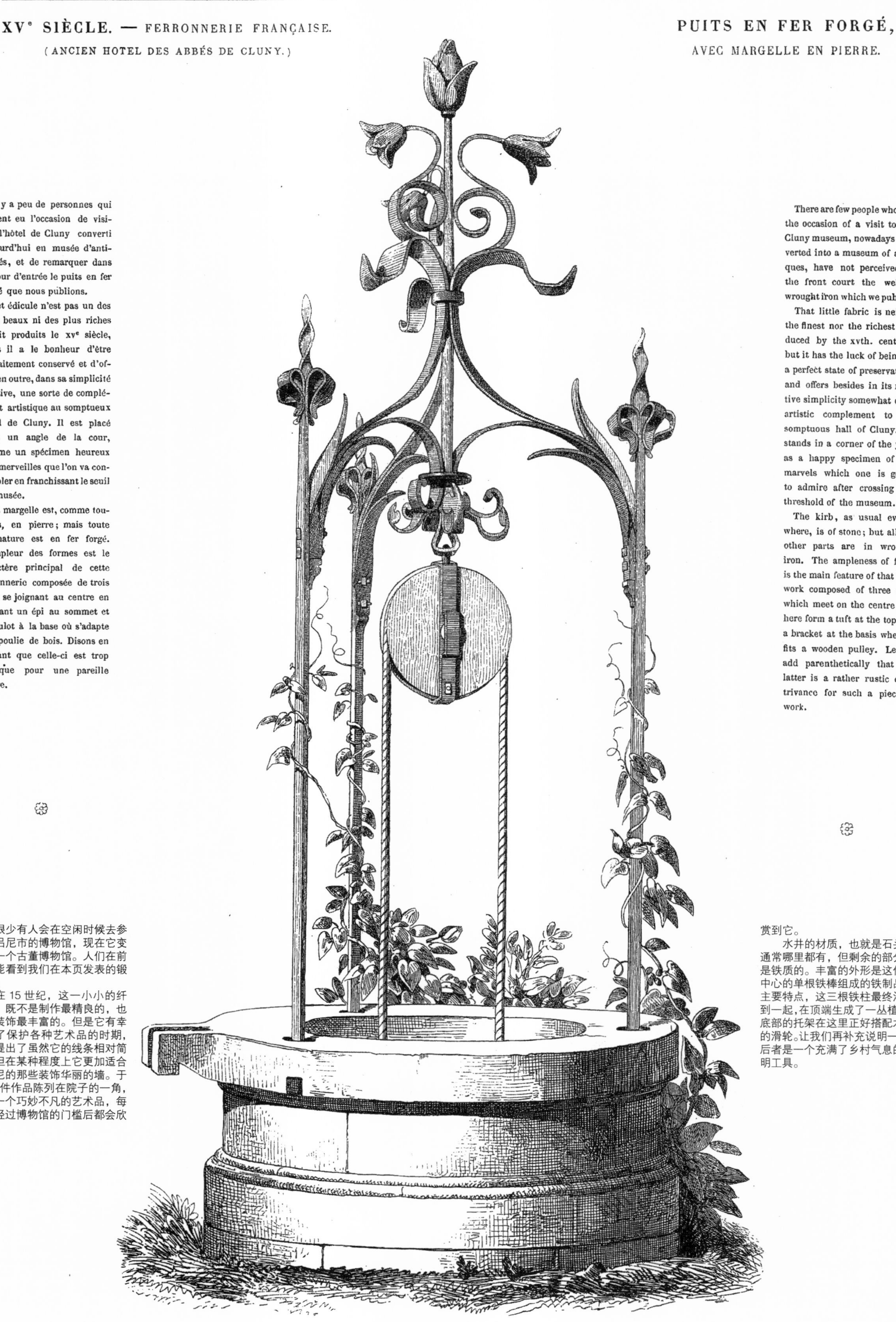

Il y a peu de personnes qui n'aient eu l'occasion de visiter l'hôtel de Cluny converti aujourd'hui en musée d'antiquités, et de remarquer dans la cour d'entrée le puits en fer forgé que nous publions.

Cet édicule n'est pas un des plus beaux ni des plus riches qu'ait produits le xve siècle, mais il a le bonheur d'être parfaitement conservé et d'offrir en outre, dans sa simplicité relative, une sorte de complément artistique au somptueux hôtel de Cluny. Il est placé dans un angle de la cour, comme un spécimen heureux des merveilles que l'on va contempler en franchissant le seuil du musée.

La margelle est, comme toujours, en pierre; mais toute l'armature est en fer forgé. L'ampleur des formes est le caractère principal de cette ferronnerie composée de trois tiges se joignant au centre en formant un épi au sommet et un culot à la base où s'adapte une poulie de bois. Disons en passant que celle-ci est trop rustique pour une pareille œuvre.

There are few people who, on the occasion of a visit to the Cluny museum, nowadays converted into a museum of antiques, have not perceived in the front court the well in wrought iron which we publish.

That little fabric is neither the finest nor the richest produced by the xvth. century; but it has the luck of being in a perfect state of preservation, and offers besides in its relative simplicity somewhat of an artistic complement to the somptuous hall of Cluny. It stands in a corner of the yard as a happy specimen of the marvels which one is going to admire after crossing the threshold of the museum.

The kirb, as usual everywhere, is of stone; but all the other parts are in wrought iron. The ampleness of form is the main feature of that iron work composed of three rods which meet on the centre and here form a tuft at the top and a bracket at the basis whereto fits a wooden pulley. Let us add parenthetically that the latter is a rather rustic contrivance for such a piece of work.

很少有人会在空闲时候去参观克吕尼市的博物馆，现在它变成了一个古董博物馆。人们在前院没能看到我们在本页发表的锻铁井。

在 15 世纪，这一小小的纤条体，既不是制作最精良的，也不是装饰最丰富的。但是它有幸赶上了保护各种艺术品的时期，并且提出了虽然它的线条相对简单，但在某种程度上它更加适合克吕尼的那些装饰华丽的墙。于是，这件作品陈列在院子的一角，作为一个巧妙不凡的艺术品，每个人经过博物馆的门槛后都会欣赏到它。

水井的材质，也就是石头，通常哪里都有，但剩余的部分都是铁质的。丰富的外形是这件由中心的单根铁棒组成的铁制品的主要特点，这三根铁柱最终汇聚到一起，在顶端生成了一丛植物，底部的托架在这里正好搭配木制的滑轮。让我们再补充说明一点，后者是一个充满了乡村气息的发明工具。

XVIe SIÈCLE. — ÉCOLE ITALIENNE.

(A M. DE NOLIVOS.)

ARABESQUES. — ORNEMENTS COURANTS,

PAR NICOLETTO DE MODÈNE.

4780

Les ornements sortis de la plume ou du pinceau de Nicoletto de Modène se reconnaissent facilement. Ils ont un faire particulier et sont presque toujours disposés dans des bandes horizontales ou verticales. (Voyez le cinquième volume de *l'Art pour tous.*) — Les fragments figurés ci-dessus semblent destinés à orner des pilastres, et la décoration pourrait être à volonté peinte ou sculptée. Le tout est d'un goût exquis et d'une verve qu'on ne rencontre pas souvent, même chez les maîtres de cette féconde époque.

尼科莱特·摩德纳（Nicoletto di Modena）笔下的装饰总是很容易就能认出来。它们都有一个独特的风格，那就是总是水平的或垂直的带状装饰。（参见《艺术大全》第五年）上面所重现的部分装饰似乎是打算要装饰一些壁柱，并且这些装饰应该都是关于绘画和雕刻的。本页展示的装饰整体制作精美，其独特的风格在这个盛产大师的时代也是不多见的。

Ornaments from the pen or brush of Nicoletto di Modena are easily recognizable. They have a peculiar style and are but always disposed into horizontal or vertical bands. (See fifth volume of the *Art pour tous.*) The fragments above reproduced seem to have been destined to embellishing some pilasters, and their decoration might, at one's will, be painted or sculpted. The whole is exquisitely done and with a spirit not often met with even in the works of the masters of that fecund epoch.

XVIe SIÈCLE. — CÉRAMIQUE FRANÇAISE. (HENRI II.)

COLLECTION DE M. LE BARON DE ROTHSCHILD.)

USTENSILES DIVERS. — CHANDELIERS EN FAIENCE ÉMAILLÉE.

1781

L'un de ces objets, fig. 1781 est une des plus belles œuvres de la fabrique d'Oiron. A lui seul, on peut le dire sans crainte, ce chandelier est un véritable petit monument. Avant d'y appliquer les ornements caractéristiques dont il est couvert, ornements peints qui sont comme la marque et le sceau de cette fabrique exceptionnelle, on a étudié avec soin la structure du meuble. Les formes des moulures ont été épurées. Les saillies, les retraits combinés avec soin et des parties entières ont été ajourées. L'objet est triangulaire à la base, et trois figures d'enfants nues se dressent aux angles du pied.

L'autre chandelier, fig. 1782, plus simple et plus rationnel comme forme, décèle une œuvre de Bernard Palissy : on y reconnaît les formes qu'il affectionnait et les procédés dont il usait presque toujours, Moins varié comme couleur et moins accidenté comme forme générale, il n'en reste pas moins un très-remarquable chandelier en faïence émaillée.

❀

如图 1781，这件物品的第一个实物，是由瓦隆（Oiron）所创作的最好的作品之一。就作品本身而言，我们毫不畏惧有人提出质疑，这个烛台是一个奇迹。在给这个烛台进行特色的彩绘装饰之前，也就是在作品上进行勾画和标记之前，艺术家早已仔细研究了作品的外形轮廓。对作品进行模制的方法进行了改进，作品的凸出和凹陷得到了巧妙的结合，以及整个一部分都可以制作成镂空式的。这件作品有一个三角形的底部，并且每个三角形的柱脚处都装饰有裸体的儿童人像。

人们可能会猜测另一个烛台的外形，如图 1782，这件伯纳德·帕利西（Bernard Pallisy）的作品，风格更加的朴素甚至是严谨。从这件作品上可以看出作者所喜爱的类型，和他对其作品的制造过程。没有各式的颜色对比，整体造型线条平缓。尽管如此，这件作品在珐琅彩陶器中也可以算作是十分精美的了。

❀

The first of these two objects, fig. 1781, is one of the finest works from the Oiron manufacture. By itself, we say it without fear of contradiction, this candlestick is a real little marvel. Before covering it with the characteristic painted ornaments which are, so to say, the mark and stamp of that manufacture, the artist has carefully studied the shape of the article. The forms of the mouldings have been refined, projections and concavities carefully combined, and whole portions openworked. The object has a triangular base, and three figures of naked children are standing on the foot's angles.

One may surmise to see in the other candlestick, fig. 1782, plainer and perhaps more rational, a work by Bernard Palissy : therein are recognizable the forms which he delighted in and the processes which he made almost invariably use of. Less diversified in respect to colour, and with less movement in the general outline, it is nevertheless a very remarkable candlestick in enamelled faience.

1782

XVIIIe SIÈCLE. — ÉCOLE FRANÇAISE.

(LOUIS XV.)

SCULPTURE. — BUSTE DE JEUNE FILLE,

PAR J. HOUDON.

(COLLECTION DE M. HAAS.)

1783

L'original est en terre cuite, et nous ignorons s'il a jamais été exécuté en marbre ou fondu en bronze. Ce que nous savons parfaitement par exemple, c'est que ce petit buste est charmant à tous égards et qu'il doit être ressemblant. Il est naïf, spirituel, et en même temps d'une exécution très-remarquable. Tout le monde du reste sait jusqu'à quel point Houdon poussait la conscience de l'artiste et de l'observateur. Nous signalons la coiffure comme très-heureuse, bien que très-originale.

这件小型半身雕像属于赤土陶器，并且我们不知道它有没有大理石或者青铜的制造版本，但是我们能确信的是这件作品在各个方面的制作都十分出众，十分真实的还原了人物的肖像特点，十分朴实又生动的表达了作者的想法，并且制作精美。每个人都能从中感受到作者乌东（Houdon）在创作时的认真研究和仔细观察。我们想要指出的是雕像中的头饰虽然不常见，但是也非常的令人赏心悦目。

The original of this small bust is in terra-cotta, and we do not know if it has ever been executed in marble or bronze. But we do know and affirm that it is a nice piece in every respect, and most probably not lacking the resemblance. It has an artless and lively expression, while its execution is quite remarkable. Everybody knows moreover to what extent of conscientious study and observation Houdon went in the creation of his works. We point out the head-gear as very happy though very uncommon.

HEURTOIRS EN FER REPOUSSÉ.

(MUSÉE DE CLUNY ET COLLECTION SAUVAGEOT.)

1784

Nous montrons, fig. 1784, un heurtoir aux armes de France, c'est-à-dire avec trois fleurs de lis dans un écusson couronné et entouré d'un collier de l'ordre de Saint-Michel.

La fig. 1785 contient au milieu d'un cartouche elliptique trois croissants enlacés accompagnés du D de Diane de Poitiers. Un mufle de lion disposé au-dessus du cartouche est terminé lui-même par un croissant. Cet objet, de la belle époque de Henri II, provient sans nul doute du château d'Anet.

On remarquera que le fer est ici travaillé avec une facilité surprenante et que les moindres ornements ont toute la perfection qu'on pourrait leur voir, taillés dans des matières moins ingrates et rebelles.

❀

图 1784 所展示的门环上刻有法国的纹章，也就是三朵鸢尾花雕刻在带有王冠的盾牌形状的标牌上，标牌的周围环绕有圣迈克尔（Saint-Michael）的项链。

图 1785，椭圆形的涡卷饰中间有三个互相交错的新月形的装饰，周围还装饰有一些两个相互交错的 D，代表着戴安娜・普瓦捷（Diane de Poitiers）。涡卷饰的上方装饰着一张狮子的脸，它的额头上也装饰有新月图案。这件作品出自亨利二世统治下的盛世，毫无疑问，它来自于安奈城堡。

读者们可能会注意到铁在这些创作者手中出奇的灵活和容易制作，去掉不需要的和难以融化的部分，寥寥几笔装饰就展示出了他们能达到的最完美的技艺。

❀

We show in fig. 1784 a knocker with the arms of France, viz., three flowers-de-luce in a scutcheon crowned and encircled by a collar of the order of Saint-Michael.

Fig. 1785 contains in the middle of an elliptic cartouch three interlaced crescents with the double D of Diana of Poictiers. A lion's muzzle placed above the cartouch is itself surmounted by a crescent. This object of Henri the Second's fine epoch, comes undoubtedly from Anet castle.

The reader will mark that iron is here worked out with astonishing facility, and that the least ornaments possess all the perfection which they could have reached, were they cut out of less unpromising and refractory materials.

1785

XVIe SIÈCLE. — ÉCOLE BOURGUIGNONNE.

(ÉPOQUE DE HENRI III.)

MEUBLE A DEUX CORPS EN NOYER SCULPTÉ

(A M. SPITZER).

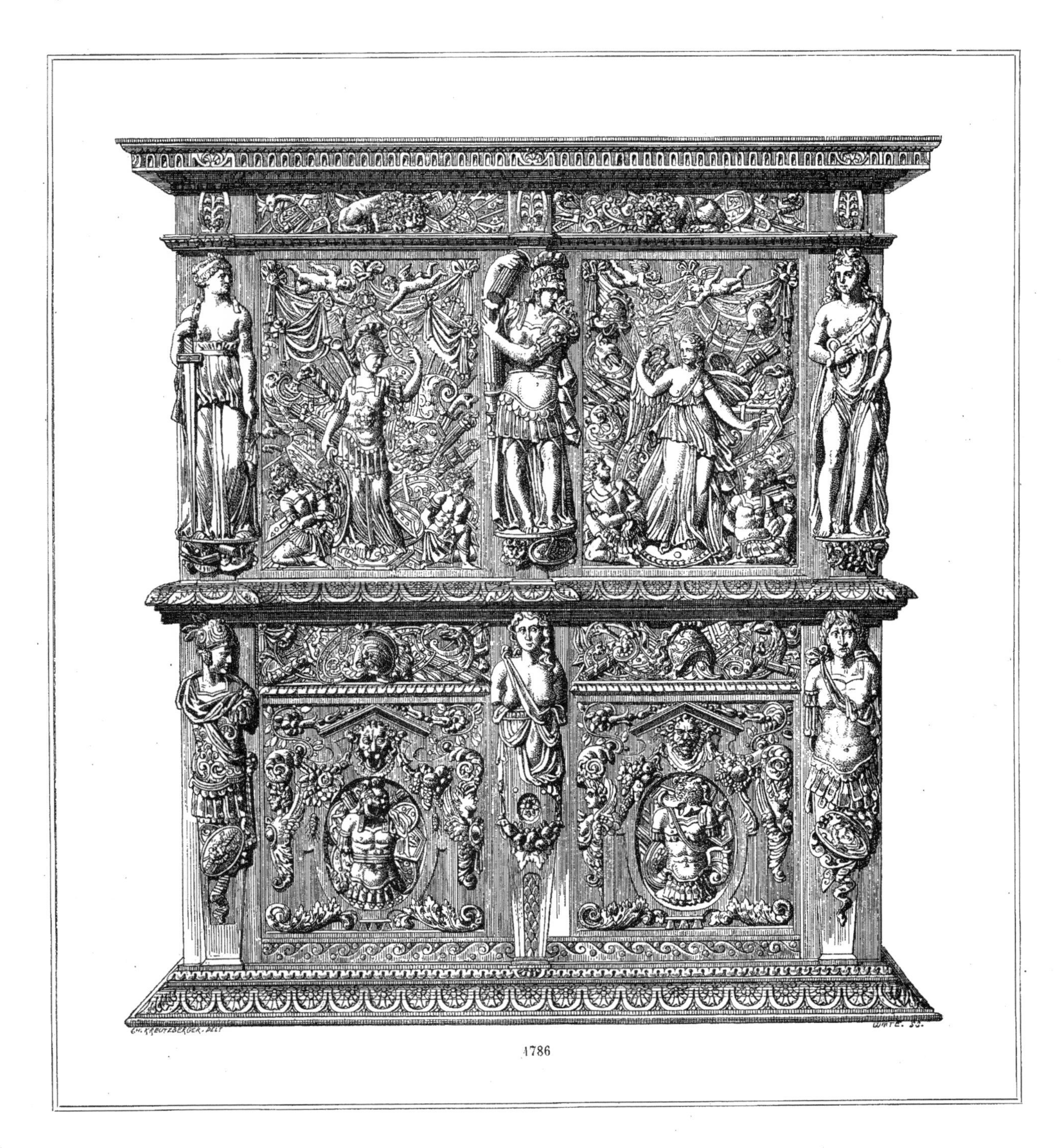

1786

A la renaissance, les vertus cardinales ont très-souvent servi de motifs de décoration. Il est peu de meubles du XVe, du XVIe et même du XVIIe siècle, qui ne montrent quelques-unes de ces figures symboliques, soit sous forme de bas-relief, où statuettes isolées, soit sous forme de cariatides. Dans ce meuble extrêmement remarquable de la fin du XVIe siècle, et très-certainement d'origine bourguignonne, nous voyons trois des vertus disposées dans les montants et succéder aux cariatides à gaînes de la partie inférieure du meuble. Au milieu, est la Force coiffée d'un casque et brisant une colonne. La Justice se voit à gauche et la Providence à droite : la première s'appuie sur une épée formidable, et la seconde montre un serpent, son emblème préféré. Les panneaux de ce beau meuble bourguignon sont ornés de bas-reliefs d'une exécution parfaite, sorte de trophées au centre desquels se détachent la Sagesse et la Victoire.

在文艺复兴时期，“基本美德”通常用来作装饰方面的主题。15 世纪、16 世纪、甚至是 17 世纪，几乎没有几件民用家具在浅浮雕、独立雕像或女像柱上，不显示出那些象征性的人物。本页介绍的民用家具，制作最为精美，我们确定它来自 16 世纪末期的勃艮第，我们从这件家具上看到了基本美德中的三个美德，沿着立柱分布，紧挨着下面三个衣着紧实的女像柱。我们注意到，在上部分的正中间是“坚韧”，头戴头盔的力量女神（Strength）弄断了一根柱子。“正义”在左边，“节欲”在右边；“正义”倚靠着一把锋利的长剑，“节欲”手中拿着蛇。这件勃艮第的精美家具上的镶板装饰有制作精良的浅浮雕，位于作品的中心部分，“智慧”和“胜利”彼此分离在两侧。

At the Renaissance epoch, the cardinal virtues were often made use of as motives for decorative purposes. There are few pieces of household furniture, in the XVth, XVIth and even XVIIth centuries, which do not show some of those symbolic figures either set in bass-relief, detached statuettes or caryatids. In the present piece of household furniture, a most remarkable specimen from the end of the XVIth century and having to a certainty a Burgundian origin, we see three of the cardinal virtues disposed along the uprights and coming after the three sheathy caryatids of the lower part of the object. We mark, in the middle, helmeted Strength breaking a column. Justice is at the right and Providence at the left side; the former leaning on a formidable sword, and the latter handing the emblematic serpent. The panels of that fine Burgundian piece of household are ornated with bass-reliefs executed in perfection, being a kind of trophies in the centre of which Wisdom and Victory detach themselves.

XVIIe SIÈCLE. — FERRONNERIE FRANÇAISE.
(ÉPOQUE DE LOUIS XIII.)

GRILLE EN FER FORGÉ,
AU DIXIÈME DE L'EXÉCUTION.

1788

1787

Cette grille en fer forgé, avec feuillages en tôle découpés, provient sans doute de quelque château ou édifice de province. Elle est simple d'agencement, mais les fleurons découpés et les feuillages modelés qui naissent des enroulements du fer en font un objet relativement riche et beau dans le caractère du XVIIe siècle.

这座铁质大门做工精细，装饰有薄铁片切割成的叶饰，毫无疑问它来自城堡和一些乡村建筑。它的造型简洁大方，但裁切成的花朵和叶子的装饰是通过将钢铁卷曲制成的，在某种意义上，这个大门是属于 17 世纪，造型和材质都非常精美。

This grate in wrought iron, with foliages in cut sheet-iron, doubtless comes from some castle or country building. It has rather a plain disposition, but the cut flowers and modelled foliages issuing from the iron rollings render it, in a sense, an object both rich and beautiful in the style of the XVIIth century.

XVIIe SIÈCLE. — ARCHITECTURE ET SCULPTURE FRANÇAISES (ÉPOQUE DE LOUIS XIII.)

CHEMINÉE DE LA SALLE DES GARDES AU CHATEAU DE CORMATIN.

1789

C'est d'après un dessin de M. H. de Lacretelle que nous avons fait graver cette remarquable cheminée, dont plus tard nous montrerons divers détails intéressants.

这是我们仿照H·德·拉克雷泰勒（H. de Lacretelle）先生的画作，对其中造型精美的壁炉架进行了雕刻。这个作品中许多有趣的细节，我们会在不久以后加以讨论。

It is from a drawing of Mr. H. de Lacretelle that we have had this remarkable chimney-piece engraved, the various interesting details of which we intend to show by-and-by.

XVIe SIÈCLE. — CÉRAMIQUE FRANÇAISE. AMORTISSEMENTS. — ÉPI DE COURONNEMENT

DES ENVIRONS DE LISIEUX. EN TERRE CUITE ÉMAILLÉE.

(AU QUART DE L'EXÉCUTION.)

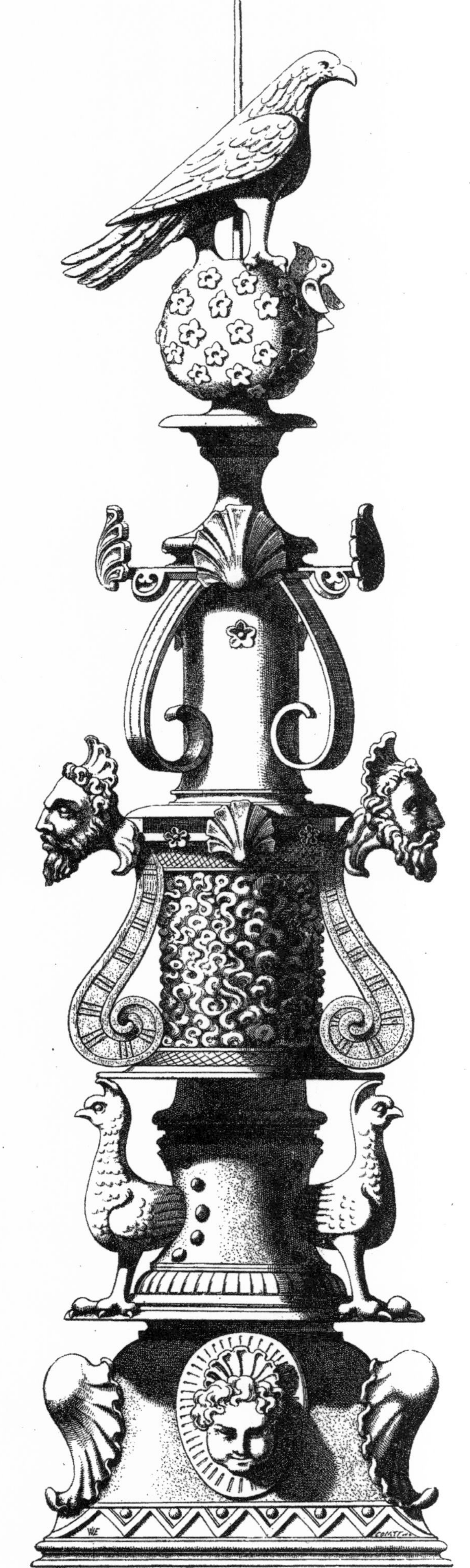

1790

On donne le nom d'épis à certaines décorations en terre cuite ou en plomb qui enveloppent l'extrémité des poinçons de la coupe ou de pavillon à leur sortie d'un comble.

C'est en Normandie, à Lisieux, ville précieuse au point de vue archéologique, que nous avons recueilli celui-ci, descendu tout nouvellement du sommet d'une maison et par conséquent démonté. Nous avons pu non-seulement le mesurer avec soin, mais encore étudier son agencement, voir comment les cinq pièces dont il est composé s'emboîtaient les unes dans les autres.

Une longue tige de fer sert d'axe et de lien aux cinq morceaux dont nous venons de parler, et l'espace compris entre cette tige et les parois du tube était, pour éviter tout dérangement, toute déviation, comblé jusqu'au point A d'argile mêlée avec du sable et formant une espèce de mortier. Les couleurs de cet épi à la tournure toute *palissienne* (qu'on nous pardonne ce mot) étaient très-variées, très-harmonieuses et encore éclatantes au moment où nous le dessinions. Nous ignorons s'il a repris sa place première ou s'il a été vendu aux collectionneurs, très-friands de ces produits céramiques devenus assez rares.

La fig. 1791 montre la coupe ou section verticale de l'épi.

❀

这件作品的名字为《脊尖装物》，或者是《尖状物》，装饰着用陶土或铅制成的装饰品，这些装饰品都围绕着中间的柱子，从最顶端的柱顶，到底端的出口处。

我们是在诺曼底利西厄区，一个深受考古学家们喜爱的村庄里，发现这件物品的。我们发现它的时候，它刚刚从一个屋顶上拿下来，最后被摔碎了。我们也因此不仅能仔细地测量它的尺寸，还能研究它的结构布局以及它的五个部分是怎样排列和相互连接的。

一个长长的铁棒就是这个物品的中心轴，以及如同上文提到的是它将五个部分连接起来的。这个铁棒和外面这层管状的外壳之间的空间，可以灌满像砂浆一样的黏土和沙子的混合物，一直灌到顶部，这样可以防止出现歪斜的情况。这个尖状物的颜色是帕利西色，可以这么说，它的颜色非常的多样、协调，在我们给它画速写的时候颜色也非常的明亮。我们并不知道它从前是否被重新上过色，或卖到喜欢这类现在已很少见的陶器的收藏家手里。

图 1791 展示了作品的截面或垂直平面。

❀

The name of *épis*, or spikes, is given to some decorations in terra-cotta, or lead, into which are inwrapped the extremities of the crowns of pavilions at their egress from the frame-work.

It is in Normandy, at Lisieux, a town precious in the archæologist's eye, that we have found the present one, freshly taken from a house's top and consequently in pieces. We have thus been enabled, not only to carefully mete it out, but also to study its arrangement and see how the five portions, of which it is formed, were fitting into each other.

A long iron rod was the axle and binding of those five parts we have just spoken of, and the space between that very rod and the tubular sides was, to prevent any deflection, filled up, to point A, with a mixture of clay and sand, mortar-like. The colours of that spike with a Palissy cast, so to speak, were quite diversified, harmonious and still bright at the very moment we were sketching the object. We do not know whether it has been put again in its former place, or sold to collectors very fond of these now rare ceramic productions.

Fig. 1791 shows the section or vertical plan of the spike.

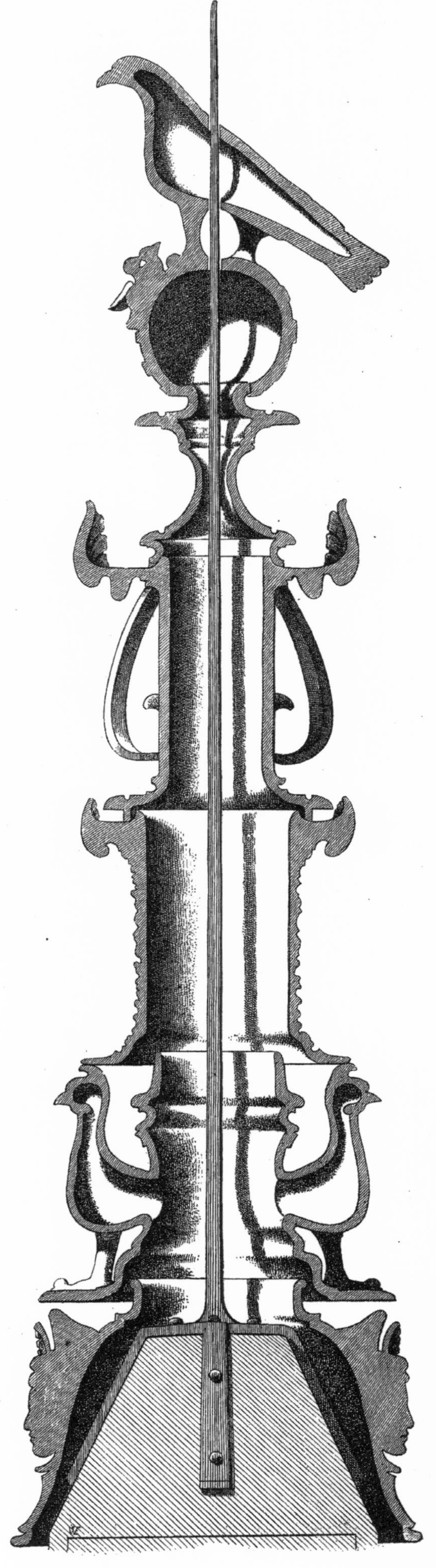

1791

XVIIIe SIÈCLE. — ÉCOLE FRANÇAISE.
(ÉPOQUE DE LOUIS XVI.)

COMPOSITIONS. — VASE DÉCORATIF
EXTRAIT DE L'ŒUVRE DE CAUVET.

1792

A plusieurs reprises, *l'Art pour tous* a montré des compositions extraites des cahiers dessinés par G. P. Cauvet, maître fécond de la fin du XVIIIe siècle. Celle que nous présentons est destinée, à en juger par les ombres portées sur les objets, à être peinte en camaïeu sur les parois d'un appartement, mais elle est digne d'inspirer en même temps un sculpteur ou un orfèvre, tant l'agencement en est heureux, les détails soignés et disposés avec soin.

G.P. 加维特（G. P. Gauvet）是 18 世纪末一位非常高产的艺术家。《艺术大全》已经多次展示了来自他画册中的作品。这幅作品是我们一直打算展示，因为画面上的阴影部位，人们可能会推测这幅画画的是一个房间墙壁上的石雕。而且它之所以能够很好的启发雕刻家或银匠的灵感，这是因为他的画面的布局以及细心对待和每一个细节的处理。

The *Art pour tous* has several times reproduced compositions out of the books of drawings by G. P. Cauvet, a fertile master of the end of the XVIIIth century. The one we give to-day was destined, as may be surmised by the shading thrown upon the objects, to be painted in cameo on the walls of a room; yet it is worthy of inspiring a sculptor or silversmith so happy is its ordering, and so carefully treated and disposed are its details.

XVIe SIÈCLE. — ART FLAMAND.

(ANCIENNE COLLECTION LE CARPENTIER.)

PIÈCE DÉCORATIVE EN IVOIRE SCULPTÉ.

(HERCULE VAINQUEUR DE CACUS.)

Hercule et Cacus n'offrent pas dans l'histoire mythologique un bien grand rapport avec les dieux de la mer, et nous ne savons pas trop pourquoi nous les voyons réunis dans la décoration d'un même objet. Ceci nous permettrait volontiers de supposer que de deux groupes sculptés par un même artiste on a voulu faire un tout, en les reliant par une sorte de monture en cuivre ornée de moulures. Les dieux marins présentés en haut-relief sur un cippe servent de base à cette pièce décorative d'une disposition toute particulière, tandis que le groupe ou combat d'Hercule et de Cacus en forme la partie supérieure, le couronnement.

Toute cette sculpture a un défaut : elle est un peu ronde et pèche assez souvent contre les règles anatomiques; en revanche, les masses sont savamment disposées, le relief bien entendu et les attributs marins meublent avec goût les vides formés sur le fond par les personnages. L'ivoire a été jauni par le temps et souvent veiné d'une façon désagréable, mais la base de cuivre et l'espèce de corniche intermédiaire, toutes deux en métal, viennent donner par leur éclat du calme aux reflets jaunis et bizarres de l'ivoire.

Hercules and Cacus do not present, in mythological history a very close relation to sea-gods, and we are rather at a loss to find the reason why they have been put together in the decoration of the same object. This would lead us to surmise that from two groups, carved by the same artist, a whole has been made in uniting both through a kind of copper mounting ornated with mouldings. The sea-gods in high-relief on a cippus serve for a base to this decoration with a peculiar disposition; while the group, or fight of Hercules and Cacus, forms the upper part or crowning.

The whole of that sculpture has an imperfection : it is rather roundish and more than once it breaks the anatomical rules; but its masses, it may be added, are skilfully disposed, its relief is well understood, and its marine attributes are tastefully filling up the blanks which the personages leave on the ground. Time has yellowed the ivory and, in sundry spots, unpleasantly veined it; but the copper basis and the kind of intermediate cornice come and give, through their metallic eclat, a composedness to the yellowish and odd hues of the ivory.

❁

在神话故事中，没有介绍过大力神赫拉克勒斯（Hercules）和卡库斯（Cacus）同海神之间有非常亲近的关系，我们也对将他们放在同一个装饰品里，感到非常的困惑。这就导致了我们对这两对组合的猜测，它们都是由同一个作者雕刻，这两组雕像通过一个装饰有花纹的铜制底座连接起来。纪念碑石上高浮雕的海神，为这种具有独特排布的装饰提供了基底；另外一组，赫拉克勒斯和卡库斯的打斗场面，是这一饰品的上半部分。

整个雕塑有一个不足之处，就是它的非常的圆，许多地方都破坏了结构上的规则。另外，它的人像雕刻得十分精巧，主体突出，通过运用大海的特点，十分美观地填补了背景上的空缺。由于年代久远，象牙的许多地方都发黄了并且形成了细纹。但是铜制的底座和中间的檐口总是被人触摸，显得更加的光亮有金属质感，在金属散发的光泽中，象牙那奇怪的黄色显得更加的沉稳。

XVIe SIÈCLE. — ARMURERIE ITALIENNE.

(COLLECTION DE L'EMPEREUR NAPOLÉON III.)

ARMES DÉFENSIVES. -- CUIRASSE ET CASQUE

EN FER REPOUSSÉ ET CISELÉ.

Dans la cinquième année de *l'Art pour tous*, page 621, nous avons montré l'un des côtés du casque dont nous présentons aujourd'hui la face dans des dimensions plus réduites. La figure de Pomone portant une immense corne d'abondance, et qui ne se pouvait voir alors que de profil, se présente ici de face. Il en est de même pour la guivre, sorte de gargouille monstrueuse, ornant le sommet du casque et dont le caractère se comprend plus clairement.

Ce casque italien, un des plus merveilleux qui aient été fabriqués, méritait d'être montré sous divers aspects, et l'occasion s'en présentait naturellement, puisqu'il est le complément indispensable de la riche armure qui meuble cette page.

Les ornements de la cuirasse présentent partout le même caractère et les mêmes procédés d'exécution. Ce sont des rinceaux dont le point de départ est deux chimères enlacées se terminant par des enroulements compliqués où l'acanthe joue le rôle principal. Ils se dessinent sur un fond bruni qui en fait valoir la richesse et le bon goût.

Des ornements analogues se voient aussi, mais divisés par bandes sur les cuissards : des chimères, des dauphins, des masques humains et des fleurons sont entourés de rinceaux feuillagés purs de forme, exquis d'exécution.

Tout éloge de cette splendide armure devient superflu. Son mérite artistique se voit du premier coup d'œil et sans efforts.

In the fifth year of the *Art pour tous*, page 621, we have shown one side of a helmet the front of which we now give with more reduced dimensions. The figure of Pomona bearing an immense cornucopia, and which could be seen then but in profile, presents itself now full-front; so does the *guivre*, a kind of monstrous gargoyle, which adorns the top of the helmet and whose character is more clearly understood.

This Italian helmet, one of the most marvellous ever manufactured, deserved being shown on every side, and the opportunity was at hand, since it is the indispensable complement of the gorgeous suit of armour with which this page is illustrated.

The ornamentation of the cuissarts presents everywhere the same style and process of execution, viz. : foliages whose starting point is from two interlaced chimeræ ending in complicated rollings, in which the acanthus plays the chief part. They show off upon a brownish ground which enhances their richness and nice style.

Analogous ornaments are likewise seen, but along certain bands, on the cuissarts; chimeræ, dolphins, human masks and flowers are here encircled by leafy foliages chastely shaped and exquisitely executed.

To praise this splendid armour is quite a superfluity.

在第五年的《艺术大全》621页中，我们展示了一个头盔的正面，现在我们会在本页展示更多角度的图片。作品里的波蒙娜（Pomona）带着一个巨大的象征着丰收的羊角，在正面图中被完整地展示出来，接下来也会在侧面图里看到它。吞婴蛇是一种野兽，也从正面展示出来，它装饰在更加显眼的头盔顶部。

这个意大利的头盔，制作精美，值得在不同的角度进行展示，而机会就在眼前，因为它不能和下面精致的铠甲分开，所以用了这一页对它进行说明。

胸甲的装饰和其他的部分在风格和制作上没什么不同，也就是说，叶饰从两个相交措的奇美拉开始，在各自复杂的卷曲中结束，胸甲的叶子装饰主要以莨菪叶形为主。这些叶饰装饰在棕色的背景上，更突显了它们别致的风格。

类似的装饰也可以在胸甲上看到，但要沿着特定的镶边；奇美拉、海豚、面具和花朵，都被造型典雅制作精美的叶饰环绕起来。

我们对这个华丽的盔甲的赞美，溢于言表。

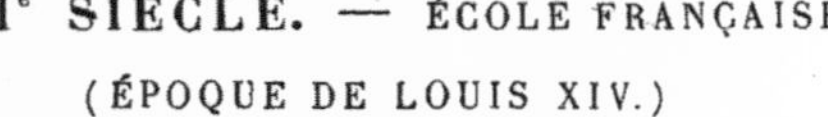

XVIIe SIÈCLE. — ÉCOLE FRANÇAISE.

(ÉPOQUE DE LOUIS XIV.)

FRISES. — COMPOSITIONS DIVERSES,

PAR J.-B. TORO.

1795

1796

1797

Beaucoup d'élégance, beaucoup de facilités et un souvenir constant des diverses écoles italiennes qui l'ont précédé distinguent, nous l'avons déjà dit, Toro des maîtres français de son époque. Son œuvre très-nombreuse, sinon très-variée, est assurément à consulter, et *l'Art pour tous* ne pouvait faire autrement que d'en montrer les pages principales. (Voyez les précédentes années de notre publication.)

就如我们之前介绍过的关于托罗（Toro）的信息，其作品极其的高雅和流畅，从前就有多个意大利学派在众多的法国大师里挑选出了托罗的让人印象深刻的作品。他作品众多，如果不是类别过多，是非常值得深入细致研究的，在《艺术大全》里我们不得不只挑出最有代表性的来展示。（详情请见我们往年的出版物。）

As we have said before, a good deal of elegance and fluency, a steady remembrance of the diverse and anterior Italian schools single out Toro from the French masters of his epoch. His works very numerous, if not much varied, are certainly worth studying, and the *Art pour tous* could not but reproduce the best of them. (See the former years of our publication.)

7me Année. N° 198 15 Mars 1868.
L'ART POUR TOUS
ENCYCLOPÉDIE DE L'ART INDUSTRIEL ET DÉCORATIF
Paraissant les 15 et 30 de chaque mois.
PUBLIÉ SOUS LA DIRECTION DE M. C. SAUVAGEOT | FONDÉ PAR M. EMILE REIBER, ARCHITECTE
ABONNEMENT ANNUEL
France. . . . . 18 fr.
Étranger. . . . 20 fr.
L'Année parue. 25 fr.
A. MOREL
ÉDITEUR
13, rue Bonaparte
Paris.

XVIe SIÈCLE. — FABRIQUE ITALIENNE.
(MUSÉE D'ARTILLERIE.)

ARMES DÉFENSIVES,
RONDACHE EN FER REPOUSSÉ ET CISELÉ.

1798

Presque tout le travail du champ de l'arme a été fait au poinçon et au ciseau. Le centre ou ombilic porte une tête de satyre barbu à cornes de bélier en ronde bosse, tandis que la frise montre, au milieu de trophées d'armes, quatre médaillons d'empereurs romains. L'espace entre la partie centrale et la frise est divisé par quatre compartiments dont les compositions représentent: Curtius se jetant dans le gouffre; Horatius Coclès défendant le pont; Mutius Scévola se brûlant le poignet devant Porsenna, et enfin Manlius Torquatus.

制成这个盾牌所需要的所有工艺，几乎都是靠着一个冲子和凿子来完成的。盾牌的中心雕刻了有角的萨蒂尔（Satyr）的头，属于高凸浮雕；同时盾牌外延的装饰带刻有四个圆形浮雕，分别是罗马的四位君主，四个圆形浮雕分别用战利品分隔开来。在外延带和中心部位之间的空间里，划分成了四部分，每个部分的内容构成分别是：科提阿斯（Curtius）飞跃过深渊；贺雷修斯・克莱斯（Horatius Cocles）守卫大桥；穆修斯・斯凯沃拉（Mucius Scaevola）烧毁他的土地，以及最后一个君主，曼留斯・托夸图斯（Manlius Torquatus）。

Nearly the whole working on the shield's ground has been done through the puncheon and chisel. The centre, or ombilicus, bears a bearded satyr's head with horns in high-relief; whilst the frieze shows four medallions of Roman emperors, separated from each other by warlike trophies. The room between the central part and the frieze is divided in four compartments, the compositions of which represent: Curtius leaping into the gulf; Horatius Cocles defending the bridge; Mucius Scævola burning his hand and, lastly, Manlius Torquatus.

XVIIe SIÈCLE. — FABRIQUE FRANÇAISE.
(LOUIS XIII.)

TISSU EN SOIE AVEC APPLIQUES DE VELOURS.
(GRANDEUR D'EXÉCUTION.)

(MUSÉE DE CLUNY.)

1799

CHAUVET DEL. IMP. LEMERCIER ET Cie. J. LION, LITH.

Le fragment d'étoffe déposé au musée de Cluny et qui nous a servi de modèle pour cette planche n'est pas considérable ; ses dimensions ne peuvent guère en indiquer l'usage : on peut supposer toutefois que ce tissu provient d'anciens vêtements sacerdotaux. Les ornements sont d'un goût exquis et légèrement en relief sur le fond. Ils sont réguliers et corrects et sont une exception dans les ornements de cette nature et de cette époque.

这块布片收藏在克吕尼博物馆，是一件仿制品，因此不受人重视。况且，我们无法根据残缺部分的花纹推断出整块布料的具体用途，只能猜测这可能是古代僧侣衣服上的一块布。上面的装饰精美细腻，轻微地浮在底布上。它们整齐又纯净，在那个时代的装饰物中是一个例外。

The fragment of cloth, to be seen in the Cluny museum and whereof our actual plate is a full-size reproduction, is inconsiderable : indeed, its dimensions rather fail to give us a clue to the use of the whole fabric ; still we may surmise that it was of old a portion of sacerdotal raiment. Its ornaments are exquisite and slightly in relief on the ground. They possess correctness and chasteness, and stand an exception in the ornamentation of this kind and of this epoch.

XVIIe SIÈCLE. — CÉRAMIQUE FRANÇAISE. (VIEUX ROUEN.)

ORNEMENTS COURANTS — FRISES — BORDURES, DÉCORATIONS DE MARLIS.

(MUSÉE DE CLUNY A PARIS.)

1800

1801

1802

1803

CHAUVET DEL. IMP. LEMERCIER ET Cie. J. LION, LITH.

Les quatre figures ci-dessus sont des exemples de décoration céramique : ce sont des marlis de plats ou d'assiettes des fabriques de Rouen développés en bandes horizontales pour la facilité de notre disposition. Les ornements sont bien ordonnés et conçus de façon à pouvoir être facilement tracés par le peintre émailleur.

上面四幅图是陶瓷装饰的样式，鲁昂生产的盘碟的花边上就是这种花纹。为了便于观察，我们把它们展成了水平带。上面的花纹排列整齐，设计巧妙，因此画师在上釉时不必煞神费力。

The four figures above are models of ceramic decoration. They are edges of dishes or plates from the Rouen manufactures, and we give them expanded in horizontal bands to show them the more easily. The ornaments are well disposed and contrived so as to offer no difficulty when drawn out by the enamelling painter.

ANTIQUES. — FONDERIES ÉTRUSQUES.

A M. CASTELLANI.

VASES DIVERS EN BRONZE.

1804

1805

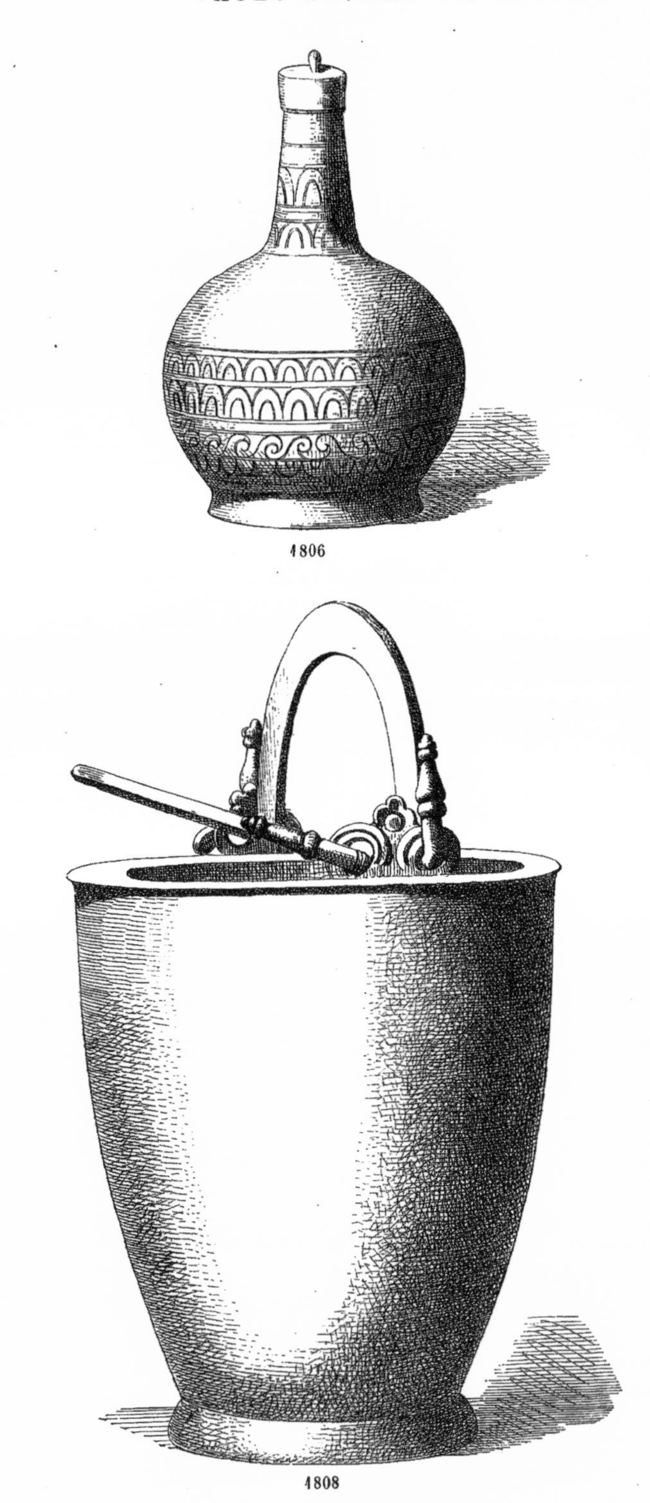
1806

1808

1807

1809

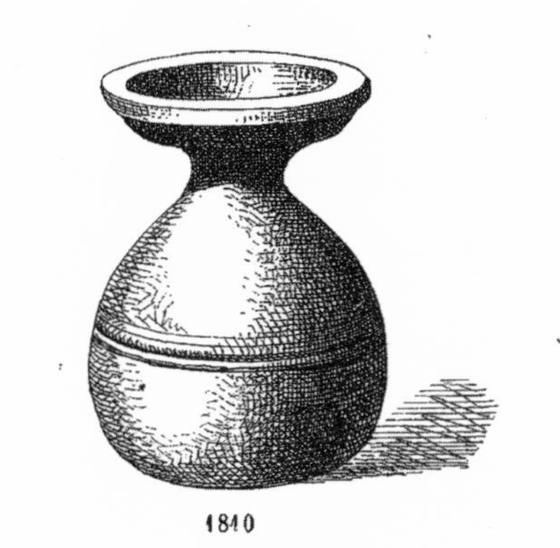
1810

XVIIIe SIÈCLE. — FABRIQUES FRANÇAISES.

(ÉPOQUE DE LOUIS XVI.)

PENDULE EN CUIVRE DORÉ,

A Mme GABRIELLE DELESSERT.

The dimensions of this time-piece, from the end of the xviiith century, are relatively rather limited; being 47 centimetres in height, by 28 in width. One may see that a monumental object was not here sought for, and that the decoration, in keeping with the very dimensions, has a tasteful simplicity. The general outline is severe and stately, without being dull, and the execution presents the really precious finish which is found on most of the copper or bronze pieces cast and chased at that epoch. Several things are here to be pointed out: the dial is in enamel, while the compartment at its base and partly covered with festoons is ornated now with a piece of plate-glass, most probably in the stead of a kind of lacker black, or of a very dark hue, which stood there formerly. The frieze placed on the socle is open-worked, doubtless to relieve this pedestal from a heaviness which it would have shown without that additional decoration. The anglewise placed children are ending into a sheath or consol. A vase, wherefrom issue festoons lapping over the frontal which circumscribes the dial, crowns this clock at once simple and fine, and which may be unhesitatingly offered as a model. A lateral view of the object shows in the centre of each side a cutting out wherein are seen, as in the frieze of the plinth, flowers encompassed with circles.

To madam Gabriel Delessert's kindness do we owe being enabled to reproduce this small but remarkable piece of work in the pages of the *Art pour tous.*

4811

这座钟表产于18世纪末，高47厘米，宽28厘米，尺寸受到了严格的限制。我们可以看到，它并不是一件纪念物，钟表上的装饰物简洁雅观，与其大小完美契合。它的整体轮廓正式严谨，毫不枯燥，制作精良，可与那个时代大部分铜或青铜铸件相媲美。这里我们要强调几点：表盘用的是搪瓷，底部的隔室用花彩装饰，而今天的钟表则用一块玻璃面板装饰，有时是漆黑色的，有时是其他暗色调。柱脚上的带状装饰是镂空的，并没有给底座添加过多重量。拐角处的孩子安置在鞘或端饰上，与底座相连。顶部有一个花瓶状器物，上面装饰的花彩从正面垂落下来，表盘周围也全部饰有花彩，整个作品美观大气，无疑成为一个很好的模板。它的侧视图展示了钟表侧边中间部位的裁切和装饰，就像底座的横饰一样，侧边的花饰都嵌在圆圈内。

由于加布里埃尔·德里泽特（Gabriel Delessert）夫人的善良帮助，我们才能够重塑这件记录在《艺术大全》中的作品，它虽很小却不同寻常。

Les dimensions de cette pendule de la fin du xviiie siècle sont relativement assez restreintes; elles sont de 47 centimètres en hauteur sur 28 centimètres en largeur. On n'a pas visé, on le voit, à produire une chose monumentale, et la décoration, en rapport avec les dimensions de l'objet, est d'une simplicité de bon goût. La forme générale est sévère et digne, sans être froide, et l'exécution présente le fini vraiment précieux qu'on retrouve sur la plupart des pièces de cuivre ou de bronze fondues et ciselées à cette époque. Plusieurs choses sont ici à signaler : le cadran est en émail, tandis que le compartiment, disposé à sa base et couvert en partie par des festons, est orné d'une glace aujourd'hui, mais très-probablement autrefois d'une sorte de laque noire ou de couleur foncée. La frise disposée dans le socle est ajourée pour ôter au socle une lourdeur qu'il aurait pu avoir sans cette addition décorative. Les enfants, placés d'angle, se terminent par une gaîne ou console. Un vase, d'où s'échappent des festons tombant sur le fronton qui circonscrit le cadran, termine cette pendule d'une belle simplicité et qui peut sans aucune hésitation être offerte comme un modèle. Les côtés latéraux de la pendule sont ornés au centre d'une découpure où l'on remarque, comme à la frise du socle, des fleurons intercalés dans des cercles. C'est à l'obligeance de Mme Gabrielle Delessert que nous devons de pouvoir reproduire ce remarquable petit meuble dans les pages de l'*Art pour tous.*

XVIe SIÈCLE. — TYPOGRAPHIE LYONNAISE.
(ÉPOQUE DE HENRI II.)

NIELLES, — ENTOURAGES,
PAR LE PETIT-BERNARD.

4812

4813

4814

4815

Suite des vignettes de Petit-Bernard extraites des métamorphoses d'Ovide, éditées à Lyon par Jean de Tournes, 1558. (Voy. l'*Art pour tous*, 4e année.)

这些仍然是派提特・伯纳德（Petit–Bernard）创作的小花饰，这几页都是摘自 1558 年让・德・都赫奈（Jean de Tournes）发表的奥维德（Orid）的《变形记》。（参见《艺术大全》第四年）

A continuation of the vignettes by Petit-Bernard, taken out of Ovid's Metamorphoses, published at Lyons by Jean de Tournes, in 1558. (See *Art pour tous*, fourth year.)

XVIe SIÈCLE. — ART PERSAN.
(COLLECTION DE M. LE BARON DE ROTHSCHILD.

ACCESSOIRES DE TABLE. — AIGUIÈRE ET SON BASSIN,
EN MÉTAL INCRUSTÉ D'ARGENT.

1816

Toutes les fleurs ornemanisées et qui forment comme un réseau enveloppant l'aiguière entière et la partie inférieure du bassin, sont en argent : elles s'enlèvent en clair sur un fond noir partout le même. Les formes de ces deux objets sont un peu rondes, mais ce léger défaut est amplement racheté par l'éclat et l'harmonie générales dus à l'emploi d'ornements de bon goût franchement persans, qui se répètent partout, même à l'intérieur du bassin.

这个大口水壶上装饰花朵形成了一个巨大的网状物，把整个水壶，包括下方的凹盘，全部包裹起来了。这些花是银制的，白纹黑底，每一朵花都是一样的。水壶的上下两部分都略圆，但是这一小缺陷完全可以被其不俗之处弥补——优雅的波斯饰品遍布全身，甚至连凹盘内壁都有。

All the ornamental flowers, forming a kind of net-work wherewith the whole of this Ewer and the lower part of its basin are wrapped, are in silver and set off in white on a black ground everywhere the same. The shape of both objects is rather roundish, but this little defect is amply redeemed by the general eclat and harmony given through the tasteful and truly Persian ornaments which are to be found everywhere even in the inside of the basin.

XVIe SIÈCLE. — ÉCOLE FRANÇAISE.
(JEAN COUSIN OU SES ÉLÈVES.)

ARMURES. — CUIRASSE ORNÉE,
D'APRÈS UN DESSIN INÉDIT.

(COLLECTION DE M. LECHEVALLIER-CHEVIGNARD.)

4817

Ce dessin est exécuté au trait, à la plume, avec une facilité extrêmement remarquable : le modelé, très-léger du reste, est obtenu par des rehauts de lavis. Il est attribué à Jean Cousin, célèbre peintre français de la Renaissance. Nous ne garantissons pas le fait, mais nous pouvons dire toutefois qu'ornements, figures et chimères sont assez dans le style de ce maître. On possède très-peu de chose de Jean Cousin. Son talent s'était exercé surtout à peindre des verrières en couleur, et la plupart de ces verrières ont disparu.

这幅画的完成主要靠画笔勾勒线条，经过花纹修饰，很容易就增强了它的立体感，十分奇妙。这要归功于文艺复兴时期法国一位著名的画家琼・卡辛（Jean Cousin）。虽然对于这一点我们无法确定，但是我们敢说这幅画的装饰物、人物等的刻画绝对有大师风范。对于琼・卡辛，我们并不是很熟悉，因为他主要致力于创作玻璃画，而且他的大部分作品已经消失了。

This drawing has been executed through the trait and pen with a marvellous ease : the modelling, which is very slight, was obtained by wash lights retouched. It is attributed to Jean Cousin, a celebrated French painter of the Renaissance. We do not pledge ourselves for this fact, but we will go so far as to say that ornaments, figures and chimeræ of this drawing rather bear the stamp of the master' style. Very little has come to us from J. Cousin, whose talent was specially consecrated to the painting of stained glass, and most of those works have disappeared.

7e Année. Nº 200 15 Avril 1868.
ABONNEMENT ANNUEL
France. . . . . 18 fr.
Étranger. . . . 20 fr.
L'Année parue. 25 fr.
L'ART POUR TOUS
ENCYCLOPÉDIE DE L'ART INDUSTRIEL ET DÉCORATIF
Paraissant les 15 et 30 de chaque mois.
PUBLIÉ SOUS LA DIRECTION DE M. C. SALVAGLOT | FONDÉ PAR M. ÉMILE REIBER, ARCHITECTE
A. MOREL
ÉDITEUR
13, rue Bonaparte
Paris.

XVe SIÈCLE. — FONDERIES ITALIENNES.
ÉCOLE FLORENTINE.

STATUETTE EN BRONZE DE GATTAMELATA,
PAR DONATELLO.

(COLLECTION DE M. LE COMTE DE NIEUWERKERKE.)

4848

Gattamelata est un condottière fameux qui commanda les armées de la république de Venise et vainquit Sforza en 1438. C'est d'après l'esquisse en bronze de la statue originale que nous avons fait exécuter notre gravure, et cette esquisse, un véritable chef-d'œuvre, appartient à M. le comte de Nieuwerkerke, surintendant des Beaux-Arts. L'original est encore debout sur son piédestal devant l'église de Saint-Antoine à Padoue.

Donatello était fort âgé lorsqu'il fut appelé de Florence à Padoue pour l'exécuter; mais encore plein de vigueur, il mit dans cet ouvrage ce qui lui restait d'énergie et ce qu'il avait acquis d'expérience. On est frappé, en effet, de son grand style imité de l'antique, joint à une vérité fine, pénétrante, à la sincérité d'expression qui sont les caractères principaux de toutes les sculptures de Donatello. La statuette que nous montrons aujourd'hui paraît être le premier jet de la pensée du grand sculpteur florentin.

作为一名著名的雇佣兵，格太梅拉达（Gattamelata）是威尼斯共和国军队的指挥官，也是1438年斯福尔扎的征服者。我们根据原始雕像的青铜色简图雕刻出这件作品。这幅简图是一幅精湛的作品，归美术大家纽威赫奎克（Nieuwerkerke）伯爵所有。它的原件至今仍立于帕多瓦的萨尔瓦多教堂前。

多纳太罗（Donatello）受邀从佛罗伦萨来到帕多瓦建造它，尽管他当时已经很老了，但是依然精力充沛，将余生经历及毕生所学投入其中。事实上，人们深受其宏大风格之影响。他的作品借鉴了古罗马艺术风格，加入了现实表达的强大力量，这些形成了多纳太罗雕塑作品的主要特点。我们今天展示的小雕像，似乎是第一次将伟大的佛罗伦萨雕塑家的理念变为现实。

Gattamelata, a celebrated condottiere, was commander of the armies of the Venetian republic and conqueror of Sforza in 1438. It is from the bronze sketch of the original statue that we have had our engraving executed, and this sketch, a masterly piece, belongs to count de Nieuwerkerke, superintendent of the Fine-Arts. The original itself is still standing on its pedestal before Santo-Antonio church, in Padua.

Donatello was very old when called from Florence to Padua to execute that work; but still vigorous he put into it all his remaining strength and all his acquired experience. Indeed, one is struck with his grand style, borrowed from the Antique, and added to a sharp and great power of reality and of expressiveness: those being the principal characters of all the sculptures by Donatello. The statuette which we show to-day, seems to be the first realization of the idea of the great Florentine sculptor.

XVIe ET XVIIe SIÈCLES. — FABRIQUES FRANÇAISES. ALLEMANDES ET ITALIENNES.

ARMES DIVERSES DAMASQUINÉES, HALLEBARDE, PERTUISANE, RONCONE.

(AU MUSÉE D'ARTILLERIE, A PARIS.)

1819 1820 1821

La fig. 1819 est une hallebarde allemande portant la date de 1613 et les armes de Bavière entourées du collier de la Toison d'or.

La fig. 1820 est une pertuisane des gardes de la manche de Louis XIV. La lance est découpée à jour et présente l'image du soleil avec la devise : *Nec pluribus impar*.

La fig. 1821 est un roncone italien du xvie siècle, damasquiné d'or et d'argent aux armes du cardinal de Borghèse.

图 1819 展示的是一件德国长戟，它是 1613 年巴伐利亚州民用兵器，环绕在颈部位置的是金羊毛（希腊神话中一件宝物）。

图 1820 所示是路易十四时期，英吉利海峡警卫所用的戟。它的矛枪被切断，代表着太阳的形象：与万物同等。

图 1821 展示的是 16 世纪的意大利龙科内，装饰有金、银波纹，表面还有一些浮雕图案，那是红衣主教鲍格才（Borghese）家族的纹章。

Fig. 1819 is a German halberd bearing the date of 1613 an the escutcheon of Bavaria encircled with the collar of the Golden-Fleece.

Fig. 1820 is a partisan of the manche-guards of Louis XIV. The spear is cut out and presents the sun's image with the motto : *Nec pluribus impar*.

Fig. 1821 is an Italian roncone (bill) of the xvith century, damaskeened with gold and silver, and stamped with the arms of cardinal Borghese.

XVIIe SIÈCLE. — ÉCOLE FRANÇAISE. (LOUIS XIV).

COMPOSITIONS DIVERSES, — CARTOUCHES, PAR J.-B. TORO.

1822

1823

Dans toutes, ou presque toutes les nombreuses compositions gravées de Toro, on sent les réminiscences italiennes. Il est moins grave, moins régulier, moins correct que les maîtres français de son époque; il a plus de désinvolture, plus de facilité peut-être, mais il se répète souvent, et ses compositions ne paraissent pas toujours applicables. Il est bon de les regarder, il est bon aussi de les montrer, mais il ne faudrait pas les préconiser outre mesure. Toro, malgré tout, tient une place bien marquée parmi les maîtres de ce genre au XVIIe siècle. (Voy. les précédentes années de l'*Art pour tous.*)

托罗（Toro）雕刻的所有或者说几乎所有作品，意大利艺术回忆录中都有提到。与同时代的法国艺术大师相比，他不够严谨，不走寻常路。虽然他的创作更为自由流畅，但却不免过于重复，而且他的构想有些并不能实现。我们可以展示、欣赏这些作品，但不能过度赞誉。不管怎样，在 17 世纪同类艺术大师中，托罗占有显著地位。

In all or nearly all the numerous compositions engraved by Toro, Italian reminiscences are found. He is less severe, less regular, less correct than the French masters of his epoch; he has more freedom and perhaps more fluency, but he is often the same and his compositions do not always seem realizable. It is well to look at them and to show them, but it would not do to overpraise them. In spite of all, Toro keeps a conspicuous place among the masters of that kind in the XVIIth century. (See preceding years of the *Art pour tous.*

XVIIIe SIÈCLE. — SCULPTURE FRANÇAISE.

ÉPOQUE DE LA RÉGENCE.

PANNEAU EN CHÊNE SCULPTÉ.

(COLLECTION RÉCAPPÉ.)

1824

1825

Nous montrons ce panneau sculpté au quart de sa grandeur réelle. L'exécution en est parfaite et la composition ingénieuse, mais nous ignorons sa provenance. La fig. 1825 montre une coupe faite au milieu du panneau.

我们只复制了这块壁板真正大小的四分之一。它制作完美、构思巧妙，但我们却不知道其出处。图 1825 展示的是壁板的中部截面。

We give this panel reproduced a fourth of the real size. Its execution is perfect and its composition ingenious; but we do not know where it comes from. Fig. 1825 shows a section of the middle of the panel.

XVIIIe SIÈCLE. — TRAVAIL FRANÇAIS.

SCULPTURE SUR BOIS.

GROUPE DE SATYRES

A MOITIÉ D'EXÉCUTION.

(ANCIENNE COLLECTION LE CARPENTIER.)

1826

L'auteur de ce groupe est resté inconnu : il n'a pas signé son œuvre, et pourtant elle en valait la peine; car on y rencontre des qualités sérieuses, beaucoup d'observation et une connaissance réelle de l'anatomie. Le groupe est en bois très-foncé et l'exécution on ne peut plus soignée.

Le chef de cette famille de satyres s'étant blessé au pied, sa compagne semble, à l'aide d'un instrument, lui extraire l'épine de la blessure. Le sujet est un peu étrange, mais il prêtait, il faut l'avouer, à des attitudes variées et à un modelé accentué : il ne faut donc point chercher querelle au sculpteur pour avoir choisi cette scène un peu niaise et d'un médiocre intérêt.

这组作品的作者至今不详，虽然他并没有在作品上留下自己的大名，但作品纯正的品质，对人物细致的刻画及其体现出的构造学知识足以成就他的美誉。这组作品所使用的材料为阴沉木，构造堪称完美。

萨蒂尔家族的首领的脚受伤了，他的妻子似乎正借助工具将伤口处的荆棘拔出来。虽然作品的主题很奇怪，但其中的人物姿态各异，立体感很强。因此，即使这个雕刻家选择了这种不甚有趣的家庭场景为创作主题，人们也不会过度指摘。

The author of this group was and remains unknown ; he has not signed his work, which deserved the honour, though; for, genuine qualities, a good deal of observation and a real knowledge of anatomy are seen therein. The group is of a dark wood, and its execution may be said perfect.

The head of that family of satyrs having hurt his foot, his mate seems to extract, with the help of an instrument, the thorn from the wound. The subject is rather queer, but it opened a field for diversified attitudes and prominent modelling; so, no one is to reproach the sculptor with choosing that trifle of a scene which offers but little interest.

XVIe SIÈCLE. — FABRIQUE FRANÇAISE.

MEUBLES. — COFFRE OU BAHUT EN BOIS SCULPTÉ.

1827

L'expression de bahut, employée aujourd'hui pour désigner indistinctement toute espèce de coffre à couvercle, ne s'appliquait dans un sens absolu qu'aux coffres terminés en forme de voûte. Tous les autres meubles de cette espèce étaient désignés sous le nom de coffres, arches ou huches. Le meuble que nous présentons ici est donc un coffre dans toute l'acception du mot. Il est très-décoratif et remarquable surtout par les ornements sculptés dont sont revêtues les moulures, un peu lourdes de forme, qui existent à la base et au sommet. Une scène tragique occupe le centre du meuble, dans un cartouche rectangulaire. Deux chimères et des enfants ornent le reste du champ, et les angles sont occupés par deux figures debout ou cariatides.

Bahut 一词现在是所有有盖箱子的统称，但是在古代，专指拱顶结构的柜子。而房间里的其他这类家具都有各自的名称，例如有盖箱子、约柜、大木箱。这里我们展示的家具是典型的有盖箱子，它的装饰风格独特，尤其以顶部和基座上的雕饰著称。中间部分刻画了一个悲剧场景，其他地方则用主教士和孩子等人物进行装饰，拐角处有两个直立的人物或女像柱。

The name of *bahut*, nowadays in use to designate without distinction every kind of chests with a lid, was once absolutely given but to coffers ending vault-like. To all the other pieces of household furniture of that species, the name was attributed of chest, ark or *huche* (bin). The object we give in the present number is therefore a chest in the full sense of the word. It is of a very decorative style and specially remarkable for the carved ornaments on the mouldings rather heavy in shape which exist at the base and top. A tragic scene fills the centre of the object in a rectangular cartouch. The rest of the ground is ornated with chimeræ and some children, and in the angles are seen two upright figures or caryatids.

XVIe SIÈCLE. — ART INDUSTRIEL ARABE.
(COLLECTIONS DU MUSÉE DE CLUNY.)

ORFÉVRERIE. — AIGUIÈRE EN BRONZE
AUX DEUX TIERS DE L'EXÉCUTION.

1828

1829

Remarquable déjà par son exécution soignée, cet objet l'est davantage encore au point de vue de la forme, qui est à la fois sévère, correcte et d'un très-beau caractère. Elle semble tracée par un architecte. Les ornements sont sobres, d'une simplicité de bon goût et de nature à accuser de préférence certaines parties. Le plateau de l'aiguière est très-grand et décoré, sur le marly, de l'ornement courant gravé, que nous montrons fig. 1829, ornement d'un goût exquis et d'un caractère bien oriental.

虽然这个水壶以制作精良而著称，但它朴素美观、刻画精巧的特点更值得人们关注。人们甚至认为它是由建筑设计师创作的。装饰部朴素大气，简单却赏心悦目，恰如其分地展现了作品的某一特殊部分。如图 1829 所示，大口水壶的容量很大，边缘部分刻有连续的花饰，风格精致，具有明显的东方风格。

Already remarkable for its fine execution, this ewer is the more so on the score of its form at once severe, correct and of a very beautiful character. One would think it drawn by an architect. Its ornaments are sober, with a tasteful simplicity, and well chosen to show off particularly certain portions of the work. The basin of the ewer is very large and embellished along its rim with the engraved running ornament shown in fig. 1829, and which has an exquisite style and a genuine Eastern character.

XVIe ET XVIIe SIÈCLES. — FABRIQUE FRANÇAISE.
ORFÉVRERIE. — ÉMAUX.

BAGUES, MONTURES DE CAMÉES.
(GRANDEUR DE L'EXÉCUTION.)

Tous ces camées sont remarquables à divers titres, mais les montures dans lesquelles ils ont pris place ne le sont pas moins. Elles attirent l'attention par la finesse de leur décoration, par la vigueur et l'harmonie des émaux dont elles sont enrichies et par la valeur des pierres fines qui forment autant de points brillants et lumineux.

Les fig. 1830, 1831, 1832, 1833 et 1834 montrent de face et de profil deux bagues provenant du musée du Louvre. Les fig. 1835, 1836, 1837, 1838, 1839 et 1840 font partie de la collection de la Bibliothèque impériale.

这些浮雕有不同的刻痕，但每一件都不逊色。它们的装饰恰到好处，表面的搪瓷使其充满了生机，镶嵌的宝石耀眼夺目，这些都吸引了众多人的目光。

图 1830~1834 展示的是卢浮宫的两枚戒指的前面和侧面。图 1835~1840 所示物件在《皇家图书馆》全集中有记载。

All these cameos are remarkable on divers scores, but their very mountings are not less so. They draw attention by the fineness of their decoration, by the vigour and harmony of the enamels with which they are enriched and by the value of the precious stones forming as many bright and luminous spots.

Figures 1830, 1831, 1832, 1833 and 1834 show the front and profile of two rings from the Louvre museum. Figures 1835, 1836, 1837, 1838, 1839 and 1840 are part of the collection of the *Bibliothèque impériale*.

XIIIe SIÈCLE. — STATUAIRE FRANÇAISE.
A LA CATHÉDRALE DE CHARTRES.

STATUES D'UN PORTAIL
A LA FAÇADE DU NORD.

1841

Ces trois figures appartenant au porche nord de la cathédrale de Chartres sont d'un très-beau caractère et passent avec raison pour être des mieux réussies dans toute la statuaire du XIIIe siècle. (Voy. *l'Architecture et les arts qui en dépendent*, par J. Guilhabaud.)

这三座人物雕像刻在沙特尔大教堂的南门上，人物形象刻画生动，是人们公认的13世纪所有雕像中设计最精巧，建造最完美的雕像。[参见古哈板德（J.Guilhabaud）的《建筑与艺术》]

These three figures, belonging to the Northern portal of the Chartres cathedral, have a very fine character, and are justl esteemed the best contrived and executed in the whole statuar of the XIIIth century. (See *l'Architecture et les arts qui e dépendent*, by J. Guilhabaud.)

XIVe SIÈCLE. — PALÉOGRAPHIE FRANÇAISE.

LETTRES DITES TOURNEURES.

ALPHABET D'INITIALES ORNÉES

TIRÉ D'UN MANUSCRIT.

古文字学领域的专家学者将文字分为几个分支。

在此，我们只研究文字史两个重要的时期：其一是12世纪前的罗马字体时期，其二是12~16世纪的哥特字体时期。16世纪后，文字有多种形式的变体，继续以常规的分类方法归纳它们是不可能的。

第一个时期的图形纪念碑展示了五种字体：大写字体、安色尔体、小写字体、草书和混合字体。大写字体在今天最常用于书的扉页和标题中。

第二个时期的字体与前一个时期的相比有点退化，或多或少添加了一些奇怪又华丽的装饰。其最主要的特点就是字母中原先的直线形笔画变成了钩形笔画。这一时期，将哥特式大写字母、哥特式小写字母、哥特式草书以及混合哥特式这四类主要字体进行区分。哥特式大写字母的形状各式各样。虽然在宝石的铭文、印章和硬币上常常出现这类大写字的身影，但在碑文撰写过程中，只将首字母大写。

我们今天用的字母表是由14世纪末最好版本的手稿演变来的。它之所以如此珍贵是因为它的每一个字母都经过装饰。每一个字母都雕刻在一个方框里，金色的背景下有各类装饰物，如叶子、棋盘花纹、鸢尾花及各种颜色的人像面具。所有装饰物以及字母的轮廓都清晰明了、雕刻有力，字母主体包含蓝色和淡红色两种颜色，上面的装饰物虽然都是白色的，种类却各不相同。

在古代的手稿中，人们发现有些字母的区别在于装饰方法的不同，然而，从15世纪开始，几乎所有的手稿中用的都是类似于现在所用的大写字母。大约在15世纪中期，古滕贝格（Gutenbery）和第一代印刷工都想要把他的手稿出版成书，并且在印刷品中加上特大的大写字母（有无装饰物都可以）。但他们只印出了大写字母的轮廓，后期又用刷子上色。现在，我们仍然可以在许多16世纪的书中发现它们的身影。

我们要感谢杰出的平板艺术家雷蒙德先生（Regamey），是他将珍贵的字母表从14世纪末传了下来。

— DE LA GRANDEUR DES LETTRES ORIGINALES. —

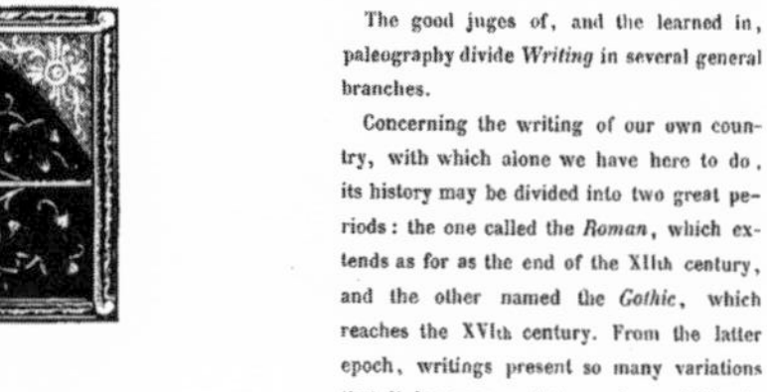

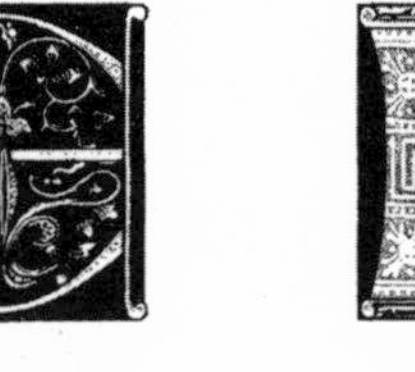

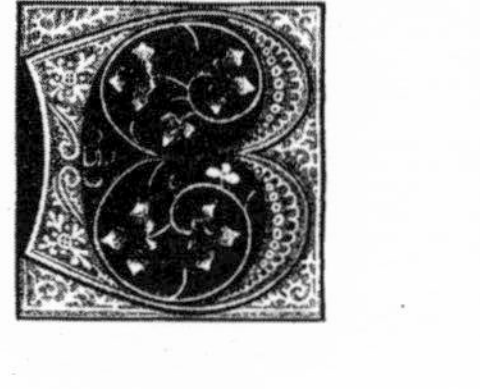
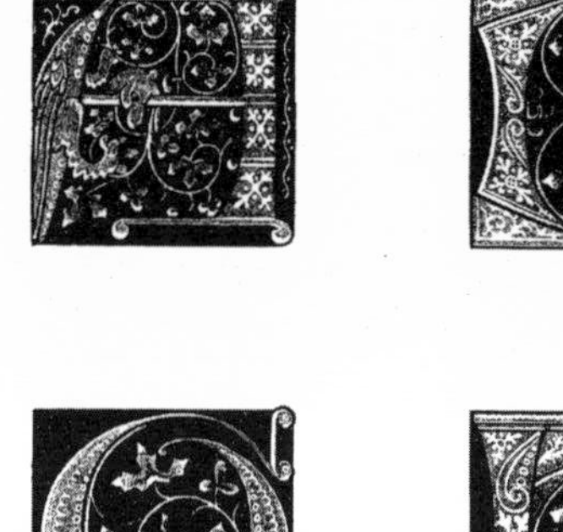
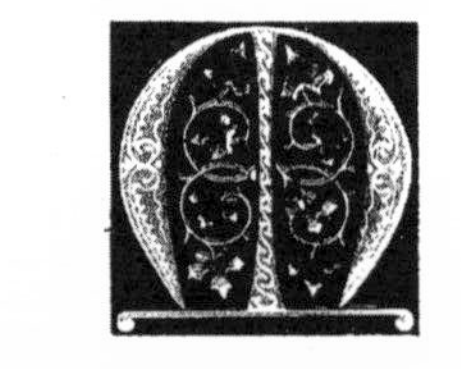

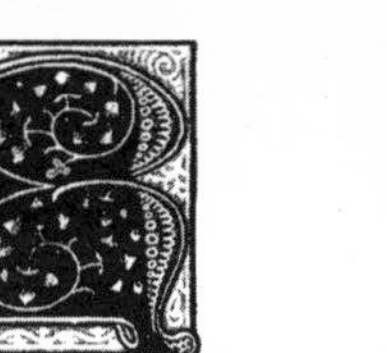

Regamey del et lith.

1842

Imprimerie Silbermann à Strasbourg.

Les initiés, les savants en paléographie divisent *l'écriture* en plusieurs branches générales.

En ce qui concerne l'écriture de notre pays, qui seule nous occupe ici, son histoire peut se partager en deux grandes périodes : l'une appelée *romaine*, qui s'étend jusqu'à la fin du XIIe siècle, et l'autre appelée *gothique*, qui atteint jusqu'au XVIe. A partir de cette dernière époque, les écritures présentent des variations si nombreuses qu'il est à peu près impossible de les soumettre à une classification régulière.

Les monuments graphiques de la première période présentent cinq genres d'écriture : *la capitale*, *l'onciale*, *la minuscule*, *la cursive* et l'écriture *mixte*. L'écriture capitale n'est autre chose que la majuscule employée de nos jours pour les frontispices et les titres de livres.

Les espèces d'écritures faisant partie de la seconde période ne sont guère autre chose non plus que les écritures précédentes, dégénérées et chargées de traits plus ou moins bizarres, plus ou moins ornés. Elles ont pour caractères principaux : l'arrondissement des jambages dans les lettres où ils étaient primitivement droits, et le contraste des déliés les plus fins avec les pleins les plus massifs. On distingue dans cette période quatre genres principaux : *la capitale gothique*, *la gothique minuscule*, *la gothique cursive*, *la gothique mixte*. Les formes de la capitale ou majuscule gothique sont on ne peut plus arbitraires. Ce genre de capitales, bien que très-fréquent dans les inscriptions lapidaires, sur les sceaux et sur les monnaies, est très-rare dans les monuments écrits, où il ne se montre guère que dans les *initiales*.

L'alphabet d'initiales ornées que nous montrons aujourd'hui, a été tiré d'un des plus beaux manuscrits de la fin du XIVe siècle, et son intérêt consiste surtout dans la façon dont chaque lettre a été ornée. Disposées dans un carré, les lettres se détachent toutes sur un fond d'or, où se distinguent des enroulements, des feuillages, des damiers, des fleurs de lis, des masques humains de diverses couleurs. Tous ces ornements de fonds sont dessinés par de vigoureux contours, comme aux lettres proprement dites où ils se trouvent encore plus marqués, plus accentués. Le corps des lettres est de deux couleurs, tantôt bleu, tantôt rouge pâle, avec ornements invariablement blancs, mais très-variés.

Dans les manuscrits des siècles antérieurs, on trouve déjà des lettres ne différant de celles-ci que par la manière dont elles sont ornées ; mais à partir du XVe siècle presque tous les manuscrits sont enrichis d'initiales offrant avec les nôtres une véritable analogie. Ajoutons que vers le milieu du XVe siècle, Gutenberg et les premiers imprimeurs, s'attachant à donner aux livres sortis de leurs presses l'apparence de manuscrits, employèrent ces mêmes initiales avec ou sans ornements ; ils imprimaient alors tout simplement les contours des lettres et les faisaient ensuite colorier au pinceau. Nous trouvons encore de ces sortes de lettres dans un grand nombre de livres du XVIe siècle.

C'est à M. Regamey, artiste lithographe distingué, que nous devons la communication de ce précieux alphabet de la fin du XIVe siècle.

The good juges of, and the learned in, paleography divide *Writing* in several general branches.

Concerning the writing of our own country, with which alone we have here to do, its history may be divided into two great periods : the one called the *Roman*, which extends as for as the end of the XIIth century, and the other named the *Gothic*, which reaches the XVIth century. From the latter epoch, writings present so many variations that it becomes next to an impossibility to submit them to a regular classification.

The graphic monuments of the former period present five species of writing : the *capital*, the *uncial*, the *small*, the cursive and the *mixed* writing. The capital is but the large character used nowadays in the frontispiece and title of books

The species of writings belonging to the second period, too, are but little more than the anterior characters degenerated and burdened with dashes more or less odd, more or less ornated. They have for their main features the rounding of hangers in the letters wherein they were primitively straight, and the contrast of the finest strokes with the thickest ones. In that same period four principal kinds are established : the *gothic capital*, the *small gothic*, the *cursive gothic* and the *mixed gothic*. The shape of the gothic capital freely runs riot. That kind of large letters, though very frequently used in lapidary inscriptions, upon seals and coins, is very rare in written monuments wherein it never shows itself but for initial letters.

The alphabet of ornamental initials which we give to-day is taken from one of the finest manuscripts of the end of the XIVth century, and which is precious above all for the fashion in which each letter has been ornamented. Everyone of them inscribed into a square detaches itself on a golden ground along which rollings, foliages, tassellations, flowers-de-luce, human masks of various tints are distinguishable. All those ornaments of the grounds are drawn with vigorous contours, as well as those of the letter proper, whose outlines are still more strongly delineated. The body of the letters has two colours, blue here and light red there; always with ornaments invariably white, but very diversified.

In manuscripts of the anterior ages, letters are already found which differ from those ones but for the manner they have been ornated; yet, from the XVth century, nearly all the manuscripts are enriched with initials quite analogous to our own. Let us add that, about the middle of the XVth century, Gutenberg and the first printers, whilst they were trying to give the books from their presses the appearance of manuscripts, used those very initials with or without ornaments; they then merely printed the outline of the letters and had them afterwards coloured through the brush. We still find some of those letters in a great many-books of the XVIth century.

It is to Mr. Regamey, an eminent lithographic artist, that we owe the communication of that precious alphabet from the end of the XIVth century.

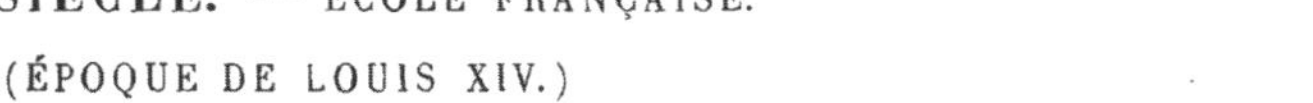

XVIIe SIÈCLE. — ÉCOLE FRANÇAISE.

(ÉPOQUE DE LOUIS XIV.)

DÉCORATION SCULPTÉE, — CHEMINÉES,

PAR JEAN LE PAUTRE.

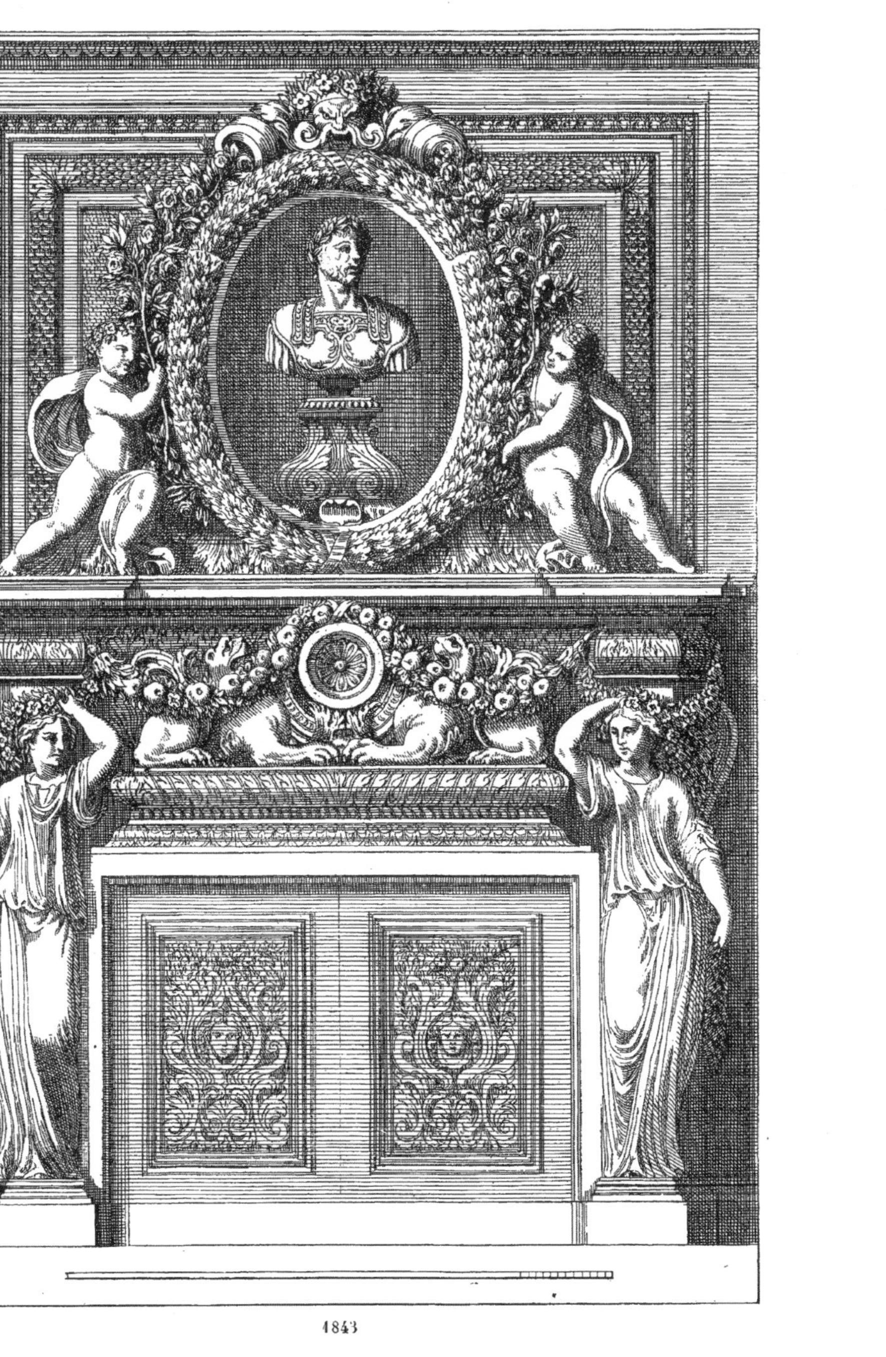

1843

1844

Ces deux compositions sont extraites de l'œuvre de Jean le Pautre, intitulée *Cheminées à l'Italienne* et publiée chez Mariette, rue Saint-Jacques. (Voy. dans le cinquième volume de *l'Art pour tous* deux autres cheminées extraites du même recueil.)

这两幅图中的组合物在吉恩的《意大利壁炉》一书中都有记载，这本书由马丽特（Mariette）在圣雅克路发表。（参见《艺术大全》第五年，同一书中的其他两个壁炉）

Both compositions are from the work of Jean le Pautre, whose title is: *Cheminées à l'Italienne*, and published by Mariette, in the Rue Saint-Jacques. (See, in the fifth volume of the *Art pour tous*, two other chimneys from the same book.)

XVIe SIÈCLE. — CÉRAMIQUE FRANÇAISE.
(ÉPOQUE DE HENRI II.)

ACCESSOIRES DE TABLE, — PLAT DE FAIENCE
ÉMAILLÉ ET ORNÉ DE PEINTURES.

APPARTENANT A M. BASILEWSKI.

1845

Ce qui donne à ce petit plat émaillé un intérêt tout particulier, c'est que le revers, chose rare, est aussi richement décoré que la face, et l'on peut affirmer qu'il est peu d'objets faisant preuve d'une décoration aussi compliquée, aussi intéressante et étudiée.

Elle est ainsi conçue : au centre, dans un médaillon, et sur un fond noir étoilé, un portrait de femme entouré de nielles dorées. Toute cette partie est très-saillante. Sur le reste du fond et tout autour de ce point saillant se développent les principaux épisodes de la Genèse, commençant par la création de l'homme. Dieu le père vient de former Ève pendant le sommeil d'Adam. Plus loin, la femme et l'homme sont introduits dans le paradis terrestre au milieu des animaux de la création. A la troisième scène, Ève cueille le fruit défendu et le présente à Adam qui accepte. Ils sont ensuite chassés du paradis par un ange porté sur des nuages et paraissent honteux et accablés: puis, pour clore cette touchante épopée de la Genèse, Caïn accomplit le meurtre d'Abel. Les effets de la malédiction divine n'ont pas été longs à se produire.

Tous ces épisodes sont d'un très-beau dessin et le modelé obtenu par des hachures comme une gravure en taille douce. Le marli est orné d'arabesques séparées par quatre cartouches dont deux contiennent les lettres initiales P. R., et les autres le millésime 1548. Tout cela se détache en bleu très-clair sur fond noir vif.

Nous publierons prochainement le revers de ce plat remarquable à plusieurs titres.

这个小搪瓷盘的背面和正面的装饰一样丰富，十分罕见，因此特别有趣。可以肯定的一点是，这些装饰美观雅致、铺排精心。装饰物排列有序：中间部位有一个圆形浮雕，黑色底盘上装饰有星宿图案，上面有一位女士的肖像，周围镶嵌着乌银装饰，整个部分都凸出平面。凸出部分以外的地方描绘了创世纪的主要场景，神开始创造世人。神父在亚当（Adam）沉睡时造出了伊娃（Eve）。动物被创造出来以后，神父、男人和女人都生活在伊甸园。在第三个场景中，夏娃摘了禁果给亚当吃，尽管亚当不愿意，还是没能避免。随后，天使将他们逐出了伊甸园。两个人既羞愧又伤心，在创世纪的结束部分，该隐（Cain）谋杀了亚伯（Abel）。神的诅咒并不会持续太久。

那些场景都描绘得非常逼真，铜板上刻画的影线增加了其立体感。盘子的边缘点缀着蔓藤花饰，并用四个卷边形牌匾将其隔开。其中两个中刻有大写字母 P.R.，另外两个上刻有日期 1548，这四个各自分离的部分颜色为浅蓝色，背景为深黑色。

接下来我们还会介绍盘子的另一边，它在很多方面都不同寻常。

This small enamelled dish is particularly interesting because of its reverse being as richly decorated as its very face, which is rarely the case; and it may be affirmed few objects are in existance having a decoration at once so intricate, nice and studied. This decoration is composed in this wise : At the centre, in a medallion and on a starred black ground, the portrait of a lady is seen surrounded with golden nielli. The whole of this portion is very projecting. Upon the remaining ground and round this jutting spot, the principal scenes of the Genesis develop themselves, beginning with the creation of man. God the Father has just formed Eve during the sleep of Adam. Farther, both man and woman are taken into the terestrial paradise amidst the newly created animals. In the third scene, Eve has just picked off the forbidden fruit and offers it to Adam who is not loth to accept. They are afterwards turned out of the paradise by an angel standing on clouds. Both appear ashamed and dejected; then, to end that moving epopee of the Genesis, Cain perpetrates the murder of Abel. The effects of the divine curse have not been long to exhibit themselves.

All those episodes are very finely drawn and their modelling is obtained through hatchings as in copper-plate engravings. The rim is ornated with arabesques separated by four cartouches, two of which contain the initials P. R., and the two others contain the date of 1548. The whole detaches itself, in a very light blue, on a lucid black ground.

We shall next publish the other side of this plate, which, in various respects, is remarkable.

XIIIe SIÈCLE. — ORFÉVRERIE DE LIMOGES.

(AU MUSÉE DE L'HOTEL DE CLUNY.)

CROIX RELIQUAIRE EN CUIVRE DORÉ,

AVEC FILIGRANES ET PIERRES FINES.

Les croix à double branche sont ordinairement désignées sous le nom de croix de Lorraine.

Celle-ci, une des belles entre toutes, est en cuivre doré et ornée de filigranes et de pierres fines montées en relief. Elle provient, à ne pas en douter, des fabriques de Limoges et peut remonter au commencement du XIIIe siècle. Ajoutons qu'elle est à doubles faces, portant de chaque côté huit petits reliquaires s'ouvrant à charnières, et dont les vantaux, montés en relief sur des portants ajourés et ciselés, sont, comme la croix elle-même, enrichis de filigranes et de pierreries. Un des vantaux, celui qu'on remarque à la rencontre des branches supérieures de la croix, fait exception : il est en bronze doré et gravé et présente au centre une croix à jour fermée par une glace. La forme de ce reliquaire indique qu'il était sans doute destiné à renfermer un fragment de la vraie croix.

Les pierreries de toute sorte qui décorent les deux faces de la croix, saphirs, grenats, perles fines, atteignent au chiffre de cent soixante-cinq.

La hauteur de l'objet est de 0m,55, et la largeur du bras principal de 0m,21. La douille, qui n'a pu être figurée ici, est en cuivre repoussé, gravé et doré, et montre six bossettes ou nœuds ornés de fleurons.

Cette admirable croix faisait autrefois partie de la collection du prince Soltikoff dispersée en 1861.

洛林十字架是双十字架中最为出名的。

这件是最完美的双十字架之一，以铜制成，外表镀金，并装饰有金银细丝和宝石。它产自利摩日，制造时间可以追溯到 13 世纪初。另外，这个十字架的其中一面上有八个小的圣物箱，箱门靠链条固定，它们的折叠门是透空的，也像十字架本身一样饰有金银细丝和宝石。但其中有一个例外，它在十字架上边一条横条的中央，以鎏金铜制成，箱门中心有一个镂空的十字架，光线可以透过玻璃穿进去。这个圣物箱的形状表明它注定要用来附在神树上。

宝石装饰着十字架的两面，例如蓝宝石、石榴石以及宝贵的珍珠等，共有 165 颗。

这个十字架高 0.55 米，长横条长 0.21 米。我们在图中看不到它的横撑，那上面有镀金铜材质的浮雕图案，以及六个用花朵装饰的结点。

这根绝妙的十字架是萨梯卡夫（Soltikoff）王后收藏品的一部分，她的收藏品在 1861 年遗散到各处了。

Double-branched crosses are usually known under the name of Lorraine crosses.

This, one of the finest, is in copper-gilt and ornated with filigrees and set off precious stones. It doubtless comes from the Limoges manufactures, and its date may go back to the beginning of the XIIIth century. Let us add that its double faces bear, on each side, eight small reliquaries opening with hinges and whose folding-doors open-worked and chased are enriched, like the cross itself, with gems and filigrees. One of those doors, that which may be seen at the meeting of the upper arms of the cross, is an exception, as it is in bronze gilt and engraved, and presents at its centre an open-worked cross under a piece of glass. The shape of this reliquary indicates that it was probably destined to enclose a piece of the holy tree.

The precious stones of every sort which decorate the two faces of the double cross, as sapphires, garnets and fine pearls, amount in number to one hundred and sixty-five.

The height of the object is 0m,55, and the length of the principal branch 0m,21 centimetres. The staff, which could not be shown here, is in embossed and engraved copper gilt; it has six bosses or knots ornated with flowers.

This admirable cross was formerly a part of prince Soltikoff's collection scattered in 1861.

XVe SIÈCLE. — FERRONNERIE FRANÇAISE.
(ÉPOQUE DE CHARLES VIII.)

OBJETS DIVERS, — MEUBLES.
COFFRET EN FER FORGÉ ET CISELÉ.

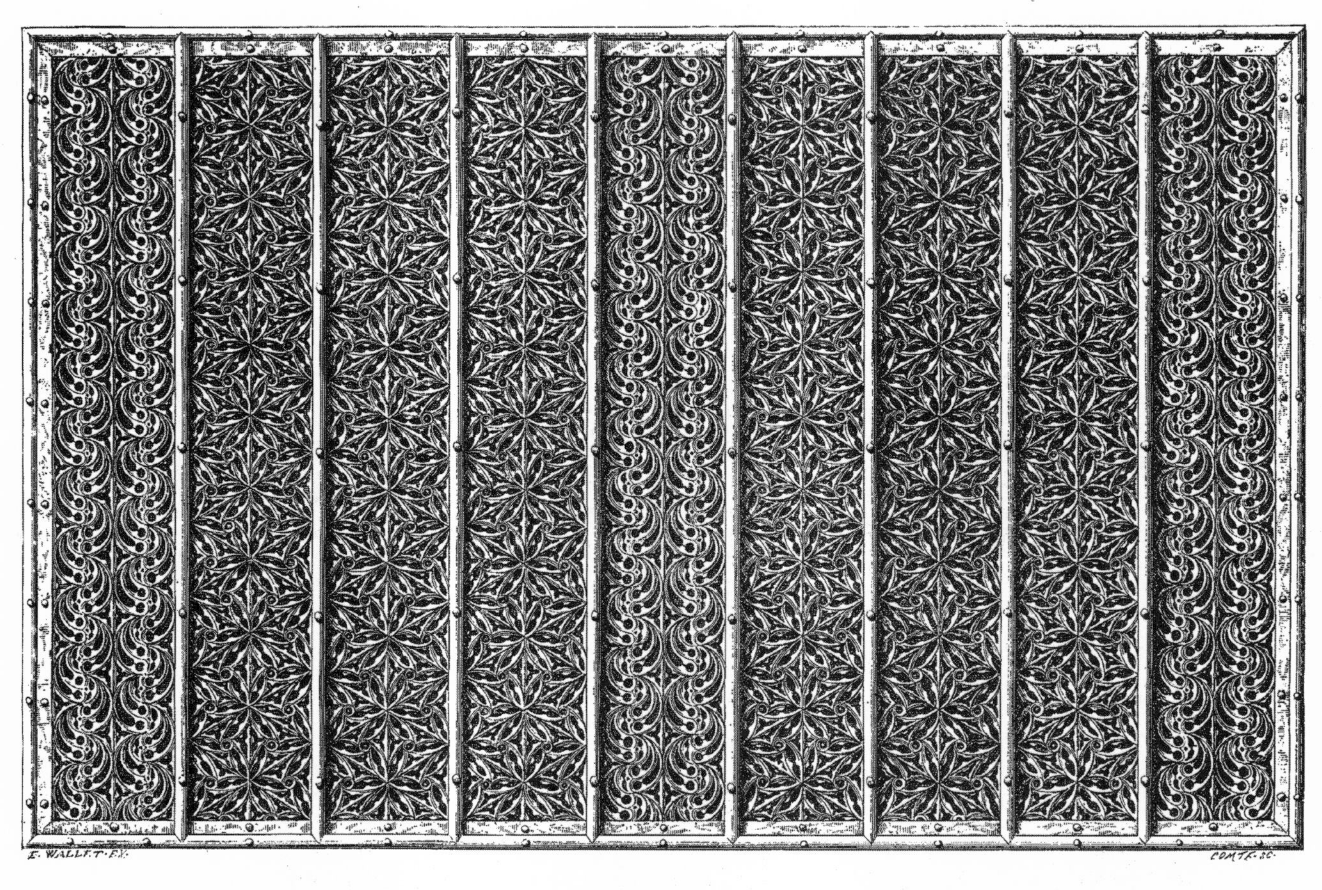

1847

1848

On a de la peine à s'imaginer, lorsqu'on examine ce petit meuble d'un travail si prodigieusement compliqué, qu'il est exécuté en fer. On ne peut comprendre que cette matière peu maniable se soit prêtée avec une telle complaisance au rendu de formes variées, d'ornements ajourés d'une si grande finesse et de parties moulurées. Le fer seul pourtant a été employé dans le charmant coffret que nous présentons et que nous sommes loin de rendre, il faut l'avouer, dans toutes ses perfections.

La fig. 1847 montre le dessus du coffret. Cette face du meuble est divisée en neuf bandes, contenant des ornements découpés à jour dans le goût du temps. Pour atteindre à autre chose qu'à des découpures sans modelé, deux feuilles de tôle sont superposées en produisant des épaisseurs et une sorte de modelé très-ingénieux.

Dans la fig. 1848, on voit l'ensemble du coffret. Sur la face principale existent deux charnières aux extrémités et l'entrée de la serrure au milieu. Cette face est divisée en sept parties par des contre-forts finement travaillés. L'autre face contient une des poignées destinées à porter le meuble.

看到这件构造如此复杂的家具，人们几乎不敢相信它是由铁焊制的。如何将这种难以操纵的材料打造成各种各样的形式，并饰以镂空装饰，让人难以捉摸。然而，铁确实已经用于制作高雅的小盒，离我们的生活并不遥远。因此，我们必须承认，铁可以应用于所有完美物品的制造中。

图 1847 展示了箱子的上表面，这部分被分成九个竖带。镂空装饰是那个时代的主流风格。为了增加切面的立体感，将两片铁片叠加在上面以达到理想的厚度，进而创造地实现这一目的。

图 1848 展示了箱子的整体效果，正面的边缘有两根链条，锁孔处在正中心。这部分被精致的小扶壁柱分为七个部分，图中展示出来的侧面上有一个把手，可以用来提起箱子。

When looking at that small piece of household furniture, whose working out is so prodigiously complicate, one can hardly realize the idea of its being executed in iron. It is rather incomprehensible how so unmanageable a material has lent itself with so much compliance to the production of the various forms, of the finest open-worked ornaments and of the moulded portions. Yet, iron alone is seen in that nice little thing which we show, and, let us confess it, which we are far from reproducing with the many perfections of the original.

Fig. 1847 shows the upper side of the chest. That part is divided into nine bands, containing open-worked ornaments in the style of the epoch. To produce more than mere cuttings out without modelling, two pieces of sheet-iron are superposed, which give the required thickness and a kind of very ingenious modelling.

In fig. 1848, the ensemble of the coffer is seen. On the main face, two hinges exist at the extremities, and the entrance of the lock is in the middle. This side is divided in seven parts by very finely worked small buttresses. The other side visible has one of the handles by the means of which article is to be carried.

XVIIe SIÈCLE. — FABRIQUE FLAMANDE. **DESSUS DE TABLE EN MARQUETERIE.**

(COLLECTION RÉCAPPÉ.)

1849

La tablette est, ainsi que le reste de la table, en bois de palissandre d'un ton foncé. Les ornements en marqueterie sont en bois de robinier d'un jaune clair et produisant, à peu de chose près, l'effet de notre gravure. Les ornements ne sont pas toujours d'un goût très-pur, mais l'effet général en est cependant remarquable.

这块平板和桌子的其他部分一样，都是由暗色调的青龙木制成，上面装饰的方格花样则由浅黄色的洋槐木制成，这种颜色对我们的雕刻品影响颇深。所有装饰物的风格不是一成不变的，但其产生的作用缺丝毫未减。

The tablet is, as well as the rest of the table, in rose-wood of a dark tone. The checker-work ornaments are in light yellow robinia wood, whose hues produce nearly the very effect shown in our engraving. Those ornaments are not always in a very pure style; but the general effect is still remarkable.

ANTIQUES. — CÉRAMIQUE GRECQUE.

(FRAGMENT D'UNE FRISE.)

FIGURES DÉCORATIVES EN TERRE CUITE.

(MOITIÉ DE L'EXÉCUTION.)

(MUSÉE NAPOLÉON III, AU LOUVRE.)

1850

Les bas-reliefs de cette nature s'adaptaient en forme de frises sur la façade des maisons grecques et romaines. Il est à remarquer que les mêmes sujets se répétaient fréquemment. Ce sont le plus souvent des vendangeurs nus foulant le raisin dans la cuve, des satyres posant leurs lèvres à la vasque d'une fontaine, ce sont Hercule et Apollon se disputant le trépied de Delphes ou Hercule suivi des Saisons, portant un bœuf sur son épaule. Ce sont encore les différentes scènes du mariage de Thétis et Pélée ou une Pentésilée mourante dans les bras d'Achille, etc., etc.

这类浮雕常见于希腊及罗马建筑前的雕带。需要注意的一点是，在雕刻时同一主题常常被反复使用，例如裸体采葡萄的人把葡萄装入桶中，萨蒂尔（Styrs）正在喝喷泉池中的手，赫拉克勒斯（Hercules）和阿波罗（Apollo）为神谕的三脚祭坛而争吵，赫拉克勒斯的肩上还扛着一只小公牛。让我们再新添一些不同的场景，例如珀琉斯（Peleus）和塞蒂斯（Thetis）的婚姻，或者彭忒西勒娅（Penthesilea）死在阿喀琉斯（Achilles）的臂弯里等。

Bassi-relievi of that kind were applied in the shape of friezes to the front of Greek and Roman mansions. One remark to be made is that the same subjects were frequently used, as naked vintagers pressing grapes in the tub, satyrs drinking from a fountain's basin, Hercules and Apollo contending for the Delphic tripod; or Hercules followed by the seasons and carrying a bullock on his shoulder. Let us add the different scenes of Thetis and Peleus's marriage, or a Penthesilea dying in the arms of Achilles, and so on.

XVIe SIÈCLE. — ÉCOLE ALLEMANDE.

(COLLECTION DE M. WASSET.)

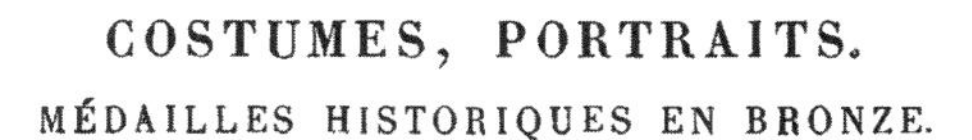

COSTUMES, PORTRAITS.

MÉDAILLES HISTORIQUES EN BRONZE.

1851

1852

In respect to costume, antique medals are often the best things to consult. The series we present to-day is, on this head, very interesting; be it said without underrating the sculptural qualities seen in the modelling of the figures, all of which are executed with a spirit full of observation and with a finish that leaves nothing to be desired. Four of those medaillons are female portraits. Figur 1851 represents a lady of the Farnese family and bears the date of 1550; but we do not know the part the model played in history. It is not so with the second medallion representing Mary Tudor, queen of England, France and Spain, and so styled, first, as daughter to Henry VIII., then, in virtue of the crowning of Henry V., in Paris under Charles VII., and, lastly, in right of her marriage with Philip II. In the legend these words are to be remarked: « *Fidei defensatrix,* » that is to say, protector of the Faith; indeed, Mary, the worthy wife of Philip II., introduced the Inquisition into England. Figures 1853-54 are remarkable for the costumes. Fig. 1855 dates from the year 1566 and shows a German personage. The sixth medallion is that of Ferdinand of Gonzague, the commander in chief of Charles the Fifth's armies. Those six medals have been engraved full size of the execution.

1853

1854

古代的纪念章是用来研究服饰的最好的资料。这里展示的一套纪念章十分引人注目，其人物模型所体现的雕塑特色也没有被低估。在制造过程中，作者对各类人物进行全面观察，以期创作作品能满足人们所有的欲望。这些纪念章中，有四个上面刻的都是女式肖像。图 1851 描绘了一位法尔家族的女士，并注明制造日期为 1550 年，但我们并不知道它在历史中的作用。第二枚奖章描绘了英国、法国和西班牙女王玛丽・都铎（Mary Tudor），她之所以有多重身份，是因为既是英国亨利八世的女儿，又在法国巴黎由亨利五世加冕成王，同时，在西班牙查理七世期间，她与菲利普二世完婚。传说中，人们评价她为护教者——即信仰的保护者。事实上，玛丽是菲利普二世的贤妻德配，她把宗教法庭引入了英格兰。

图 1853 和图 1854 所示的纪念章因其上面的服装而著名。图 1855 可以追溯到 1566 年，纪念章描绘了一个德国人。

第六个纪念章上的人物是费迪南・贡扎格（Ferdinand of Gonzague），查理第五军队首席指挥官。这六枚纪念章大小一样。

1855

1856

Au point de vue du costume, les médailles anciennes sont souvent ce qu'il y a de plus sérieux à consulter. La série que nous montrons aujourd'hui est très-intéressante sous ce rapport, sans préjudice, cependant, des qualités sculpturales que l'on rencontre dans le modelé des portraits, exécuté avec une verve pleine d'observation, avec un fini qui ne laisse rien à désirer. Quatre de ces médailles sont des portraits de femme. La fig. 1851 représente une dame de la famille des Farnèse et porte la date de 1550; mais nous ignorons quel rôle elle a pu jouer dans l'histoire. Il n'en est pas de même pour le second médaillon représentant Marie Tudor, reine d'Angleterre, de France et d'Espagne. D'Angleterre en sa qualité de fille de Henri VIII, de France à cause du couronnement de Henri V à Paris, sous Charles VII, et enfin d'Espagne, à cause de son mariage avec Philippe II. Dans la légende, nous remarquons ces mots : « *Fidei defensatrix,* » c'est-à-dire protectrice de la foi; Marie Tudor, en effet, en digne épouse de Philippe II, introduisit l'inquisition en Angleterre.

Les fig. 1853 et 1854 sont remarquables par leur costume. La fig. 1855 date de 1566 et représente un personnage allemand. Le sixième médaillon est Ferdinand de Gonzague, général en chef des armées de Charles-Quint.

Ces six médailles sont gravées de la grandeur même de l'exécution.

XIIIe SIÈCLE. — ÉCOLE FRANÇAISE.
(PEINTURE SUR VERRE.)

FRAGMENTS DE VERRIÈRES EN GRISAILLES
A L'ÉGLISE DE SAINT-JEAN AUX BOIS.

4857

4858

4859

4860

Toutes les verrières de l'ancienne église abbatiale de Saint-Jean aux Bois, près Compiègne, sont variées et d'un excellent dessin. Nous présentons quatre principaux motifs seulement.

圣让奥布瓦（靠近贡比涅）古老的修道院都装有彩色玻璃，其图案形式多样，精美绝伦。这里我们只展示四种基本图案。

All the stained-glasses of the old abbatial church of *Saint-Jean aux Bois*, near Compiegne, are varied and with excellent drawing. We give only four principal motives.

XVIIe SIÈCLE. — SCULPTURE FRANÇAISE.

(APPARTENANT A M. MAILLET DU BOULAY.)

MEUBLE. — INSTRUMENTS DE FOYER.

SOUFFLET EN BOIS SCULPTÉ.

Nous faisons remonter cet objet sculpté aux toutes premières années du XVIIe siècle, à cause de la lourdeur dont sont empreints certains détails de sculpture et la forme générale de ces détails. La sculpture est très-saillante et d'une exécution fort habile sinon fort soignée. Le sculpteur, on le sent, s'était exercé de longue main et n'en était plus à son coup d'essai. Est-ce à dire qu'il ait, dans cet objet d'un usage familier, atteint à une perfection véritable? Non assurément, mais on peut dire que chaque coup de ciseau est à sa place et dénote beaucoup d'habileté chez l'artiste.

Le centre du côté que montre notre gravure est occupé par une Vénus caressant deux enfants ailés, deux Amours par conséquent. Sans la nudité presque complète de la figure principale, nous en aurions volontiers fait la Charité distribuant des fruits à deux jeunes enfants. Mais les ailes dont sont pourvus ces derniers, et le peu de vêtement qu'aurait eu la Charité ne permettent guère de s'arrêter à cette supposition. Il est vrai qu'à la Renaissance, et même au commencement du XVIIe siècle, ceci ne pouvait être une difficulté; la troisième des vertus théologales était souvent traitée par les artistes dans un esprit convenable en tous points à la mère des Amours.

Deux autres figures occupant les extrémités de la palette font office de cariatides et supportent des chapiteaux ioniques. Une figure d'enfant occupe le point extrême ou manche du soufflet. La douille qui commence à partir du point A est en cuivre ciselé et d'un beau travail. En B est un galon fixé par des clous dorés en forme de fleurons.

This carved object comes from the very first years of the XVIIth century, and this our opinion is based on the heaviness seen in certain details of the sculpture and on the general form of those details. The carving is quite projecting and has a skilful if not a very careful execution. It is at once guessed the sculptor's hand was an old one, and this was not his first essay. Are we to say he has, in this object of a domestic use, reached true perfection? Far from it; but it may be said that each stroke of his chisel has been given in the right place and proves rather a great skill in the artist.

The centre of the side shown in our engraving is occupied by a Venus fondling two winged children, Loves consequently. If not for the nearly complete nakedness of the main figure, we should have been inclined to accept it as Charity distributing fruits to two young children. But the wings of the latter ones and the scanty dress of the former will rather prevent that supposition. It is true that at the Renaissance and even in the beginning of the XVIIth century this difficulty would not have stood in the way; for the third of the theologic virtues was often represented by the artists in a manner quite in keeping with the attributes of the mother of the Loves.

Two other figures at the extremities of the flat look like caryatids and support Ionic capitals. The figure of a child is again to be seen at the extreme point or handle of the bellows. The socket, beginning from point A, is in chased copper and finely worked. In B, there is a lace fixed by means of golden nails in the shape of flowers.

从这件雕塑作品细节的厚重感以及这些细节的普遍形式可以看出，它创作于 17 世纪早期。这件雕品十分出众，作者的雕刻手法非常娴熟。这决不是他的第一件作品，我们推测这可能出自一位老雕塑家之手。通过这样一件家用物品，我们可以说他的技术已经达到真正的完美了么？他凿的每一下都准确无误，展示了高超的技艺。

如图所示的雕品中央，维纳斯（Venus）抚摸着两个有翅膀的孩子。如果不是因为主要人物都是完全赤身裸体，我们很容易想象成是一位慈善家正在给两个小孩分水果。但是后者的翅膀以及前者的破衣烂衫使我们推翻了这个假想。在文艺复兴时期甚至是 17 世纪早期，这一问题并未成为任何障碍。艺术家的行为符合爱之母的品质，充分体现了神学美德的第三条。

平面两端的两个人物看起来像女像柱，她们支撑着柱头。下端把手处还刻有一个小孩。接口 A 点处用锻造铜制成，构造精细。在 B 点处，镀金的花饰钉将一块花边织物固定在上面。

7me Année. N° 205 30 Juin 1868.

L'ART POUR TOUS
ENCYCLOPÉDIE DE L'ART INDUSTRIEL ET DÉCORATIF
Paraissant les 15 et 30 de chaque mois.
PUBLIÉ SOUS LA DIRECTION DE M. C.^r SAUVAGEOT | FONDÉ PAR M. ÉMILE REIBER, ARCHITECTE

ABONNEMENT ANNUEL
France. . . . . 18 fr.
Étranger. . . . 20 fr.
L'Année parue. 25 fr.

A. MOREL
ÉDITEUR
13, rue Bonaparte
Paris.

XVIIe SIÈCLE. — CÉRAMIQUE FLAMANDE.
ACCESSOIRES DE TABLE.

CANETTES OU CRUCHONS
EN GRÈS DE FLANDRE ÉMAILLÉ.

Only the bottom and lid of this pitcher are made of tin; all the rest is of a fine and diversely coloured stone-ware. The predominant hues are the blue and gray. That blue is sometimes light and sometimes dark or intense; but the gray is always and everywhere the same: it is the proper colour of the object. To the pewter base or foot immediately succeeds the lower part of the vase's belly ornated with large but little projecting godroons of uneven width and alternately gray, white and blue. Then comes the moulded cordon, whose gorge is blue and between which and the upper one is enclosed the so original frieze in the centre of the vase. That frieze is formed of continued arches, a kind of balustrad, so to say, divided by ornate balusters. The ground is of a violet-blue, and upon it scutcheons detach themselves, behind which half appear some personages variously dressed and in different attitudes: scutcheons and personages are of a light blue. Then comes the upper part of the belly decorated with goffered medallions and to which, lastly, succeeds the neck of the vase encircled with blue and gray mouldings and with a frieze composed of medallions wherein are seen human masks and leafy ornaments detaching themselves in gray upon a blue ground.

The whole of which forms a very harmonious ensemble, which causes one to forget the rather rustic shape of the object. (See *l'Art pour tous,* sixth year, p. 649.)

1862

这个大水罐的底部和盖子由锡制成，其他地方都是由色彩缤纷的陶瓷制成。它的主色调是常规的蓝色和灰色，其中蓝色有深有浅，灰色则一成不变。水罐鼓起的腹部下方，装饰有略微凸起的椭圆形装饰，它们宽度不均衡，灰、白、蓝三色交替出现。接下来谈一下塑成的装饰带，它们的凹槽为蓝色，上面装饰有花型图案。水罐中部有一个传统的装饰带，上面有多个连续出现的拱门，分别由柱子隔开。每个独立的区域背景是紫蓝色，装饰性的锁孔盖后都有不同的人物，他们表情各不相同，都只露出一半身体，锁孔盖和人物都是浅蓝色的。水壶腹部的上端装饰有褶皱图案的圆形浮雕。壶颈处有一圈蓝灰相间的装饰，上面的圆形浮雕中间刻有人类面具，灰色的叶状装饰在蓝色的背景下尤显突出。

这件水壶整体造型非常和谐，以致我们不再纠结其土气的外形。（参见《艺术大全》第六年，第 649 页）

La base de ce cruchon et le couvercle sont seuls en étain; tout le reste est en grès fin diversement coloré. Les couleurs dominantes sont le bleu et le gris. Le bleu est tantôt clair et tantôt foncé ou intense; mais le gris s'y trouve toujours le même; c'est la couleur locale de l'objet. A la base ou pied en étain, succède immédiatement la partie inférieure de la panse du vase, ornée de larges godrons peu saillants et de largeur inégale, alternativement gris, blancs et bleus. Puis vient le cordon mouluré dont la gorge est bleue, cordon orné de fleurons et qui, avec celui disposé plus haut, enferme la frise si originale du centre du vase. Cette frise est formée d'arcatures continues et cintrées, sorte de balustrade si l'on veut, divisée par des arcatures. Le fond en est d'un bleu violet, sur lequel se détachent des écussons derrière lesquels s'abritent des personnages variés de costume et de pose : personnages et écussons sont en gris clair. Vient ensuite la partie supérieure de la panse, décorée de médaillons gauffrés, et à laquelle succède enfin le col du vase, ceint de moulures bleues et grises et d'une frise faite de médaillons à masques humains et d'ornements à feuillages se détachant comme toujours, en gris sur fond bleu.

Tout cela forme un ensemble très-harmonieux et qui fait oublier la forme un peu rustique de l'objet. (Voy. *l'Art pour tous,* 6e année, page 649.)

XVe SIÈCLE. — TYPOGRAPHIE ITALIENNE.
(ÉCOLE VÉNITIENNE.)

BORDURES, — ENCADREMENTS, — NIELLES.
(GRANDEUR DE L'ORIGINAL.)

Cette gravure à fond noir est la reproduction servile d'un encadrement inséré dans une édition d'Hérodote, imprimée à Venise, en 1470. L'ensemble de la composition, la pureté et le bon goût des ornements, souvenirs ingénieux de l'antique, nous ont séduit et invité à faire graver cette œuvre de typographie italienne du xve siècle. Nous n'essayerons pas par exemple d'expliquer les sujets qui se voient à la base et au sommet du cadre, nous risquerions d'en donner une fausse interprétation. C'est à M. C. E. Clerget, sous-bibliothécaire de l'Union centrale des Beaux-Arts appliqués à l'industrie, que nous devons la communication de ce bel exemple de bordure.

这件黑色背景的雕刻品完全再现了希罗多德（Herodotus）1470 年在威尼斯出版的书中所记载的一个框架。它的整体构图，简约洗练的装饰以及复古的造型都吸引我们情不自禁地将这件具有 15 世纪意大利风格的作品雕刻出来。我们不愿对框架顶部和底端的图案做出解释，以免解读有误。感谢艺术联合会成员克勒格特（C.E.Clerget）为我们提供框架图。

This engraving with a black ground is the servile reproduction of a frame inserted in an edition of Herodotus's, printed at Venice in 1470. The ensemble of the composition, the chasteness and the refined style of the ornaments, being recollections of the Antique, enticed us irresistibly to have that work of the Italian typography, of the xvth century, engraved. We won't try, though, to explain the subjects seen at the top and bottom of the frame, for fear of giving anything but a true interpretation of them. It is to Mr. C. E. Clerget, under-librarian to the central Union of the Fine-Arts, that we owe the communication of that handsome example of frame.

XVe SIÈCLE. — FABRIQUE FRANÇAISE. MOBILIER. — CRÉDENCE EN BOIS SCULPTÉ.

Ce meuble élégant et fin est représenté à l'échelle de 0m,15 pour mètre. Il est entièrement en bois de chêne à l'exception de l'entrée des serrures et des pentures découpées de la porte qui sont en fer.

图中所示的家具造型雅致，除了锁孔和门边的铰链由铁铸造外，其余通身由橡木制成。

This elegant and fine piece of household furniture is represented here on the scale of 15 centimetres to the metre. It is entirely of oakwood, with the exception of the apertures for the locks and of the cut out door hinges, which are both in iron.

XVIIe SIÈCLE. — FERRONNERIE ITALIENNE.

TRÉPIEDS EN FER FORGÉ.

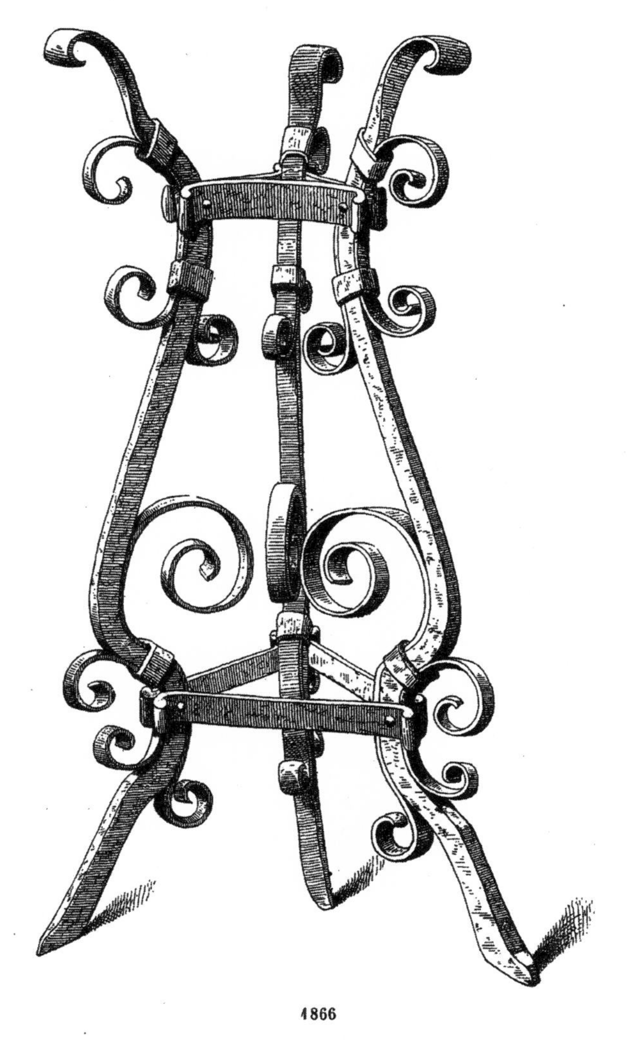

1866

C'est particulièrement à Venise que des trépieds en fer forgé de la nature de ceux que nous présentons étaient en usage aux XVIe et XVIIe siècles, et nous ne serions pas surpris que ceux-ci fussent de provenance vénitienne. Ces curieux objets, presque toujours composés de trois tiges disposées en forme de triangle et reliées à la base, au milieu et au sommet par des ceintures ou cercles de fer, étaient destinés à porter des brazeros. Les trois tiges ou, pour mieux dire, les tiges, car elles n'étaient pas toujours au nombre de trois, se recourbaient en volute, de façon à pouvoir porter commodément les brazeros chargés de feu.

Nous en avons vu de beaucoup plus ornés et plus riches que ceux que nous publions; quelques-uns même étaient dorés par places; mais la structure en était moins accusée ou perdue parfois sous la multiplicité des brindilles de fer qui accompagnent les tiges principales. La figure 1866 paraît être un diminutif de la fig. 1867. Les tiges sont recourbées à peu près de la même façon, mais en prenant des formes exagérées et conséquemment moins énergiques.

La fig. 1868 montre des tiges presque droites, mais inclinées et recourbées aux extrémités. Les parties ornées A, B, C, servant de lien aux tiges principales, sont destinées aussi à supporter divers objets si l'on veut.

Nos trois dessins sont faits au huitième des originaux.

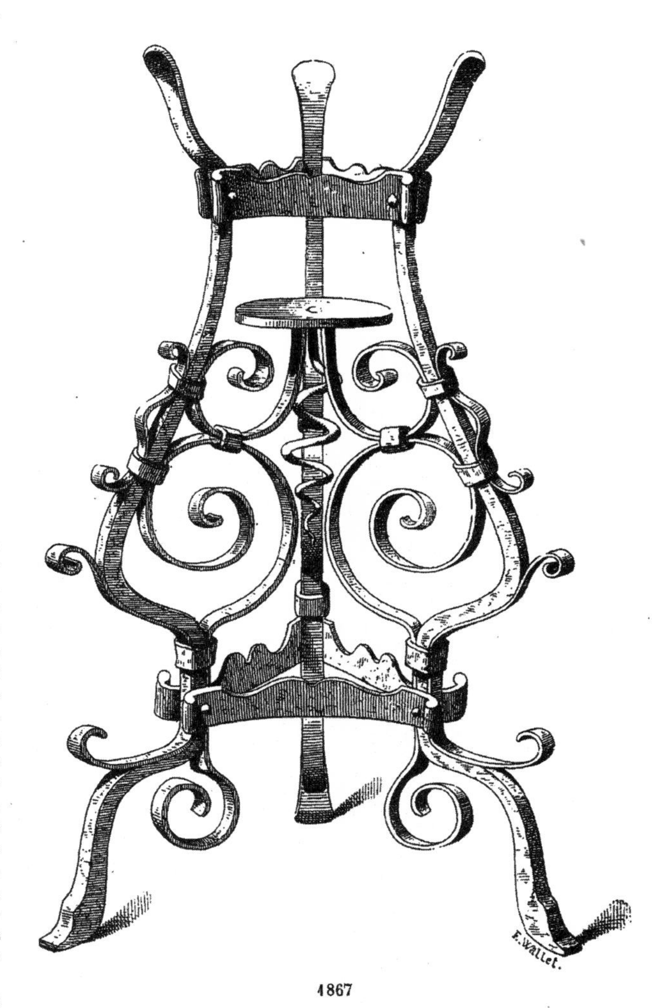

1867

It is specially in Venice that tripods, in wrought iron of the nature of those here shown, were used in the XVIth and XVIIth centuries; and we should not feel surprised if told that the actual ones have a Venetian origin. Those curious objects, nearly always composed of three metallic rods triangularly disposed and united at the top, centre and bottom, by cinctures or iron circles, were destined to bear brazeros (coal-pans). The three rods, or we have better to say, the rods, as they were not always in that number, were bent round at the top, volute-like, in order to support the flaming brazero.

We have seen many objects of that kind much more ornated and richer, too, than those we now publish, some even were gilt here and there; but their structure was less decided and, sometimes, it was lost to the appreciating eye, under the multiplicity of the iron sprigs running along the main tiges. Fig. 1866 seems a diminutive of fig. 1867. The rods are bent round all but in the same fashion, either showing however exaggerated and accordingly less sound and strong shapes.

In fig. 1868, the rods are all but straight though out of the perpendicular and bending round at the extremities. The ornated parts A, B, C, which bind the main tiges together, are also destined to support sundry articles, if wanted.

Our three drawings have been made an eighth of the originals.

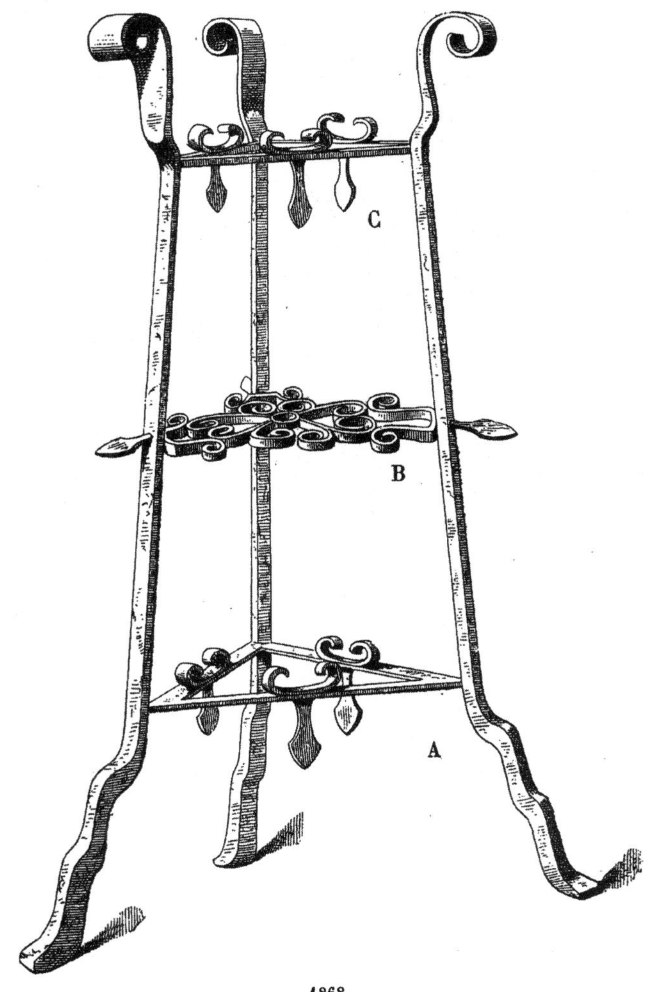

1868

16 世纪和 17 世纪时，三脚架广为使用，尤其是在威尼斯，因此，当我们发现某个三脚架源于威尼斯时，不用感到惊异。这些造型奇怪的三脚架，常常由三根呈三角结构放置的金属杆制成，顶部、中间及底端通过铁圈固定在一起，它们的主要用途就是用来放置煤锅。这三根（有时也可能不是三根）金属杆顶端弯成圆形，就像蜗壳一样，用以托盛烧得火红的煤锅。

除了图中所示，我们也能见到装饰更为精美的三脚架，有些甚至周身镀金，有时主杆上生出样式繁杂的铁枝，使人眼花缭乱，如此一来，它们的结构就不够清晰。图 1866 可以说是图 1867 的简略图。金属杆都弯成一样的形状，没有哪一个与众不同。

图 1868 中，铁杆除了一头弯成了圆形其余部分都与地面垂直。A、B、C 三处的装饰物将三根主杆固定在一起，并用来放置日用杂货。

这三幅图展示的只是原尺寸的八分之一。

XVIIe SIÈCLE. — FABRIQUES FLAMANDES. ÉBÉNISTERIE ET SCULPTURE.

MEUBLES. — CRÉDENCE EN NOYER, AU DIXIÈME DE L'EXÉCUTION.

It is not for the elegance of its figures and of all its carved work, that this piece of furniture is eminent and calls one's attention. Here, on the contrary, ornaments and figures are queer, rather ugly and executed in a more than rustic fashion. Yet the whole fabric is deficient neither in character nor in harmony; its lines are good, its proportions happy, and its disposition is truly ingenious. The strange chimeræ, somewhat analogous in look and even in execution to divinities of the Hindostan art, well fulfil their office of caryatids, and are quite in keeping with the decorated mouldings of the cabinet and with the ornaments of the friezes and drawers. As in nearly all the objects of that kind, the symbolization is shown in three cardinal virtues impersonated by the caryatids of the upper portion and by two sculpted bassi-relievi on the panels of the doors, the one being Justice and the other Charity. The credence-table has middling dimensions, and it would be easy, if not to copy, that should deserve the name of temerity, at least to imitate it in its main dispositions.

这件家具之所以闻名于世、引人注目，并不是因为其精美的外形，不俗的雕刻工艺。相反的，它的装饰质朴、造型奇怪，蕴含着乡村风格，看起来并不能令人赏心悦目。然而，不论是从特性还是协调性来看，它的整个构造都是没有缺陷的。这件工艺品线条优美，比例合理，布局更是巧妙。那些穿着黑缎袍的奇怪人物看起来与印度斯坦艺术的神性颇为相似。作为一座女像柱，它很好的完成了自己的使命，并与柜子的线脚、中楣及抽屉的装饰风格相一致。几乎在所有这类家具中，其象征意义都是由上部女像柱和门板上两个雕刻物（一个是“正义”，另一个是“慈善”）暗含的三项基本美德所体现的。小餐具柜中等大小，如果只是草草仿制，那至少模仿它的主体造型还是很简单的。

1869

Ce n'est pas certes par l'élégance des figures et de toute la sculpture que ce meuble se distingue et attire l'attention : ornements et personnages sont au contraire grotesques, laids et d'une exécution plus que rustique. Cependant le meuble entier ne manque ni de caractère, ni d'harmonie; les lignes en sont bonnes, les proportions heureuses et la disposition vraiment ingénieuse. Les chimères étranges, qui offrent une certaine analogie d'aspect et même d'exécution avec quelques divinités de l'art indou remplissent bien leur office de cariatides et se trouvent en harmonie avec les moulures ornées du meuble, avec les ornements des frises et des tiroirs. — Comme dans presque tous les meubles de ce genre, le symbolisme est représenté par trois vertus cardinales personnifiées dans les cariatides de la partie supérieure, et dans deux bas-reliefs sculptés sur les panneaux des portes qui sont, l'un la justice et l'autre la charité. — La crédence est de dimensions moyennes, et il serait facile, non pas de la copier, ce qui serait téméraire, mais tout au moins de s'en inspirer dans ses dispositions principales.

XVIe SIÈCLE. — TYPOGRAPHIE LYONNAISE.

(ÉPOQUE DE HENRI II.)

NIELLES. — ENTOURAGES,

PAR LE PETIT-BERNARD.

L'aage d'argent.

Par laps de tems survint l'aage d'argent,
Pire que l'or, & meilleur que l'erein,
Lors Jupiter punisseur de la gent,
Qui se forfait, comme Dieu souuerein,
Du long printems, le cours dous & serein,
Tôt abregea : & fit que les humeins,
Pour chatiment de leur dépravé trein,
Viuroient deslors du travail de leurs mains.

4870

Junon batant Caliston.

Junon sachant le clandestin forfait
De Caliston poure fille esplorée,
Même que ja l'enfant elle avoit fait,
Arcas nommé, ha sa fin conspirée.
Ainsi partant du haut ciel, Empyrée
La vint trouuer, & d'une main rebourse,
La trousse au poil, la bat, tant soit irée,
Qu'après meints coups, lui donna forme d'ourse.

4871

Caliston & son Arcas muez en astres.

Par monts & bois Caliston (ourse à l'heure,
Bien que de sens elle ne fut priuée),
Errante étoit, quand Arcas dauanture
Chassant à l'arc celle part la trouuée :
Qui non sachant son malheur d'arriuée,
Couche la flèche, & droit à elle mire :
Mais Jupiter tous deus d'une enleuuée,
Les mit au ciel pour astres voisins luire.

4872

Lycaon mué en loup.

Le grand Tonant souz humeine figure
De ses hauts cieus en terre descendit,
Et circuyant çà & là d'aventure
De Lycaon au manoir se rendit :
Là arriué ce meschant & maudit
Humeine chair sur table, mis lui ha
Dont indiné, foudre feus espandit
Sur la maison, & en loup le mua.

4873

Suite et fin des vignettes de Petit-Bernard, extraites des *Métamorphoses d'Ovide,* éditées à Lyon, par Jean de Tournes, 1558 V. *L'Art pour tous,* 4e année et suivantes).

这几幅图展示的是派提特·伯纳德（Petit-Bernard）创作的书中章节开头或结尾的小花饰，而这几页均摘自1558年让·德·都赫奈（Jean de Tournes）在里昂发表的奥维德（Orid）的《变形记》。（详见《艺术大全》第四年及以后的部分）

A continuation and the end of Petit-Bernard's vignettes, taken from *Ovid's Metamorphoses,* published at Lyons by Jean de Tournes, A. D. 1558 (see *Art pour tous,* fourth year and the following ones)

XVIe SIÈCLE. — ÉCOLE FRANÇAISE.
(ÉPOQUE DE HENRI II.)

RELIURE. — COUVERTURE DE LIVRE,
APPARTENANT A M. LE MARQUIS DE GANAY.

1874

Des entrelacs compliqués et de formes variées composent le dessin principal de cette riche couverture. Les fonds ont reçu des rinceaux, des semis divers et des branches de feuillages qui nous paraissent prendre un peu trop d'importance. — Somme toute, cette reliure est une des belles qui soient parvenues jusqu'à nous, et elle méritait d'être gravée.

这个丰富的封面布满了复杂多样的细线。底面上有落叶，零碎的小装饰物以及茂盛的树枝，在脑海中浮现出一种繁茂的景象。总之，这本书的装订是我们所见过做的最好的，值得永刻心间。

Intricate and diversely shaped twines compose the chiet drawing of this rich cover. The grounds have received foliages, sprinklings of small ornaments and leafy branches which, to our mind's eye, seem rather overgrown. Upon the whole, this book binding stands one of the finest which have come to us and it was well worth being engraved.

ANTIQUES. — CÉRAMIQUE GRECQUE.

(COLLECTION DE M. CASTELLANI.

CRATÈRES EN TERRE CUITE.

Les cratères étaient des vaisseaux de grande capacité, contenant souvent du vin et de l'eau mêlés, dont on remplissait les verres à boire passés ensuite à chaque convive. — On fabriquait les cratères en diverses matières, depuis la poterie jusqu'aux métaux les plus précieux, et les formes variaient suivant le goût et le caprice de l'artiste, comme on peut le voir par les deux exemples que nous présentons. — Cependant, une large ouverture était de rigueur. Placé au moment du repas dans la salle à manger, on le posait par terre ou sur un pied; l'échanson en prenait la liqueur mêlée avec une cuillère, il remplissait les coupes et les passait aux convives.

Il est inutile de faire observer combien les deux objets ci-joints sont remarquables, au point de vue de la forme et des proportions savamment étudiées.

1875

Craters were very capacious vessels often containing a quantity of wine mixed with water, with which beverage the drinking cups were filled to be then handed one to each guest. Those craters were of many materials, from common potter's earth to the most precious metals, and their forms varied according to the taste and fancy of the artist, as may be seen in the two examples here given. However, a large mouth was indispensable. Brought at the time of the meal in the banqueting-hall, they were put down on the ground or on a pedestal; from them the cup-bearer, using a kind of laddle, fetched the mixed liquor, filled the cups and presented them to the convivial throng.

It is needless to point out how much the two actual objects are remarkable for their shape and their masterly studied proportions.

容量大的容器，经常装有大量的酒水混合物，往杯子里装满这种饮料后再递给宾客。这种容器的材质多种多样，从常见的陶土到最珍贵的金属，其形状也因艺术家的品位及想象力而有所不同，这一点或许可以从给出的两个例子中看出。然而，一个大的容器口是必不可少的。在宴会厅举行晚宴时，常常把它们放在地上或基座上，拿杯子的人用一种勺子从中舀取混合液装满杯子，递给在座宾客。

无需指出，这两个容器因形状和巧妙的比例，显得的有多么不同寻常。

1876

8me Année. N° 207 30 Juillet 1868.
ABONNEMENT ANNUEL
France. . . . . 18 fr.
Étranger. . . . 20 fr.
L'Année parue. 25 fr.
L'ART POUR TOUS
ENCYCLOPÉDIE DE L'ART INDUSTRIEL ET DÉCORATIF
Paraissant les 15 et 30 de chaque mois.
PUBLIÉ SOUS LA DIRECTION DE M. C. SAUVAGEOT | FONDÉ PAR M. ÉMILE REIBER, ARCHITECTE
A. MOREL
ÉDITEUR
13, rue Bonaparte
Paris.

ANTIQUITÉ. — CÉRAMIQUE ÉTRUSQUE.
A LA BIBLIOTHÈQUE IMPÉRIALE.

VASES ITALIOTES EN TERRE,
DE LA GRANDEUR DE L'EXÉCUTION.

1877

La décoration de ces vases est noire et blanche sur fond couleur d'argile.

这些花瓶上的图案用了黑白两种颜色，底色为泥土色。

The decoration of these vases is in black and white on a clay-coloured ground.

XVIe SIÈCLE. — FABRIQUES FLAMANDES ET ITALIENNES. MEUBLES. — COFFRES EN BOIS SCULPTÉ.

— A M. RÉCAPPÉ —

1878

— AU MUSÉE DE CLUNY A PARIS —

1879

La figure 1878 montre la face d'un coffre d'origine italienne, remarquable par la forte saillie des ornements et la vigueur de la décoration. — Deux figures cariatides se voient à l'extrémité, tandis qu'un immense cartouche, au centre, contient une scène de guerre, le siége d'une ville probablement.

La figure 1879 est d'origine flamande et, tout en laissant à désirer comme perfection de travail, elle est cependant mieux disposée dans ses lignes principales, et en réalité mieux agencée et comprise que la précédente. — Mais l'un et l'autre de ces coffres, il ne faut pas l'oublier, ne sont pas ce que cette féconde époque a produit de plus soigné et de mieux réussi dans ce genre.

图 1878 展示的是一个宝箱的前面，它来源于意大利，以立体凸起、活灵活现的装饰物著称。两端各有一个类似于人像柱的人物，中间有一个巨大的涡卷饰装饰，上面雕刻着战争的场景，似乎是在围攻一个小镇。

图 1879 展示的物件来源于佛兰德，它尚有一些不足之处有待改进，而与前一个相比较，它的主线处理得更好，构图更加合理，制作恰如其分。但是不要忘了，在盛产这类物件的年代，这两者都既不是制造得最好的，也不是被研究最多的。

Fig. 1878 shows the forepart of a coffer having an Italian origin, and which is remarkable for the great projection of its ornaments and the vigour of its decoration. Two caryatid-shaped figures are seen at both ends, and an immense cartouch in the centre contains a warlike scene, probably the siege of a town.

Fig. 1879 has a Flemish origin, and, while it leaves something to be desired in the perfection of the working, yet it is better disposed in its principal lines, better arranged and more appropriately executed than the first one. But it must not be forgotten either objects are not the most studied and best executed which that fertile epoch has produced of that kind.

ART CHINOIS ANCIEN. — ORFÉVRERIE.

BRULE-PARFUM EN BRONZE,

APPARTENANT A M. GAUDET.

La vue d'un seul objet suffit souvent à caractériser l'esprit de toute une nation. L'étrangeté, le merveilleux du vieux peuple chinois s'imposent en quelque sorte à l'imagination en présence de ce brûle-parfum d'un si beau et si étrange caractère.

Jusqu'à la dernière expédition en Chine on avait assez mal jugé l'art de ce pays. On acceptait sans conteste la beauté de ses émaux; l'harmonie incomparable de ses vieilles poteries était presque passée en proverbe; mais on méconnaissait un grand nombre d'autres branches intéressantes de l'art industriel. — L'orfévrerie, les bronzes, on le voit ici, peuvent être classés en même ligne que la céramique. — La perfection du travail est la même, et il demeure acquis que nulle partie de l'art chinois ne doit être négligée sous le rapport de l'étude.

Nous nous abstenons de faire l'éloge de la pièce étrangement belle qu'on a sous les yeux. Le style et le caractère dont elle est empreinte n'échapperont à personne. — Les parfums brûlés dans le corps du monstre de bronze s'échappent en fumée par sa gueule béante et par l'espèce de cheminée qu'il porte sur son dos, comme les éléphants classiques portent des tours. — Le socle est en bois.

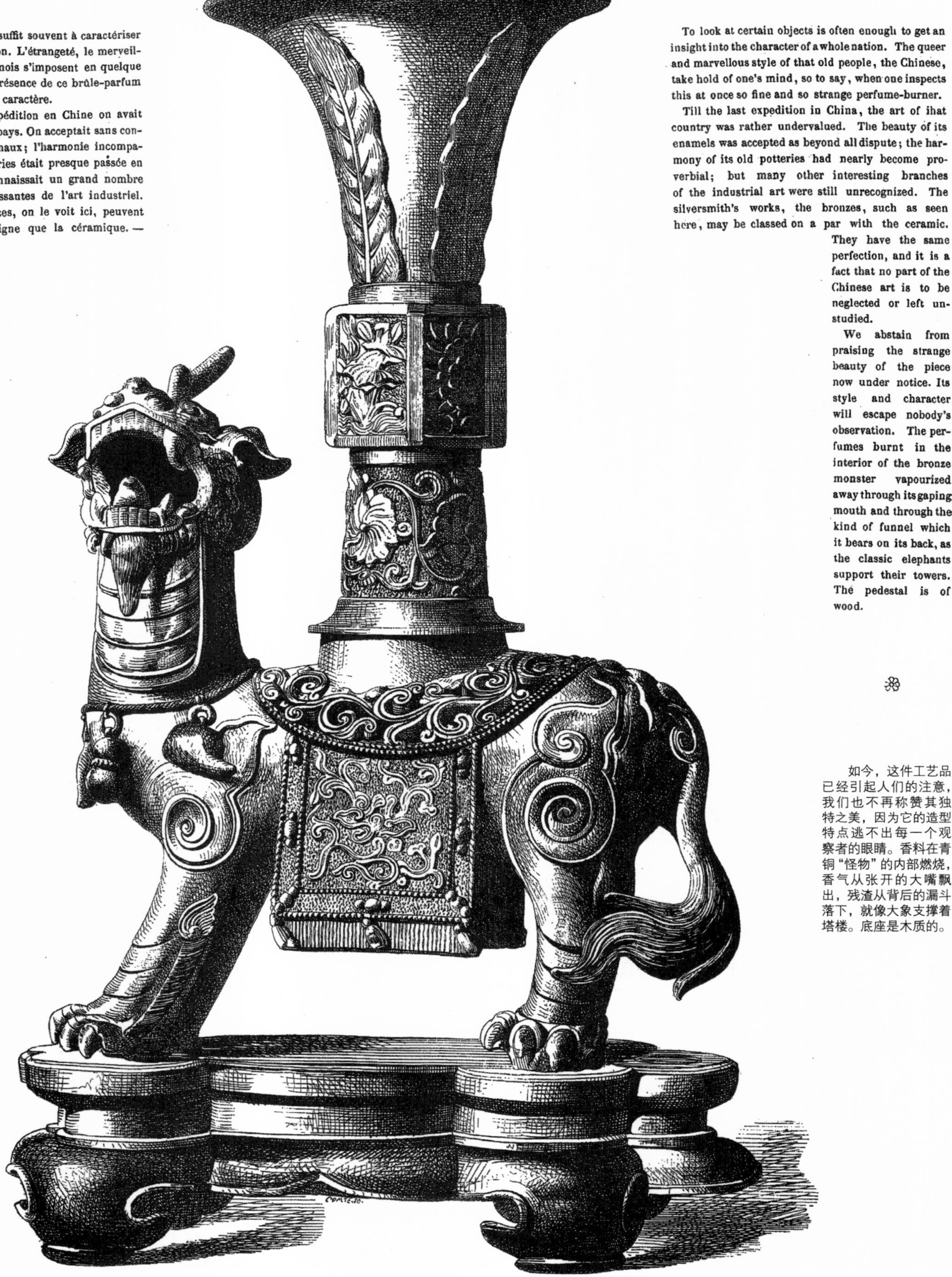

To look at certain objects is often enough to get an insight into the character of a whole nation. The queer and marvellous style of that old people, the Chinese, take hold of one's mind, so to say, when one inspects this at once so fine and so strange perfume-burner.

Till the last expedition in China, the art of that country was rather undervalued. The beauty of its enamels was accepted as beyond all dispute; the harmony of its old potteries had nearly become proverbial; but many other interesting branches of the industrial art were still unrecognized. The silversmith's works, the bronzes, such as seen here, may be classed on a par with the ceramic. They have the same perfection, and it is a fact that no part of the Chinese art is to be neglected or left unstudied.

We abstain from praising the strange beauty of the piece now under notice. Its style and character will escape nobody's observation. The perfumes burnt in the interior of the bronze monster vapourized away through its gaping mouth and through the kind of funnel which it bears on its back, as the classic elephants support their towers. The pedestal is of wood.

观察特定的物件通常能使我们深入了解整个国家的特点。古代中国人思维奇特、技术卓绝，制造了这样一个外形美观、造型独特的香炉。

直到最后一次远行中国，这个国家的艺术价值仍然被世人低估。虽然搪瓷的美观、陶器的匀称广为接受，但是，工业艺术中仍有许多其他的有趣分支尚不为人所知。银器和青铜器分类标准与陶瓷相同，而这三者都是完美的杰作。事实上，任何一件中国工艺品都不应该被忽视和遗忘。

如今，这件工艺品已经引起人们的注意，我们也不再称赞其独特之美，因为它的造型特点逃不出每一个观察者的眼睛。香料在青铜"怪物"的内部燃烧，香气从张开的大嘴飘出，残渣从背后的漏斗落下，就像大象支撑着塔楼。底座是木质的。

VIe SIÈCLE. — FABRIQUE ITALIENNE. ARMURES. — CHANFREIN DE CHEVAL

(COLLECTION DE L'EMPEREUR NAPOLÉON III). EN ACIER CISELÉ ET REPOUSSÉ.

Autres temps, autres mœurs, dit un proverbe devenu vulgaire à force d'être répété. Par ce temps de progrès (peut-on vraiment appeler cela le progrès) dans les armes et les projectiles de toutes sortes, dans ce siècle des canons Armstrong et des fusils Chassepot, nous nous gardons bien de couvrir bêtes et gens de ces vêtements de fer et d'acier que nous ont laissés le moyen âge et la renaissance. Ce serait peine bien inutile. — Le moindre projectile aurait vite fait de tout le beau travail que nous voyons sur le chanfrein ci-contre et sur d'autres du même genre, qui nous ont été conservés. — Aussi, ne publions-nous pas cette armure comme une pièce à imiter, mais uniquement à cause des ornements de bon goût dont elle est décorée et qu'on peut, il nous semble, employer à un tout autre usage, si l'on veut.

La forme générale étant donnée, c'est-à-dire le contour d'une tête de cheval avec échancrures pour les yeux, et orifices pour les oreilles, nous voyons se promener sur cet espace une série d'entrelacs du meilleur goût. — Au centre, sur la partie qui couvre le front de l'animal, un médaillon elliptique contient une renommée sonnant de deux trompettes à la fois. Des chimères, des draperies, des serpents, des têtes de béliers courent à travers les entrelacs; des fruits, des masques humains, des mufles de lions s'y voient aussi par place, tandis qu'à la base et dans un cartouche presque circulaire, on remarque un cavalier armé, lancé à toute bride.

Les divers ornements, d'une forme très-pure, se dessinent sur un fond ou semis de petits points obtenus à la ciselure.

Hâtons-nous d'ajouter que cette pièce est, en définitive, une armure de parure que les tournois ont dû voir plus souvent que les mêlées terribles et sanglantes.

世间万物随时间的推移而发生变化，这一谚语并非陈词滥调。在这个进步的时代，有了各种各样的武器和炮弹，造出了阿姆斯特朗大炮和后膛步枪，我们并不像中世纪及文艺复兴时期人们那样，习惯于用钢铁盔甲来保护自己。如果我们这么做了，也确实没有什么意义。即使最小的炮弹对此页的马头盔甲及其他相同类型的作品来说都是个大灾难。所以，在这里提到这种盔甲并不是为了让人们仿制它，而是为了欣赏雕刻在上面的装饰物，因为人们很容易将其用于其他目的。

它的整体造型是马首的轮廓，挖空的眼睛，有缺口的耳朵，四周有一连串最雅致的线条。中间部分，在保护动物前额的地方，是一个椭圆的奖章，上面的人物同时吹两个喇叭。奇美拉、帷幔、巨蟒和羊头与线条缠绕在一起；水果、人类面具和狮子的口鼻随处可见。同时，底部有个几乎是圆形的涡卷装饰，上边的骑马者拿着兵器，全速前进。

各式各样的装饰都有一种纯粹的形式，它们分散在平面上，嵌满了用凿子做成的小圆点。

再补充一句，这个物件的确是一个装饰性的盔甲，与将其应用于血腥残酷的战争中相比，人们更愿意看见它出现在赛场上。

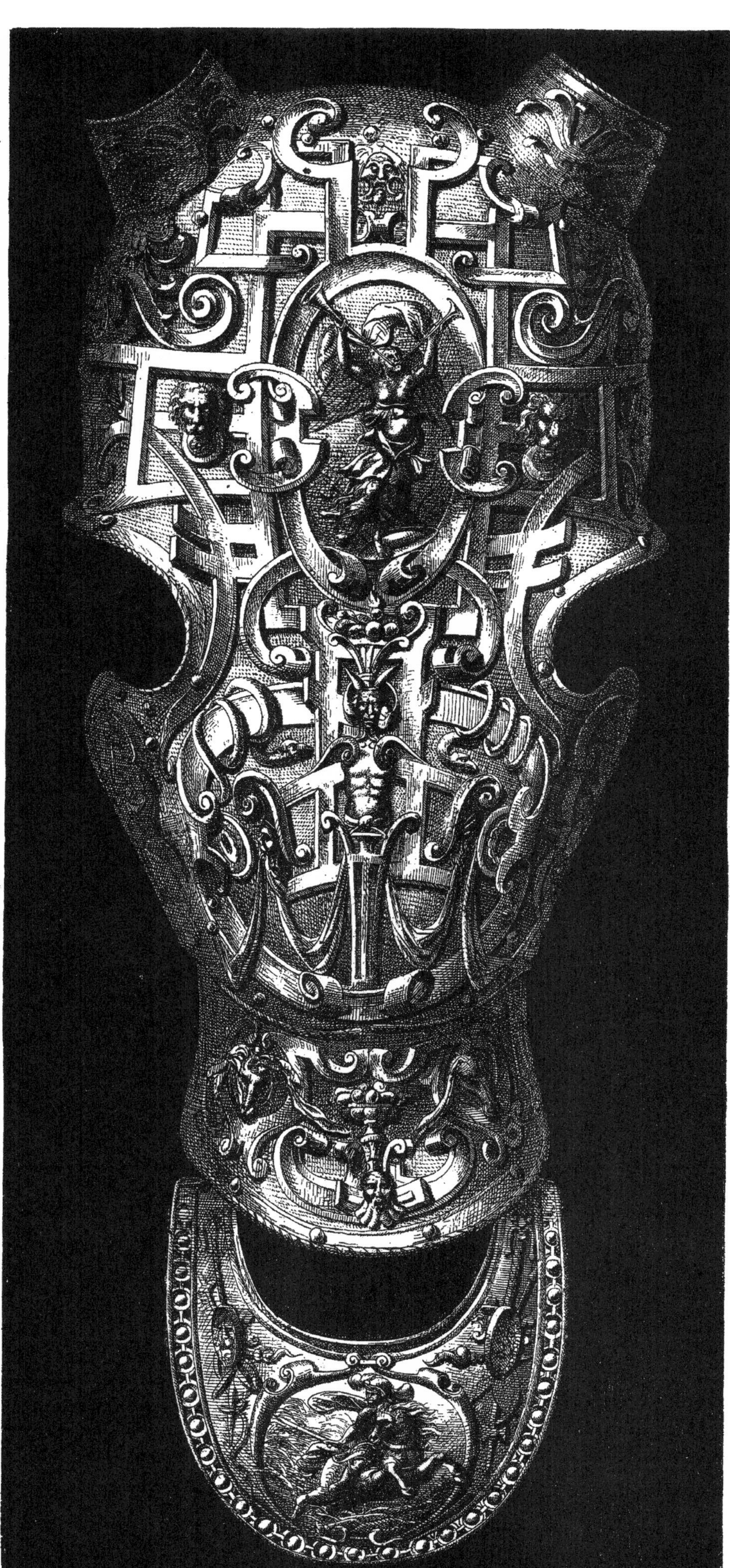

Things will change with the times, is a proverbial saying rather become trite. In our epoch of progress — if that may be called a progress — in arms and projectiles of every sort, in this time of Armstrong cannons and Chassepot guns, we take good care not to clothe our men and beasts in iron and steel as the middle ages and the Renaissance were wont to do. If we did, it would be to no purpose indeed. The smallest of our projectiles would have soon made a sad havoc of all the nice work such as we see in this here chanfrin and in all other pieces of the same kind which have been preserved to us. So, we do not publish this piece of armour as a thing for imitation, but only for the sake of the tasteful ornaments wherewith it is enriched and which, we think, might easily be made use of for quite another purpose.

Given the general form, viz. the contour of the head of a horse, with hollowings for the eyes and apertures for the ears, we see all along the object a succession of most tasteful twines. At the centre, on the part which protects the animal's forehead, an elliptic medallion contains Fame blowing two trumpets at once. Chimeræ, draperies, serpents, ram's heads are running through the twines; fruits, human masks, lion's muzzles are also seen here and there, whilst at the base, in a cartouch nearly circular, one will mark an armed horseman in full career.

The divers ornaments, having a very pure form, detach themselves on a ground or spot studded with small dots made with the chisel.

Let us add at once, that piece is, forsooth, an ornamental armour which has been worn oftener in tournaments than in bloody and terrible battles.

8me Année. N° 208 15 Août 1868.
ABONNEMENT ANNUEL
France. . . . . 18 fr.
Étranger. . . . 20 fr.
L'Année parue. 25 fr.
L'ART POUR TOUS
ENCYCLOPÉDIE DE L'ART INDUSTRIEL ET DÉCORATIF
Paraissant les 15 et 30 de chaque mois.
PUBLIÉ SOUS LA DIRECTION DE M. C. SAUVAGEOT | FONDÉ PAR M. ÉMILE REIBER, ARCHITECTE
A. MOREL
ÉDITEUR
13, rue Bonaparte
Paris.

XVIe SIÈCLE. — CÉRAMIQUE FRANÇAISE.
(ÉPOQUE DE HENRI II.)

GRAND PLAT ÉMAILLÉ
DE BERNARD PALISSY.

(COLLECTION DE M. LE BARON DE ROTHSCHILD.)

1882

Le sujet principal de ce grand plat, dont on ne connait, parait-il, que deux exemplaires, est l'éternelle Diane chasseresse, dont les artistes de la Renaissance ont tant usé et même abusé. La déesse est ici appuyée sur un cerf et entourée d'une meute de chiens. D'une main elle tient son arc et de l'autre une flèche ou javelot; elle est peu vêtue.

Dans la bordure du plat sont disposées huit parties creuses destinées à contenir le sel, le poivre et les épices. Ces parties sont revêtues d'un émail coloré et brillant. L'espace qui existe entre les *salières* est orné de mascarons alternés et représentant une tête de satyre et une tête de chérubin ailé. Ajoutons que l'ensemble de cette pièce est d'un éclat et d'une harmonie remarquables.

这个大盘子现存两个复制品，它的主题是"永恒的女猎人黛安娜（Diana）"，文艺复兴时期的艺术家经常使用这个主题，甚至滥用成灾。图中，女神靠着雄赤鹿，四周围着一群猎犬，一手拿弓，一手持剑，衣裳单薄。

盘子的边缘有八个凹槽，用来装盐、胡椒粉和调味香料，上面盖着五颜六色、闪闪发光的搪瓷盖。凹槽之间交替装饰着代表萨蒂尔（Satyr）和带翅膀小天使头部的面具。整体来看，这件作品因其辉煌的成就和协调的构造而备受瞩目。

The main subject of this large dish, of which, it appears, but two copies exist, is the eternal Diana the huntress, a subject which the artists of the Renaissance have so much used and abused. Here the goddess is leaning on a hart and surrounded with a pack of hounds. In one hand she holds her bow and in the other an arrow or javelin. She has rather a scanty dress.

Along the rim of the dish are disposed eight hollow spots destined to contain salt, pepper and spices. Those parts are covered with a coloured and shining enamel. The room between those *salt-boxes* is ornated with alternating masks representing satyrs' and winged cherubs' heads. Let us add that the ensemble of this piece is remarkable both for its eclat and its harmony.

ANTIQUITÉ. — CÉRAMIQUE GRECQUE. ORNEMENTS COURANTS. — FRISES DÉCORATIVES.

1883

1884

1885

Ch. Chauvet, del. 1886 Strasbourg, typ. G. Silbermann.

Ces ornements sont peints sur divers vases en terre, de fabriques Grecques et Haliotes, donnés à la Bibliothèque impériale par le duc de Luynes.

据鲁尼斯（Luynes）公爵在《皇家图书馆》中的记载，各种各样的希腊和“Haliotic”花瓶黏土上都有这类装饰物。

These ornaments have been painted on divers vases of clay and of Greek and Haliotic manufactures, given to the *Bibliothèque Impériale* by the duke of Luynes.

ANTIQUITÉ. — CÉRAMIQUE GRECQUE.

PEINTURE SUR UN VASE TROUVÉ A AGRIGENTE.

BIBLIOTHÈQUE IMPÉRIALE. — SALLE DE LUYNES.

Ch. Chauvet, del.

4887

Strasbourg, typ. G. Silbermann.

VULCAIN CHEZ LES DIVINITÉS DE LA MER

(GRANDEUR DE L'EXÉCUTION).

XVIe SIÈCLE. — TYPOGRAPHIE LYONNAISE.
(ÉPOQUE DE CHARLES IX.)

FRONTISPICES. — ENCADREMENTS.
MARQUES D'IMPRIMEURS.

1888

Dans cette composition de haut style, une des belles œuvres typographiques du XVIe siècle, on remarque à la base l'Ignorance figurée par un personnage aux oreilles d'âne, ayant à droite et à gauche la Misère et l'Envie, ses compagnes inséparables. Au sommet du frontispice et par opposition à cette image désolante, on voit Clio, la muse de l'histoire, entourée de deux personnages figurant le Passé et le Présent. Deux Renommées sont aux extrémités. Dans les parties verticales, le Temps et la Renommée sont vaincus et enchaînés. Au centre de l'encadrement, existe la marque de l'imprimeur Jean de Tournes, avec la belle devise qu'il avait adoptée.

这个款式时髦的物件是16世纪版式最好的工艺品之一。底部刻有一个长着驴耳朵的人物，象征着“无知”。在他左右两侧，分别是“贫穷”和“嫉妒”，是他的两个密不可分的伙伴。与这个悲惨的人物相比，顶部可以看到克莱奥（Clio），身旁有两个人分别代表着“过去”和“现在”。在垂直部分，“时间”和“名望”两位神灵被链条束缚。在整个框架中间，印刷工让·德·都赫奈（Jean de Tournes）刻了一些符号，并加上了优美的格言。

In this composition which is of a high style and one of the fine typographic works of the XVIth century, Ignorance is seen at the bottom, figured by a personage with asinine ears, having on his right and left hands Poverty and Envy, his two inseparable companions. At the top and in contradistinction to that afflicting image, we see Clio, the muse of history, accompanied by two personages embodying the Past and the Present. Two Fames occupy the extremities. In the vertical portions, Time and Fame are discovered vanquished and chained. In the centre of the frame is seen the token of the printer Jean de Tournes, with the beautiful motto by him adopted.

XIVe SIÈCLE. — FABRIQUES ALLEMANDES. **MOBILIER. — COFFRE EN BOIS SCULPTÉ.**

(COLLECTION DE M. ALFRED GÉRENTE.)

1889

Au moyen âge, les coffrets n'étaient parfois, comme celui-ci, que de bois et ne prenaient de valeur que par le précieux, la délicatesse et le bon goût des sculptures dont ils étaient couverts. Le coffret ci-dessus, très-simple comme matière, est en revanche des plus riches comme travail : il est en bois de châtaignier, avec anses, serrures et charnières de fer. Il est divisé par bandes dans lesquelles s'inscrivent des cercles ou médaillons contenant des animaux et des figures. Les écoinçons sont ornés de feuillages. La partie que nous présentons est le dessus du coffre. (Voy. dans le *Dictionnaire du mobilier français*, par E. Viollet-le-Duc, une plus longue description.)

在中世纪，衣柜有时只是由普通的木材制成，本身没什么价值，但是它外部的雕刻物样式丰富，造型美观，值得考究。上图中的柜子所用木材很普通，制造过程却相当复杂。主板用栗木，把手、锁以及铰链用的都是铁。嵌条将其划分成不同的区域，每个小区域都刻有圆环或圆形浮雕，上面雕刻着野兽和人物。角撑上用叶子的图案进行装饰。上图再现的只是衣柜的顶部。（详细介绍参见《家具法语词典》）

In the Middle Ages, chests were sometimes, like the actual one, made of simple wood and had no value but for the richness, fineness and good style of the carvings wherewith they were covered. The above coffer, very common as to its materials, is by way of compensation one of the richest as far as the working goes : it is of chesnut-wood, with handles, locks and hinges in iron. It is partitioned by bands and in the divisions are sculpted circles or medallions which contain some beasts or figures. The angle-ties are ornamented with foliages. The part here reproduced is the top of the chest. (See in the *Dictionnaire du mobilier français* a more complete description.

XVIe SIÈCLE. — ORFÉVRERIE ALLEMANDE ET FRANÇAISE.
(A LA BIBLIOTHÈQUE IMPÉRIALE.)

MONTURES DIVERSES DE CAMÉES,
GRANDEUR DE L'EXÉCUTION.

1890 1891 1892 1893 1894 1895 1896 1897 1898

Ces neufs camées, de formes et de dispositions variées, font partie des collections de la Bibliothèque impériale.

Les fig. 1890 et 1892 sont des bustes de profil de Jules César. Les montures sont en or émaillé, enrichies de pierreries d'un grand éclat. Les fig. 1896 et 1898 représentent deux impératrices inconnues. La monture de la première est en or émaillé et celle de la seconde en or émaillé également, mais enrichie de six émeraudes et de deux rubis.

这九个浮雕形状和设计不尽相同，在《皇家图书馆》合集中都有记载。

图 1890 和图 1892 展示的两款浮雕描绘了凯撒大帝的形象，外框的材质是珐琅彩金，并用闪闪发光的宝石进行装饰。图 1896 和图 1898 描绘了两位不知名的女皇，这两幅图中的浮雕都是以珐琅彩金铸框，不同的是后者的外框上装饰有六颗绿宝石和两颗红宝石。

These nine cameos, with different shapes and dispositions, are a part of the collections of the *Bibliothèque impériale*.

Figures 1890 and 1892 are profile busts of Julius Cæsar. The settings in enamelled gold are embellished with precious stones of a great brilliancy. Figures 1896 and 1898 represent two empresses unknown. The mounting of the first is in enamelled gold as well as that of the second, but the latter is enriched with six emeralds and two rubies.

XVe SIÈCLE. — CÉRAMIQUE ITALIENNE.
(FABRIQUE D'URBINO.)

GOURDE OU BOUTEILLE DE CHASSE
EN FAIENCE ÉMAILLÉE.

(COLLECTION DE M. BASILEWSKI.)

1899

Les couleurs employées à la décoration de cette gourde sont celles que l'on retrouve sur la plupart des pièces fabriquées à Urbino. Le fond général est blanc et les chimères et ornements sont jaunes et bleus. La figure du médaillon central s'enlève sur le noir. Les masques qui existent de chaque côté, et dont les cornes en volute servent à passer le lacet de suspension, sont jaunes avec hachures vertes. Un pas de vis existe dans la terre pour pouvoir fixer le bouchon ou couvercle. Dimensions de l'objet, 43 cent. sur 28.

这个葫芦形器皿黏土上的装饰物色彩斑斓，和乌尔比诺（Urbine）出土的大部分工艺品颇为相似。底色为白色，镶嵌物和装饰花纹分别为黄色和蓝色。中间的圆形浮雕上人物的背景色为黑色。两边的面具带有黄绿线，扭曲的角是为了让带子从中穿过。瓶口被挖空，用来放塞子或盖子。它的尺寸为 43 厘米 ×28 厘米。

The colours used in the decoration of this clay bottle-gourd are the same which are found on most of the pieces manufactured at Urbino. The general ground is white, and the chimeræ and ornaments are yellow and blue. The figure of the central medallion detaches itself on a black ground. The masks on both sides, the twisted horns of which are made use of to slip the suspension ribbon through them, are yellow with green hatchings. The furrow of a screw has been hollowed into the clay in order to settle the stopper or lid. Dimensions of the object : 43 centimetres by 28.

XVIe SIÈCLE. — FABRIQUE MILANAISE. CAPARAÇON DE PARADE.

(COLLECTION DE M. SPITZER.)

Nous avons montré dans la sixième année de l'*Art pour tous*, page 672, le côté principal, la face, pour ainsi dire, de ce somptueux caparaçon destiné à parer la monture les jours de grande cérémonie. La partie que nous présentons aujourd'hui est le côté gauche, peu dissemblable du côté droit. Les ornements de ces deux faces sont un peu plus petits d'échelle que ceux de la partie s'appliquant au poitrail du cheval, mais ils sont, comme ces derniers, en cuivre doré et fixés sur fond de velours.

Le sujet principal, au centre de l'objet, dans un médaillon supporté par une tête humaine, représente Jupiter entouré des dieux de l'Olympe. Plus haut, au centre d'un des réseaux, se voit un grand masque humain, flanqué à droite et à gauche de deux cartouches avec cornes d'abondance, au centre desquels on voit un cavalier armé avec une ville pour fond.

Ce caparaçon devait, à n'en pas douter, produire un grand effet lorsque le cheval *monté par son cavalier* paradait dans un tournoi du temps.

❀

我们在《艺术大全》第六年672页中已经看到过这个华丽的马披的主要部分，过去它的作用就是用来装饰马匹。我们现在看到的部分是它的左侧边，与右侧边稍有不同。与用来保护马的胸膛的马披相比，两侧马披的装饰物比较少，但它们都由鎏金铜制成，固定在天鹅绒质地的底衬上。

We have shown, in the sixth year of the *Art pour tous*, p. 672, the principal side, the face, so to say, of this sumptuous caparison destined to adorn the horse in state-days. The portion we present to-day is the left side little dissimilar to the right one. The ornaments of those two sides are given on a little smaller scale than those of the part which was laid on the nag's breast; but they are, like the latters, in copper gilt and fixed on a velvet ground.

The principal subject in the medallion of the centre of the object, supported by a human head, represents Jupiter surrounded by the olympian gods. Higher still, in the centre of the network, a large human mask having on both sides a cartouch with cornucopiæ in the middle of which is delineated an armed horseman with a city in the back-ground.

This caparison ought doubtless to have produced a grand effect when the horse with its master on its back was prancing in a tournament of that epoch.

❀

马披中间的圆形浮雕由一个人头托着，描绘的是被奥林匹斯山众神包围的朱庇特（Jupiter）。再往上一点是一个大的人类面具，两边各有一个带有羊角的涡卷形装饰物，刻画了一位手持武器的骑士，画面的背景是一座城市。

毫无疑问，这种马披对于那个时代的骑士在比赛中策马前行产生了巨大影响。

1900

XVe SIÈCLE. — TRAVAIL ITALIEN.

BRODERIE. — MOUCHOIR DE BATISTE.

(ANCIENNE COLLECTION LE CARPENTIER.)

1904

Cette broderie naïve, mais non dépourvue de mérite et de charmes, est sans doute l'œuvre patiente d'une dame, d'une châtelaine aux goûts artistes. Quoi qu'il en soit, elle intéresse à plus d'un titre. Elle est d'abord âgée de près de quatre siècles, et aux yeux d'un très-grand nombre c'est là une qualité incontestable. Ensuite elle est d'une fort belle exécution. La bordure est tout entière en soie rouge au petit point de tapisserie. Les pleins sont bien combinés avec les vides et on aime à regarder ce peuple d'animaux, élément principal de la bordure. La figure centrale est composée de satyres, de figures humaines, d'anges ailés et d'animaux d'espèces différentes formant un ornement courant.

这幅刺绣虽然看起来简单，但并不缺乏吸人眼球的独到之处。作品的作者是一位尊贵的别墅女主人，她看起来像一个艺术家，耗费心力，潜心绣制了这幅作品。不管怎样，这幅绣品着实很有趣。首先，它大约有400年的历史，在许多人看来，这无疑是一件高质量的作品。其次，作者绣工精细，整幅刺绣通过短针手法用红绸包边。装饰和留白对比鲜明，边缘部分的主要装饰物是猖獗的动物。中间部分绣有森林之神、人头、带翅膀的天使以及多种动物，使绣品看起来灵动活泼。

This piece of embroidery, simple but devoid neither of merit nor of charm, is doubtless the patient work of a lady, of the noble and artist-like mistress of a castel. Be that as it may, it is interesting on more than a score. First it is four centuries old or thereabout, and in the mind of a great many people this is an incontestable quality. Then its execution is very fine. The entire border is of a red silk and in tapestry short stitch. The ornaments and voids stand in good contrast, and one likes to see the rampant beasts which are the chief element of the border. The central part is composed of satyrs, human heads, winged angels and animals of different species, which form a running ornamentation.

1902

1903

1904

1905

L'ensemble du meuble, fig. 1902, est gravé au cinquième de l'exécution. Le plan, ou coupe horizontale, fig. 1904, fait à la hauteur de A-B, est au huitième. Les fig. 1903, 1905, montrent les deux panneaux sculptés qui se voient sur les côtés. Un aspect de puissance et d'élégance joint à une exécution extrêmement soignée, sont les qualités principales qui font remarquer ce meuble et le distinguent des crédences de même époque parvenues jusqu'à nous.

图 1902 呈现的是这套橱柜经过第五次加工后的模样。图 1904 是从 A 到 B 的水平截面，只有橱柜的八分之一。图 1903 和图 1905 展示的是边上两块精心雕刻的嵌板。这套碗柜雕刻生动、造型优美，正是这些出彩的特征使它从同时代的众多橱柜中脱颖而出。

The ensemble of this credence, fig. 1902, is engraved on the fifth of the execution. The plan or horizontal section, fig. 1904, going up to A-B, has only an eighth of the object. Figures 1903 and 1905 show the two carved panels of the sides. A look of vigour and elegance to which is added quite a careful execution, such are the principal qualities remarkable in this object and which distinguish it from the credences of the same epoch that have come to us.

XIVe SIÈCLE. — FABRIQUE ITALIENNE.

INSTRUMENTS DU CULTE.

ORFÉVRERIE. — ENCENSOIRS

EN CUIVRE TRAVAILLÉS A JOUR.

(COLLECTIONS DU MUSÉE DE CLUNY, A PARIS.)

The general shape and even the ornated details of these two censers are borrowed from the forms used in the architecture of the xivth century. It is not, besides, the first time we find objects of the same nature and destination bearing the architectural stamp of the epoch in which they were manufactured; but nowhere, do we think, so servile an imitation may be seen as in those censers. Both show, for a crowning, a kind of tower or steeple with apertures as seen in many mediæval churches of France and other countries. In the centre of fig. 1906, is seen a round of openings cut out in the shape of mullioned windows capped with an ogive in whose centre a four-leaved rose is cut. Buttresses with small bell-turrets divide the apertures from each other. In fig. 1907, the centre is a very openworked gallery, with intermediate towers embattled and being themselves hollowed up to the top of the gallery. A four-lobed rose is seen ornating the carved upper part of each bower. Here and there, on both objects, may be marked engraved ornaments completing that which the only lines of the censers could have left, as it were, unfinished.

1906

1907

这两个香炉的外观形状和装饰细节都借鉴了 14 世纪的建筑风格。此外，这已经不是我们第一次发现，性质和用途相同的工艺品在制造过程中都会受到同时代建筑风格的影响。但是在这两个香炉中，我们并没有发现有哪些地方是在刻板的模仿。这两个香炉都展示出一座高耸的塔楼或尖塔，就像我们见到的中世纪法国和其他国家的教堂那样。在图 1906 的正中间，有一连串的开口，形状像竖框窗户，带有尖形拱顶，拱顶中央是四瓣花的切面花样。带有小钟楼的扶壁将孔分隔开来。在图 1907 中，香炉中间是镂空的走廊，还有一些中空的塔楼，向上直达走廊的顶层。每个凉亭的上方都有精雕细琢的四瓣花进行装饰。通过观察雕刻在这两个香炉上的雕刻物，我们发现还有一些线条尚未完成。

La forme générale et même les détails ornés de ces deux encensoirs sont empruntés aux formes usitées dans l'architecture du XIVe siècle. Ce n'est pas, du reste, la première fois que nous rencontrons des objets de cette nature et de cette destination ayant subi une influence architecturale de l'époque qui les vit fabriquer ; mais nulle part, il nous semble, on ne peut en voir d'aussi servilement imités. L'un et l'autre nous montrent comme couronnement des espèces de tours ou clochers percés de baies et comme on en peut voir dans mainte église française ou étrangère du moyen âge. Dans la fig. 1906, on voit au centre une série d'ouvertures découpées en forme de fenêtres à menaux et surmontées d'un gâble découpé d'une rose à quatre feuilles. Des contre-forts à clochetons séparent chacune des ouvertures. Dans la fig. 1907, le centre est une véritable galerie ajourée, interrompue par des tours crénelées et évidées elles-mêmes à la hauteur de la galerie. Un quatre-feuilles vient orner le sommet découpé de l'arcature. Ça et là, sur les deux objets, on remarque des ornements gravés au burin et complétant ce que les lignes seules de l'objet eussent laissé en quelque sorte inachevé.

8me Année. — N° 211 — 30 Septembre 1868.

ABONNEMENT ANNUEL
France. . . . . 18 fr.
Étranger. . . . 20 fr.
L'Année parue. 25 fr.

L'ART POUR TOUS

ENCYCLOPÉDIE DE L'ART INDUSTRIEL ET DÉCORATIF

Paraissant les 15 et 30 de chaque mois.

PUBLIÉ SOUS LA DIRECTION DE M. C. SAUVAGEOT | FONDÉ PAR M. ÉMILE REIBER, ARCHITECTE

A. MOREL
ÉDITEUR
13, rue Bonaparte
Paris.

XVIIIe SIÈCLE. — FABRIQUE FRANÇAISE.

(ÉPOQUE DE LOUIS XVI.)

PENDULE INCRUSTÉE DE DIAMANTS,

AYANT APPARTENU A MARIE-ANTOINETTE.

(COLLECTION DE M. L. DOUBLE.)

Cette pendule est en lapis-lazuli incrusté de diamants, et elle appartenait à Marie-Antoinette, reine de France, ainsi que l'atteste une inscription gravée sur une plaque d'or.

La partie médiane de l'urne glisse sur elle-même et vient marquer l'heure sous le dard du serpent, emblème de l'éternité.

On remarque sur le socle de la pendule, et conçu dans l'esprit de l'époque, un médaillon contenant un carquois et une torche, suspendus en bandoulière par un nœud d'amour littéralement couvert de pierreries.

Ce petit monument, commode, bien conçu et parfaitement ciselé, réparé et doré, est une œuvre qui caractérise assez bien l'art industriel de la fin du XVIIIe siècle dans ses qualités et ses défauts. Elle est de plus un souvenir historique infiniment précieux, et nous croyons que, pour son possesseur actuel, c'est en grande partie à ce titre qu'il est l'objet de ses préférences d'amateur et de collectionneur.

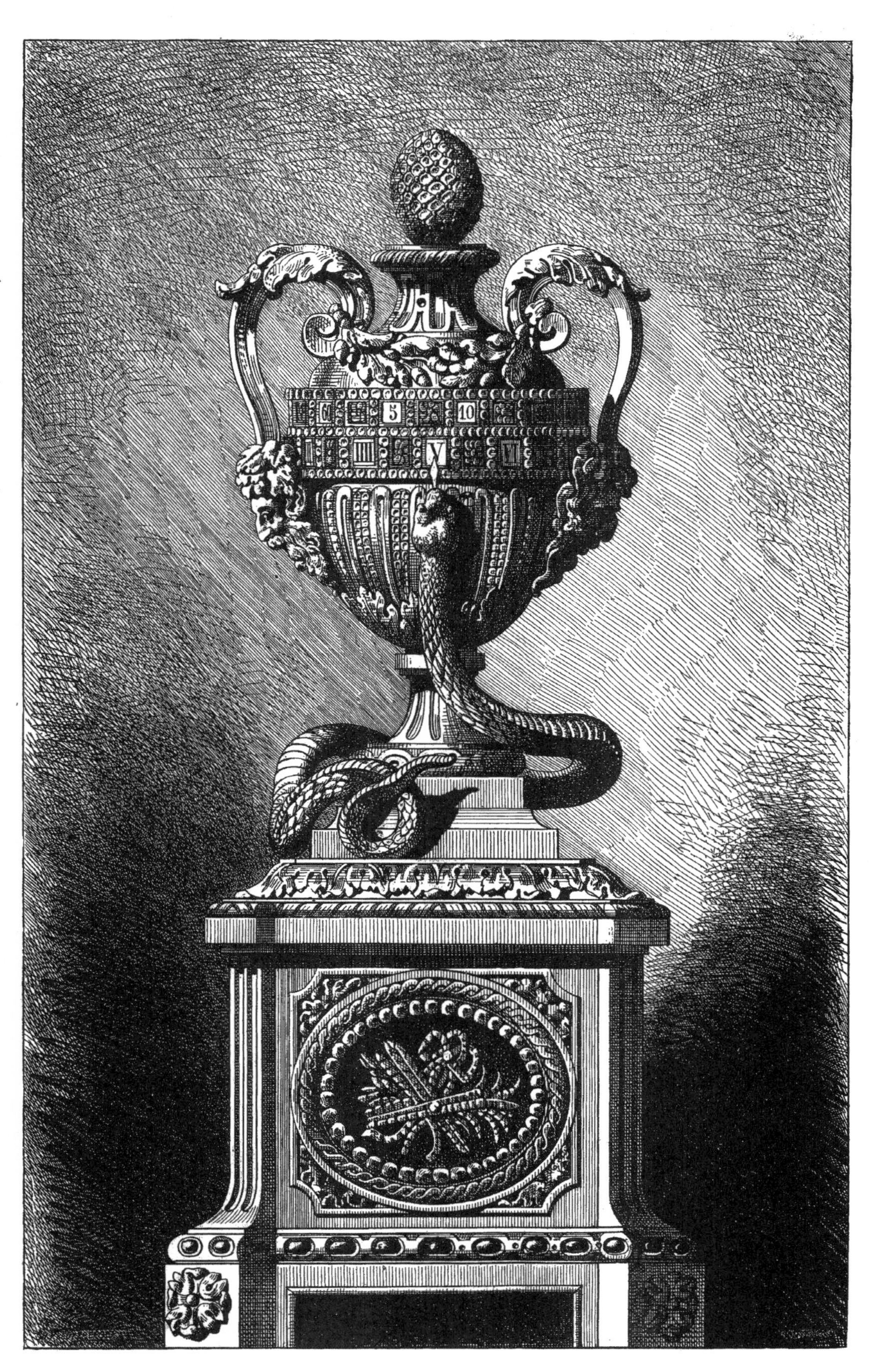

This time-piece, in lapis lazuli inlaid with diamonds, belonged to Marie-Antoinette queen of France, as attested by an inscription engraved on a golden plate.

The middle part of the urn moves round by means of a revolving disposition and indicates the hour under the dart of a serpent enblem of the eternity.

On the pedestal, a medallion is seen made in the style of the epoch and which contains a quiver and a torch slung together by a Love's knot; it is literally covered with precious stones.

This little fabric commodious, well contrived and excellently chased, restored and gilt anew, is a work which characterizes pretty well the industrial art of the end of the XVIIIth. century, with its qualities and defects. It is, besides, a historical and extremely precious memorial; and we believe it is on this special score that its present owner gives to the object all his preference as amateur and collector.

这个座钟由镶有钻石的天青石制成，归法国王后玛丽·安托瓦内特（Marie-Antoinette）所有，刻在金板上的题词可以证实这一点。

盒子中部借助旋转装置自行滑动，代表永恒的巨蛇盘绕在下方，用舌头指向时刻表。

基座上的圆形浮雕很符合那个时代的特点，上面悬挂的箭袋和火炬固定在一起，表面镶满了宝石。

这个小件文物结构合理、设计巧妙、雕刻精细，经过镀金修补，充分展现了18世纪末期工业艺术的特点。此外，它还是一个及其珍贵的历史纪念碑，正是因为这一独特性使得它现在的拥有者对其无比珍视，小心收藏。

XVIIe SIÈCLE. — TRAVAIL ESPAGNOL.

(COLLECTION DE M. DE MONBRISON.)

MEUBLES. — COFFRE AVEC ARMATURE EN FER SUPPORT EN BOIS.

1909

Le panneau principal de ce coffre s'abat sur des coulisses attenantes au pied ; il n'est donc pas nécessaire de descendre le coffre, de le mettre à terre pour l'ouvrir. La forme du meuble est rectangulaire et sans aucune moulure. Tout le mérite et l'intérêt consistent dans le beau travail de l'entrée de la serrure, dans les poignées ornées, dans les pentures découpées et les bordures si délicates qui préservent et renforcent les angles. Le pied, il faut le dire, contribue aussi considérablement à donner à l'ensemble du meuble un caractère auquel nous ne sommes pas habitués et qui rappelle d'autres usages que les nôtres.

Ces sortes de meubles se plaçaient dans les appartements et s'adossaient au mur, comme l'indiquent les traverses inférieures du pied ornées seulement sur la face principale.

这个柜子的主面板可以顺着凹槽滑下，这样开柜时就不用把它拿下来放到地上。这件家具为矩形，没有装饰线脚。柜锁设计巧妙，把手、保险开关吸人眼球，精美的边框可以保护柜角，让它更加坚固，这些都使其品质高端，十分有趣。我们必须提到的一点是，它的柜角在很大程度上增添了它的特殊性，使其看起来与众不同，给我们留下更加深刻的印象。这类柜子常常放置在公寓的房间里，背面靠墙，如脚部下面的横杆所示，只在前面带有装饰。

The principal panel of this coffer slides down along some grooves which are adapted to its foot; and so it is not required to take down the chest and place it on the ground in order to open it. This piece of household furniture is rectangularly shaped and without mouldings. Its whole merit and interest consist in the fine workings of the lock's opening, in the ornated handles, in the cut out iron-work and in the so delicate borders which defend and strengthen the angles. The foot, too, we must say, contributes to a great extent to give the ensemble of that piece of work a character to which we are not accustomed and which calls to mind other uses than ours. The objects of that kind were put in inhabited rooms, their backs against the wall, as shown by the lower cross-bars of the foot, which are only ornamented on the front-side.

ANTIQUITÉ. — CÉRAMIQUE GRECQUE.

VASES. — AMPHORES, AMPHORISQUES, HYDRIES.

A M. CASTELLANI.

希腊人和罗马人称这些带有两个把手的赤土花瓶为双耳瓶。拉丁人用“diota”和“testa”这两个术语来命名这种花瓶。一般情况下，大部分双耳瓶都有一个尖头，因此，为保持直立，需要在地上挖一个洞来支撑它。通常情况下，它容量很大，用来装水、啤酒、油、橄榄油等。对罗马人来说，这种双耳瓶更常用作液体计量单位。

我们复制的这五个花瓶与古时那些底部有尖头的双耳瓶差异很大，正如我们所说，这类陶艺反映了人类世界更高程度的文明。其中，它巧妙的结构、独特的构思、精心的设计使之成为一大奇迹。

1940

1911

Les Grecs et les Romains donnaient le nom d'amphore à une espèce de vase en terre cuite muni de deux anses. Les termes *diota* et *testa* étaient également usités chez les Latins pour désigner cette sorte de vase. Le plus ordinairement les amphores se terminaient en pointe; aussi était-on obligé pour les faire tenir debout de creuser un trou dans la terre. En général, elles étaient d'une capacité assez considérable et servaient à renfermer l'eau, le vin, l'huile, les olives, etc.

Chez les Romains, l'amphore était encore l'unité de mesure pour les liquides.

Les cinq vases que nous présentons ici sont loin déjà des amphores primitives, terminées en pointe, que nous citions plus haut : ce sont des pièces de céramique qui révèlent une haute civilisation, et dans lesquelles la forme savante et très-étudiée se prête à merveille à recevoir les peintures si remarquables et si intéressantes qui les décorent.

1912

1913

Greeks and Romans gave the name of amphora to certain vases in terra-cotta, furnished with two handles. The terms of *diota* and *testa*, were used likewise by the Latins to designate that kind of vases. Most commonly amphoræ had a pointed end and so, to have them keeping upright, was it necessary to dig a hole into the ground for them. Generally they were capacious vessels and were to contain water, wine, oil, olives, etc. With the Romans, the amphora was moreover the unit of mesure for liquids.

The five vases, which we reproduce, are already far from the primitive bottom-pointed amphora, which we were just speaking about: they are pieces of the ceramic art that reveal a high state of civilization, and in which the masterly and very well studied form is marvellously contrived so as to receive the so remarkable and so highly interesting pictures with which the are decorated.

1914

ANTIQUITÉ. — ORFÉVRERIE ROMAINE.

(COLLECTIONS DE LA BIBLIOTHÈQUE IMPÉRIALE.)

BIJOUX. — PENDANTS D'OREILLES EN OR,

RECUEILLIS ET DONNÉS PAR LE DUC DE LUYNES.

Tous ces pendants d'oreilles, variés à l'infini, sont exécutés en or avec filigranes et pierres précieuses. La fig. 1917 représente une colombe suspendue à un anneau orné d'une pâte de verre imitant le grenat et posée sur une base carrée. La fig. 1915 montre un petit génie suspendu à l'anneau, fermé lui-même par une tête de satyre. Le motif de la fig. 1918 est un panier rempli de fleurs, et celui de la fig. 1920 un vase à deux anses avec guirlandes en filigrane suspendues à une rosace. A la fig. 1921, on voit une tête de panthère, et 1923 une clochette hexagone avec guirlande de pampres.

这些耳坠种类各不相同，都是用金子制成的，上面装饰有金银细线及宝石。图 1917 展示的耳坠，一只鸽子悬挂在圆环下面，鸽子头上方贴了一块玻璃制品，用来冒充石榴石，鸽子脚下则在一块方形基座上。图 1915 描绘的画面是一个精灵悬挂在圆环下面，而圆环的开口处镶有萨蒂尔（Satyr）的头。图 1918 的画面是一个装满了鲜花的篮子，而图 1920 描绘的是一个双耳花瓶悬挂在银质花环下面，花环中间刻有一朵玫瑰花。图 1921 展示了一个美洲豹的头，图 1923 中是一个六边形手铃，上面装饰有葡萄藤花环。

All these ear-drops, which vary to infinity, are executed in gold with filigrees and precious stones. Fig. 1917 represents a dove suspended to a ring ornated with a glass paste imitating the garnet, and put on a square basis. Fig. 1915 shows a little genius hanging from the ring which is itself shut by a satyr's head. The motive of fig. 1918 is a basket full of flowers, and that of fig. 1920, a vase with two handles and with wreaths in filigrane suspended to a rose. In fig. 1921 is seen a panther's head, and in 1923, a six-angled hand-bell with a garland of vine-branches.

8me Année. N° 212 15 Octobre 1868.

ABONNEMENT ANNUEL
France. . . . . 18 fr.
Étranger. . . . 20 fr.
L'Année parue. 25 fr.

L'ART POUR TOUS
ENCYCLOPÉDIE DE L'ART INDUSTRIEL ET DÉCORATIF
Paraissant les 15 et 30 de chaque mois.
PUBLIÉ SOUS LA DIRECTION DE M. C. SAUVAGEOT | FONDÉ PAR M. ÉMILE REIBER, ARCHITECTE

A. MOREL
ÉDITEUR
13, rue Bonaparte
Paris.

XVII° SIÈCLE. — CÉRAMIQUE PERSANE.

A M. DE BEAUCORPS.

ACCESSOIRES DE TABLE. — FAIENCE ÉMAILLÉE.

VASE. — BURETTES. — AIGUIÈRES.

The Persian ceramic artist seems here to have troubled himself very little about the form. It is simply a fragment of a cylinder that he made use of for the two lower objects, some tankards with a handle, and in the upper figure we see the plainest shape of a common jug. And, for sooth, if you have at your command the eclat of the colours and of the Persian enamel, where is the need of overworking yourself about the form? When the painter had done with them, were not these vases indued with value enough, and that only by the flowers which so harmoniously ornament their straight or convex bellies? Are they not agreeable to look at, and do they not present a cheerful sight? Well, the conclusion to be drawn is that plain forms are often readier than refined ones, to receive a polychromic decoration, with or without enamel.

The ground of the three objects here presented is white, and the colours used are the primary ones, blue, red, and green.

1924

波斯的陶瓷艺术家不怎么关注作品的造型。下方图片中的大啤酒杯由简单的圆柱体和一个把手构成。上方的图片展示的是最简单、最常见的水壶造型。如果你有机会改造它们，你会在哪些地方加上色彩斑斓的瓷釉呢？难道艺术家完成作品后，非要周身加了匀称的花饰才能使它们具有一定的价值么？它们不能振奋人心，使人乐于观赏么？得出的结论就是造型简单的物品比造型精致的更容易上色和增添多彩的装饰。

这里展示的三件物品底色都是白色，装饰所用的颜色是蓝、绿、红三原色。

1925

1926

Le céramiste persan semble ici s'être peu inquiété de la forme. Pour les deux figures inférieures, sorte de brocs munis d'anses, c'est simplement un tronçon de cylindre qu'il emploie, et dans la figure du haut, c'est la forme usuelle des pots réduite à sa plus simple expression. Quand on a à son service l'éclat des couleurs et de l'émail persan, à quoi bon, en effet, se préoccuper trop de la forme? Ces vases, en sortant de la main du peintre, ne prennent-ils pas une valeur assez grande par les seules fleurs qui ornent si harmonieusement leurs panses droites ou bombées? Ne sont-ils pas agréables à la vue et n'offrent-ils pas un aspect réjouissant? Il faut en conclure que les formes simples se prêtent souvent mieux que les formes recherchées à recevoir une décoration polychrome, émaillée ou non.

Le fond des trois objets présentés ici est blanc et les couleurs sont les couleurs primordiales, bleu, rouge, vert.

XIIe SIÈCLE. — ORFÉVRERIE ALLEMANDE. RELIQUAIRE EN CUIVRE DORÉ.

(COLLECTION DE M. BASILEWSKI.)

1927

La structure de ce reliquaire est élégante et bien conçue. Par sa richesse de décoration, par le bon goût des ornements et l'agencement ingénieux de pierres fines et de plaques émaillées, il ne le cède à aucune pièce de ce temps, où l'orfévrerie religieuse avait déjà atteint une véritable perfection.

这座圣祠的结构典雅，设计巧妙，它上面的装饰物种类丰富、造型美观，宝石和搪瓷盘安排巧妙。在宗教艺术已经达到顶峰的时代，这座圣祠的价值位居榜首。

The structure of this shrine is elegant and well contrived. By the richness of its decoration, the good style of its ornaments, and the ingenious arrangement of both precious stones and enamelled plates, it is second to no piece of that epoch, wherein the goldsmith's art in religious objects had already reached a real perfection.

XVIIIe SIÈCLE. — FABRIQUES FRANÇAISES. (ÉPOQUE DE LA RÉGENCE.)

MEUBLES. — CARTEL AVEC SA GAINE, AU DIXIÈME DE L'EXÉCUTION.

On ne fait plus aujourd'hui de ces horloges à longues gaînes, d'un caractère si décoratif et si parfaitement en harmonie avec les lambris des appartements. L'horloge des XVIIe et XVIIIe siècles est devenue l'inévitable pendule qui se dresse sur chaque cheminée de nos chambres, salons ou cabinets. C'est là un fait regrettable assurément, mais qui s'explique par l'exiguïté de nos appartements modernes autant que par la variation du goût. Pour qu'un meuble comme celui que nous montrons ici ne fasse pas tache dans une pièce, c'est-à-dire pour qu'il soit en harmonie avec la décoration générale, il lui faut comme accompagnement autre chose que nos pauvres lambris modernes et nos vulgaires papiers peints; il lui faut, en un mot, une boiserie aux solides moulures, aux lignes sévères et étudiées, aux tons harmonieux et calmes; il lui faut de l'espace et un plafond qu'on ne puisse toucher de la main : toutes choses, hélas! qu'on ne fait plus guère dans nos appartements bourgeois. La pendule a donc sa raison d'être, on ne peut le nier; mais nos architectes et tous nos artistes sans exception regrettent, nous en sommes certain, la disparition de ces belles horloges à gaînes que l'on voyait partout autrefois et qu'on retrouve seulement aujourd'hui, mais ramenées à des formes extrêmement simples et souvent laides, au fond des campagnes.

❀

如今，这种带长柜的钟表已经不生产了。它装饰性作用极强，在17世纪和18世纪是壁炉架的必要装饰物，如今几乎销声匿迹，着实让人遗憾。但这一现象并不难解释，现代房间普遍较小，潮流趋势不断变化。装饰品不能成为房间里奇怪的污点，也就是说，要与房间整体的装修风格相一致。例如这里展示的钟表，需要有其他同类型的物件相伴，而不是现代的嵌板和彩色的壁纸。总的来说，它需要线条坚固的嵌壁，测量精密的轮廓线以及高高的天花板。这一切都很难在我们现在的房间中看到。

1928

In these days of ours, the long-cased clocks are no more manufactured, with so decorative a style and in so perfect a keeping with the wainscot of the rooms. The ornamental clock of the XVIIth and XVIIIth centuries has become the inevitable decoration of each chimney-piece of our apartments. This is surely a fact to be deplored, but which is easily accounted for by the smallness of modern rooms as well as by the variableness of the fashion. Not to be a strange speck in one of our rooms, that is to say to be in keeping with its general decoration, a time-piece, such as the one which is shown here, requires indeed to be accompanied by other things than our poor modern panelling, and our vulgar painted paper; in a word, it requires a wainscoting with solid mouldings, with severe and well studied lines, and a ceiling which one's hand cannot reach : all things, alas! which are scarcely met with in our actual apartments. A time-piece is a rational ornament, nobody will gainsay it; but our architects and artists, without exception we are sure, do regret the disappearance of those fine sheathed clocks, which formerly were seen everywhere, and which are now only to be seen, but with very plain and often ugly forms, in remotest country-houses.

❀

钟表作为装饰物具有合理性，任何人都不会反对这一点。以前随处可见的时钟如今消失不见，即使有，也只能在偏远地区看到一些款式平平、毫无美感的残次品，我们相信建筑学家和艺术家对此定会感到痛惜。

XVIe SIÈCLE. — FERRONNERIE FRANÇAISE.

(ÉPOQUE DE HENRI II.)

MASCARONS DE PORTE EN FER REPOUSSÉ,

AUX DEUX TIERS DE L'EXÉCUTION.

AUX MUSÉES DU LOUVRE ET DE L'HOTEL DE CLUNY.)

1929

1930

1931

Deux de ces beaux mascarons en fer repoussé, les fig. 1929, 1930, se voient au musée du Louvre, collection Sauvageot. Le troisième, fig. 1931, appartient au musée de Cluny. Ils sont empreints tous les trois d'un très-beau et très-grand caractère; ils sont austères de travail et de composition, et conçus, il nous semble, selon les bonnes règles de la décoration. Le modèle est obtenu par plans, avec vigueur et netteté. Les ornements, palmettes et cartouches se lient avec bonheur au masque humain qui leur sert de point de départ. Évidemment ils doivent remonter au règne de Henri II, où le travail du fer semble en France avoir atteint sa plus grande perfection.

图 1929 和图 1930 中这两个精美的面具是由游离铁制成的，收藏在卢浮宫。图 1931 中的面具则收藏在克吕尼博物馆。这三者都展现了美丽大气的人物形象。它们的创作过程非常严谨，我们认为其理念符合优良装饰的标准。面具上的人物是参照平面图雕刻的，活力满满，清晰明了。棕榈叶和旋涡装饰等与人类面具完美契合。据记载，自亨利二世上台以来，铁在法国的应用达到了巅峰。

Two of these fine masks in drifted iron, fig. 1929 and 1930, are to be seen at the Louvre Museum, Sauvageot Collection. The third, fig. 1931, belongs to the Cluny Museum. All three present a very beautiful and grand character; their working and composition are severe, and their conception is, in our opinion, according to the very rules of the good decoration. The model, obtained through several planes, has both vigour and clearness. The ornaments, palm-leaves and cartouches, are in perfect unison with the human mask from which they radiate. They are evidently from Henry the Second's reign, when the working out of the iron appears to have reached in France its greatest perfection.

XVIe SIÈCLE. — FABRIQUES ITALIENNES.
(COLLECTION DE M. SPITZER.)

ARMES DÉFENSIVES. — BOUCLIER DIT DE CHARLES-QUINT,
EN FER REPOUSSÉ.

1932

1932 *bis*

Ce bouclier ou rondache en fer repoussé est avant tout une arme historique, et il est à peu près certain qu'elle a appartenu à l'empereur Charles-Quint. La scène qui occupe tout le champ de la pièce représente bien ce monarque recevant la couronne de fer. Le puissant empereur, déjà vieilli, est agenouillé, tête nue, devant une Minerve ou une Bellone; il s'apprête à recevoir la couronne qu'une sorte d'ange voltigeant lui apporte. Une ville importante se dessine dans le fond, tandis que la bordure du bouclier, ornée de figures en relief et d'ornements damasquinés, sert de cadre à la scène principale, dont les personnages sont très-saillants.

La fig. 1932 *bis* montre la coupe du bouclier.

这个铁制圆盾是古时的武器，基本可以断定它属于查理五世。盾牌上的画面描述的是一位国王被授予铁制王冠，已经年迈的国王正跪在密涅瓦（Minerva）和柏洛娜（Bellena）面前接受王冠，而这王冠似乎是由天使送过来的。背景是一个重要城市的概图，与此同时，盾牌的边缘装饰有灵动的人物及浮雕。中间主要场景中的人物刻画突出，而边缘部分则充当其边框。

图 1932 展示的是盾牌的垂直切面。

This buckler or round shield in drifted iron is above all a historical arm, as it has been, very near to a certainty, owned by Charles the Fifth. The scene which occupies the whole field of the object, represents that very monarch, presented with the iron crown. The mighty Emperor, rather old already and kneeling before a Minerva or Bellona, is on the point of receiving the crown which a kind of flying angel is seen bringing down. An important city is sketched in the back-ground, whilst the shield's bordure, embellished with figures in relief and embossed ornaments, serves for a frame to the main scene, whose personages are very projecting.

Fig. 1932 *bis* shows the vertical section of the shield.

XVIIe SIÈCLE. — ÉCOLE FRANÇAISE.
(FIN DE LOUIS XIV.)

DÉCORATIONS INTÉRIEURES. — LAMBRIS.
TRUMEAU ORNÉ DE GLACES.

4933

C'est un des vieux hôtels de l'Ile-Saint-Louis à Paris (quai de Béthune) qui nous fournit ce motif de décoration. Les ornements sont dorés, et se détachent sur un fond gris pâle.

这是巴黎圣路易岛上古老的宅邸之一，其设计主题令人十分满意。装饰物都镀了金，浅灰色底色使之更为突出。

It is one of the old mansions of the Ile-Saint-Louis, in Paris, which furnishes us with this motive of decoration. The ornaments are gilt, and detach themselves on a pale grey ground.

XVIIe SIÈCLE. — ÉCOLE FRANÇAISE.
(LOUIS XIV.)

COMPOSITIONS. — ENCADREMENTS. — VASES.
PAR J. LEPAUTRE.

1934

1934 *bis*

Lepaure nous a laissé des compositions moins fantaisistes que celles-ci. Mais dans son œuvre entière le talent, la verve ne font jamais défaut, et ces deux planches du maître méritent, malgré tout, d'être montrées.

勒坡特（Lepautre）的作品中，很少有比这两个更别出心裁的。但是，他的每一件作品都不乏创造力和想象力。尽管如此，他的这两件作品都值得复刻。

Lepautre has left us less fanciful compositions, than the present one; but, in every work of his, talent and imagination are never lacking, and, in spite of all, these two plates of the master deserved being reproduced.

XVIIe SIÈCLE. — FABRIQUES ITALIENNES.

MARQUETERIE. — INCRUSTATIONS.

(A M. RÉCAPPÉ.

MEUBLES. — DESSUS DE TABLE

EN ÉBÈNE INCRUSTÉ D'IVOIRE.

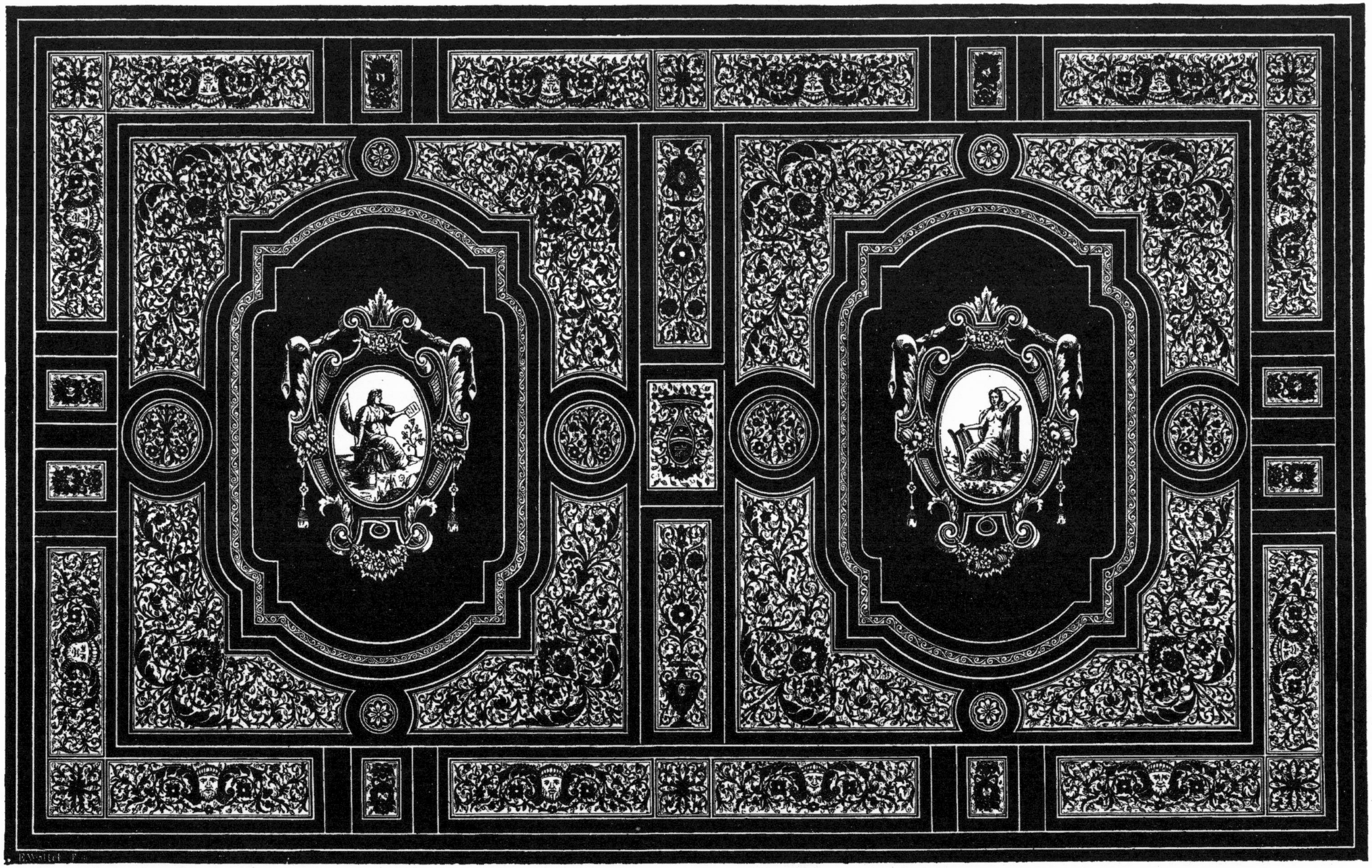

1935.

Il faut dans ce travail italien du XVIIe siècle plus admirer la profusion de la décoration que son bon goût. Les formes des ornements qui couvrent le champ donné par la disposition des lignes manquent de pureté et même de caractère. En revanche, disons que l'exécution matérielle du meuble est parfaite de tous points.

这件 17 世纪的意大利作品因其丰富装饰而非良好品位而愈加受到喜爱。它表面的装饰纹样由众多线条组成，不够简洁，甚至是缺少特色。但这件家具在制作上的每一点都是那么完美。

This Italian work of the XVIIth century is to be more admired for its profuse decoration than for its good taste. The forms of the ornaments which cover the field given by the disposition of the lines, are wanting in chasteness and even in character. But let us add that the execution of this piece of household furniture is perfect in every point.

XIVe SIÈCLE. — ÉCOLE FRANÇAISE. **TRIPTYQUE EN IVOIRE.**

COLLECTION DE M. BASILEWSKI.)

1936

L'usage des diptyques et des triptyques est ancien, et remonte aux Romains; il se maintint jusqu'au XIVe siècle. Le diptyque ci-dessus est, comme tous les meubles de ce genre et de cette époque, une sorte de tableau ouvrant et fermant. Les principaux épisodes de la vie du Christ s'y voient sculptés avec une verve et une science incontestables.

罗马人所用的古老、稀缺的双联画及三联画延续到了14世纪。图中的双联画，跟它同类同时代的其他双联画一样，有点像是一幅可以随意打开或闭合的画作。这里所刻画的耶稣主要生活场景都带着绝对的精神与科学。

Diptychs and Triptychs have been used of old, and as far back as by the Roman people; they keep down to the XIVth century. The above diptych is, like all the pieces of that kind and of that epoch, somewhat of a painting which may be shut or unshut at will. The main scenes of Christ's life are sculpted here with unquestionable spirit and science.

XVe SIÈCLE. — FERRONNERIE FRANÇAISE.

COFFRET EN FER A COUVERCLE CINTRÉ.

AU MUSÉE DE CLUNY A PARIS.

整体重现的这件器具显然来自于15世纪初期，呈现出制造哥特式箱柜经常使用的弯曲形状。此物受较高的四脚支撑，合乎角度。确切地说，这个箱子受五根铁箍带环绕，其中三根带有三角镂空装饰，另外两根铁箍带使用了铰链，还用凸出的钉饰加固。箱体周身布满倾斜有底座的扶壁，好像在特意提醒我们，这个箱子的整体装饰都借鉴于这个时代的建筑型式。箱盖顶上有一精致的提手，以利于此箱的运输。这个箱子是如此地珍贵，不因其制作材质，而因其严谨、合理又完美的设计装饰。

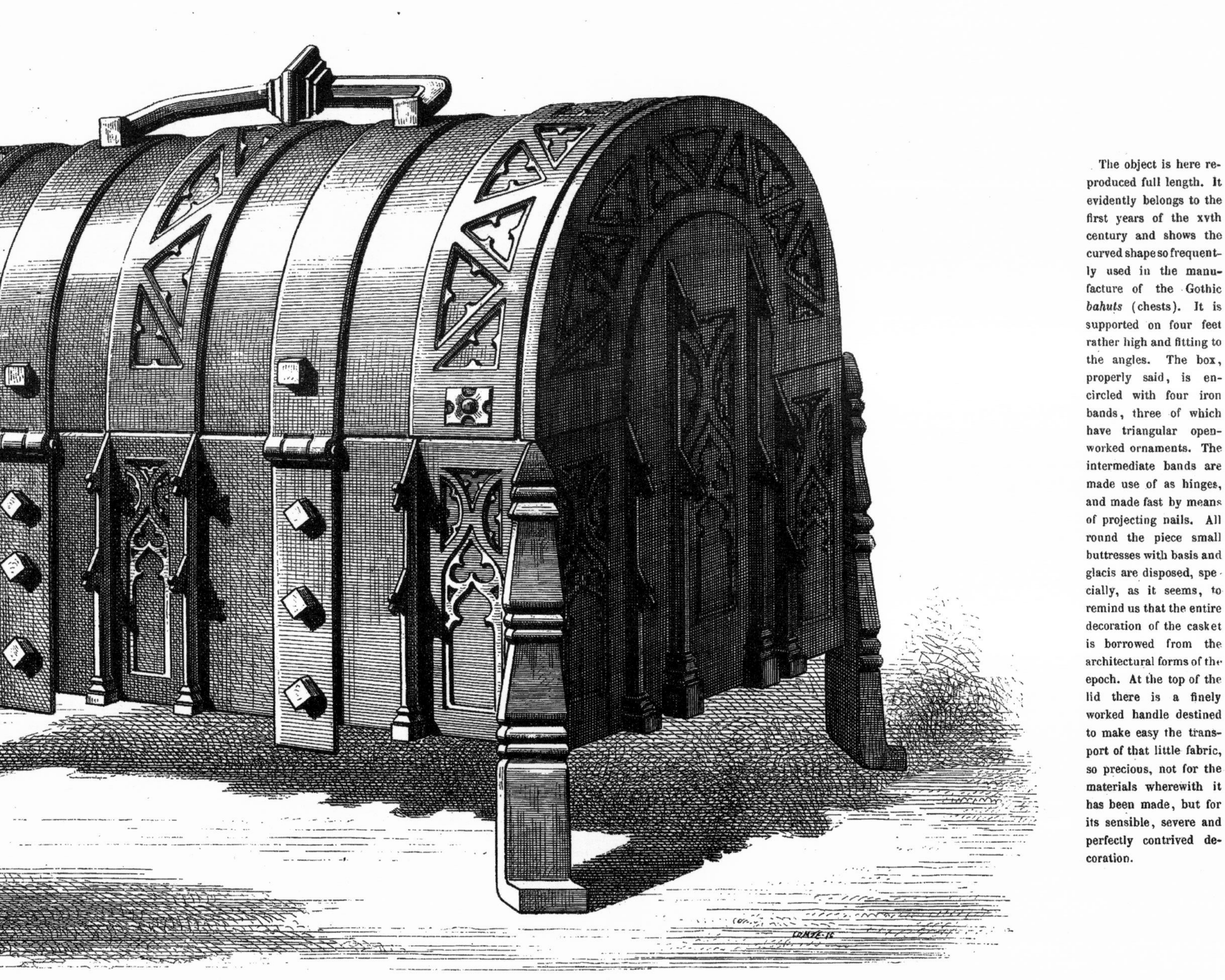

1937

The object is here reproduced full length. It evidently belongs to the first years of the xvth century and shows the curved shape so frequently used in the manufacture of the Gothic *bahuts* (chests). It is supported on four feet rather high and fitting to the angles. The box, properly said, is encircled with four iron bands, three of which have triangular openworked ornaments. The intermediate bands are made use of as hinges, and made fast by means of projecting nails. All round the piece small buttresses with basis and glacis are disposed, specially, as it seems, to remind us that the entire decoration of the casket is borrowed from the architectural forms of the epoch. At the top of the lid there is a finely worked handle destined to make easy the transport of that little fabric, so precious, not for the materials wherewith it has been made, but for its sensible, severe and perfectly contrived decoration.

L'objet est figuré ici de la grandeur même de l'exécution. Il appartient évidemment aux premières années du xve siècle et présente la forme cintrée, si souvent adoptée dans la fabrication des bahuts gothiques. Quatre pieds, assez élevés et adaptés aux angles, lui servent de support. La caisse proprement dite est cerclée de cinq bandes de fer, dont trois sont découpées à jour d'ornements triangulaires. Les bandes intermédiaires sont utilisées comme charnières, et fixées par des clous saillants. Des contre-forts avec bases et glacis sont disposés tout autour du meuble, et semblent placés là surtout pour nous rappeler que toute la décoration du coffret est empruntée aux formes architecturales de l'époque. Au sommet du couvercle existe une poignée finement travaillée, servant à transporter à la main ce précieux petit meuble, précieux, non pour la matière dont il est fait, mais par sa décoration raisonnée, sérieuse, et parfaitement entendue.

ART JAPONAIS ANCIEN. — ORFÉVRERIE ET ÉMAUX.

ACCESSOIRES DE TABLE. — AIGUIÈRE EN ARGENT OXYDÉ.

AU MUSÉE CHINOIS DU LOUVRE.

Objects from the Japanese silversmith's art have generally a great lightness; to that truth the one here presented bears witness, for it almost reaches the slightness of an object in glass. Its shape is elegant enough, and its long neck calls to mind, but, in our opinion, with more fineness and elegance, the old Persian ewers. This one is slightly flattened, as shown in fig. 1938, and its belly is adorned with medallions, wherein are seen human figures, beasts, flowers and fruits, all obtained, as well as the whole decoration of the vase, through enamels on repoussé-engravings. To call attention to the elegant form of the handle and spout is rather a superfluity, as everybody will have remarked it before us, and better than we could do.

1938 1938 *bis*

日本银器匠所制作的艺术器具通常相当轻巧，这里展示的这件物品可以证明，因其几乎达到了玻璃制品的纤巧。它的形状足够优雅，长颈使人印象深刻，但在我们看来，古老的波斯水壶更加精致优雅。如图 1938 中所示，此壶有些许扁平，腹部饰有圆形浮雕，浮雕中可见人、兽、花、果。瓶身的所有装饰皆通过雕刻凸纹面的瓷釉所见。让人们去注意此壶把手和壶嘴的简洁优雅反而是多余的了，因为人们会比我们更早发现，甚至更能欣赏它们的美。

Les objets d'orfévrerie japonaise sont en général d'une grande légèreté; celui que nous présentons ici en est une preuve évidente, car il atteint presque à la légèreté d'un objet de terre. Sa forme est assez élégante, et son long col rappelle, mais avec plus de finesse et d'élégance, il nous semble, les aiguières persanes anciennes. Celle-ci est légèrement méplate, ainsi que le montre la fig. 1938, et sa panse est ornée de médaillons, où l'on remarque des personnages humains, des animaux, des fleurs, et des fruits, obtenus, comme la décoration tout entière du vase, par des émaux sur gravure au trait repoussé. Il est presque superflu de faire remarquer combien l'anse et le goulot sont élégants de forme, tout le monde l'aura observé avant nous et mieux que nous.

XVIIIe SIÈCLE. — ÉCOLE FRANÇAISE.
(ÉPOQUE DE LOUIS XVI.)

VIGNETTES, FLEURONS, CULS-DE-LAMPE,
PAR L'ABBÉ DE SAINT-NON ET BERTHAULD.

Cette série de vignettes et culs-de-lampe est extraite d'un ouvrage intitulé *Voyage dans le royaume de Naples et en Sicile*, par l'abbé de Saint-Non, publié en 1780. Tous ces jolis motifs, où les fleurs, les plantes et les fruits jouent un rôle très-important, sont gravés en taille-douce avec une véritable perfection, et imprimés dans le texte même, ce qui a exigé deux impressions très-différentes, et, à coup sûr, extrêmement coûteuses. De nos jours on ne fait plus guère de publications ainsi comprises ; la gravure sur bois ou par des procédés variés de relief, suffit amplement à l'illustration la plus exigeante ; mais en 1780 la xylographie était assez négligée, délaissée même, pour que dans un livre de luxe, comme le *Voyage* de l'abbé de Saint-Non, on ait employé, de préférence, la gravure sur cuivre préparée à l'eau-forte, et retouchée au burin.

L'abbé de Saint-Non était graveur à l'occasion, et la plupart de ces gracieux culs-de-lampe sont, ou composés, ou gravés par lui. Les autres sont l'œuvre de Berthauld, artiste distingué dans ce genre.

This series of vignettes and tail-pieces is from a work having for its title: A Travel in the kingdom of Naples and Sicily, by the abbot of Saint-Non; published in 1780. All these pretty motives, wherein flowers, plants and fruits play a most important part, are copper-plate engravings, executed with a real perfection, and printed into the very text, wherefore two quite different and doubtless costly impressions have been required. Now-a-days very few, if any, publications, so contrived, are brought out; wood-engraving or various processes of relief are quite enough for the greatest exigencies of an illustration; but, in 1780, xylography was neglected, even forsaken, and so much so, that in a luxurious work as the abbot of Saint-Non's Travel, copper-plates with aqua-fortis preparations, and a finish by the graver, had preferably been used.

The abbot of Saint-Non was occasionally an engraver, and most of these graceful tail-pieces have been either composed or executed by himself. The others are the work of Berthauld, a distinguished artist in that branch.

1939

1940

Ce qu'à nos jardins
sont les fleurs,
les arts
le sont à la vie.

1941

这个系列的装饰图案和章末装饰来源于1780年出版的《那不勒斯和西西里岛王国的旅行》，作品出自圣农修道院院长之手。在所有美丽的元素之中，花朵、植物和果实占了很大的一部分。图案均以铜版雕刻，视觉极佳，配上特定文字，这两种纹样便给人相异却奢华的印象。如今，只有很少的出版物会以这种方法出版。对于那些最精益求精的图案，木雕及其他浮雕方法也已经足够了。但在1780年，木版印刷术受到了冷遇，甚至可以说是被抛弃了，以至于在圣农修道院院长丰富多彩的作品中，人们更愿意利用含有硝酸制剂的铜版印刷及刻刀做最后润饰。

圣农修道院的院长业余时还是位雕刻师，这些赏心悦目的图样大部分都来自于他的设计或亲手雕刻。其余的作品则出自贝特霍尔德（Berthauld）之手，他同样也是一位该领域的杰出艺术家。

8me Année. N° 215 30 Novembre 1868.

ABONNEMENT ANNUEL
France. . . . . 18 fr.
Étranger. . . . 20 fr.
L'Année parue. 25 fr.

L'ART POUR TOUS

ENCYCLOPÉDIE DE L'ART INDUSTRIEL ET DÉCORATIF
Paraissant les 15 et 30 de chaque mois.
PUBLIÉ SOUS LA DIRECTION DE M. C. SAUVAGEOT | FONDÉ PAR M. ÉMILE REIBER, ARCHITECTE

A. MOREL
ÉDITEUR
13, rue Bonaparte
Paris.

XVIe SIÈCLE. — RELIURE FRANÇAISE.
(ÉPOQUE DE HENRI II.)

COUVERTURE DE LIVRE EN MAROQUIN
A M. BASILEWSKI.

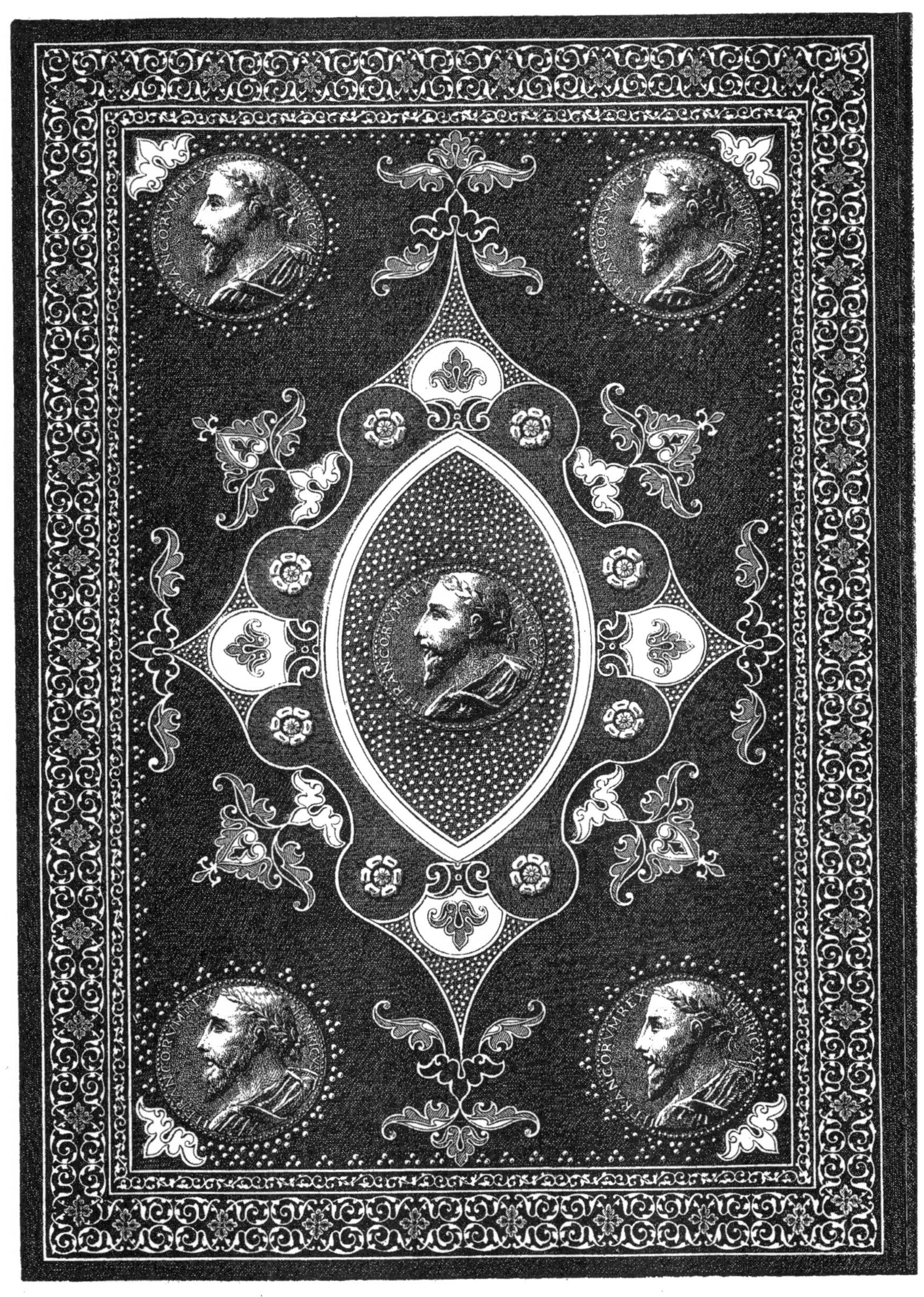

1942

Cette reliure, qui provient de la bibliothèque de Henri II, montre le médaillon de ce roi cinq fois répété; au milieu, dans un orbe à deux pointes, et aux quatre angles du livre. Les médaillons sont dorés ainsi que la plupart des ornements. Le fond est vert au centre et pour le reste brun foncé. C'est un exemplaire des œuvres de Paul Jove qui est ainsi relié.

这张精装封面来自亨利二世的图书馆，其中展示了五幅亨利二世的圆形肖像，中心椭圆里有一幅，封面四角各一幅。像所有装饰物一样，这些圆形浮雕也镀了金。封面中心部分底色为绿色，其余部分则为深棕。而此书本身实为保罗・朱威（Paul Jove）的复制品。

This binding, which comes from Henry the Second's library, shows five times the medallion-portrait of that king; viz. at the centre, in a two-pointed orbiculation, and at each of the four angles of the book-binding. The medallions are gilt like most of the adornments. The ground is green in the central part and dark brown everywhere else. The book itself is a copy of Paul Jove's works.

XVIe SIÈCLE. — ÉCOLE FLAMANDE.

COMPOSITIONS DIVERSES. — CARTOUCHES.

D'APRÈS F. FLORIS.

1943

1943 *bis.*

Extrait d'une série de cartouches de ce genre, gravés en taille-douce.

来自铜版雕刻的一系列装饰镜板的摘录。

An extract from a series of cartoucces of that kind engraved on copper-plates

XVe SIÈCLE. — TRAVAIL FRANÇAIS.

OBJETS DIVERS. — AUMONIÈRE.

AUX DEUX TIERS DE L'EXÉCUTION.

(MUSÉE DU LOUVRE. — ANCIENNE COLLECTION SAUVAGEOT.)

1944

Le fermoir de cette aumônière est en fer et des plus soignés comme travail. Il offre un souvenir de ces riches entrées de serrures qu'on voyait aux meubles de cette époque. Les détails en sont empruntés aux formes de l'architecture. Le velours est rouge cramoisi ; l'écusson, les filets brodés et les glands sont en fils d'argent.

这件布施袋的扣子以铁制成，巧夺天工，让人不禁回想起那时家具中花样繁多的锁眼。此袋的设计细节还借鉴了那时的建筑型式。袋身为深红色的丝绒，袋上的纹章、饰线及流苏均以银线绣成。

The clasp of this alms-bag is in iron and most elaborately worked. It calls to mind one of those rich key-holes seen in the household furniture of that epoch. Its details are borrowed from the architectural forms. The velvet is crimson-red; the coat of arms, embroidered fillets and tassels are in silver threads.

ANTIQUITÉ. — CÉRAMIQUE ROMAINE. RHYTONS EN TERRE CUITE.

A MM. CASTELLANI ET FEUARDENT.

1945

Les grecs désignaient sous le nom de Rhyton (ῥυτὸν) une simple corne de bœuf percée à l'extrémité, et qui servait de coupe à boire. Plus tard on étendit ce nom à des coupes de terre ou de métal, qui offraient à peu près la forme d'une corne, et qui étaient percées à leur bout inférieur comme le rhyton primitif.

En général les rhytons représentaient, comme on peut le voir par les dessins ci-contre, des figures humaines, et plus souvent des figures d'animaux; ils étaient parfois décorés de peintures.

希腊人把一种角状物称作来通（Rhyton），在它的一端打一个孔，当做饮器使用。在这之后，这个名称还引申为陶制的或金属的杯子。这两种杯子都展现了号角的形状，且像原始的来通那样，下端都有一个洞。

1946

1947

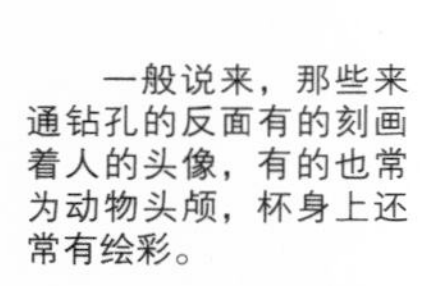

一般说来，那些来通钻孔的反面有的刻画着人的头像，有的也常为动物头颅，杯身上还常有绘彩。

1948

1949

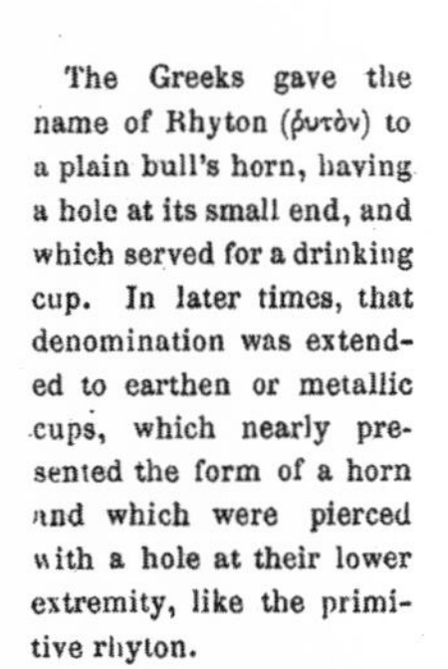

The Greeks gave the name of Rhyton (ῥυτὸν) to a plain bull's horn, having a hole at its small end, and which served for a drinking cup. In later times, that denomination was extended to earthen or metallic cups, which nearly presented the form of a horn and which were pierced with a hole at their lower extremity, like the primitive rhyton.

Generally speaking, those rhytons bore, as in the opposite drawings, representations of human heads, and oftener of animals; they sometimes were decorated with paintings.

XVIe SIÈCLE. — TRAVAIL ITALIEN. POIRE A POUDRE EN IVOIRE.

(MUSÉE DU LOUVRE. — ANCIENNE COLLECTION SAUVAGEOT.)

1950

L'armature est en fer damasquiné d'or et d'argent. Sur les faces de la poire à poudre, on voit d'un côté la Guerre et de l'autre la Paix.

此件物品的支架由金银制成加以波纹装饰，火药筒一面为战争题材，一面可见和平景象。

The armature is in iron damaskeened with gold and silver. On one side of the powder-flask War is seen, and Peace on the other.

XVIe SIÈCLE. — FABRIQUES ITALIENNES.

(AU MUSÉE DE CLUNY.)

ACCESSOIRES DE TABLE. — VERRERIE.

VERRES A PIED. — COUPE.

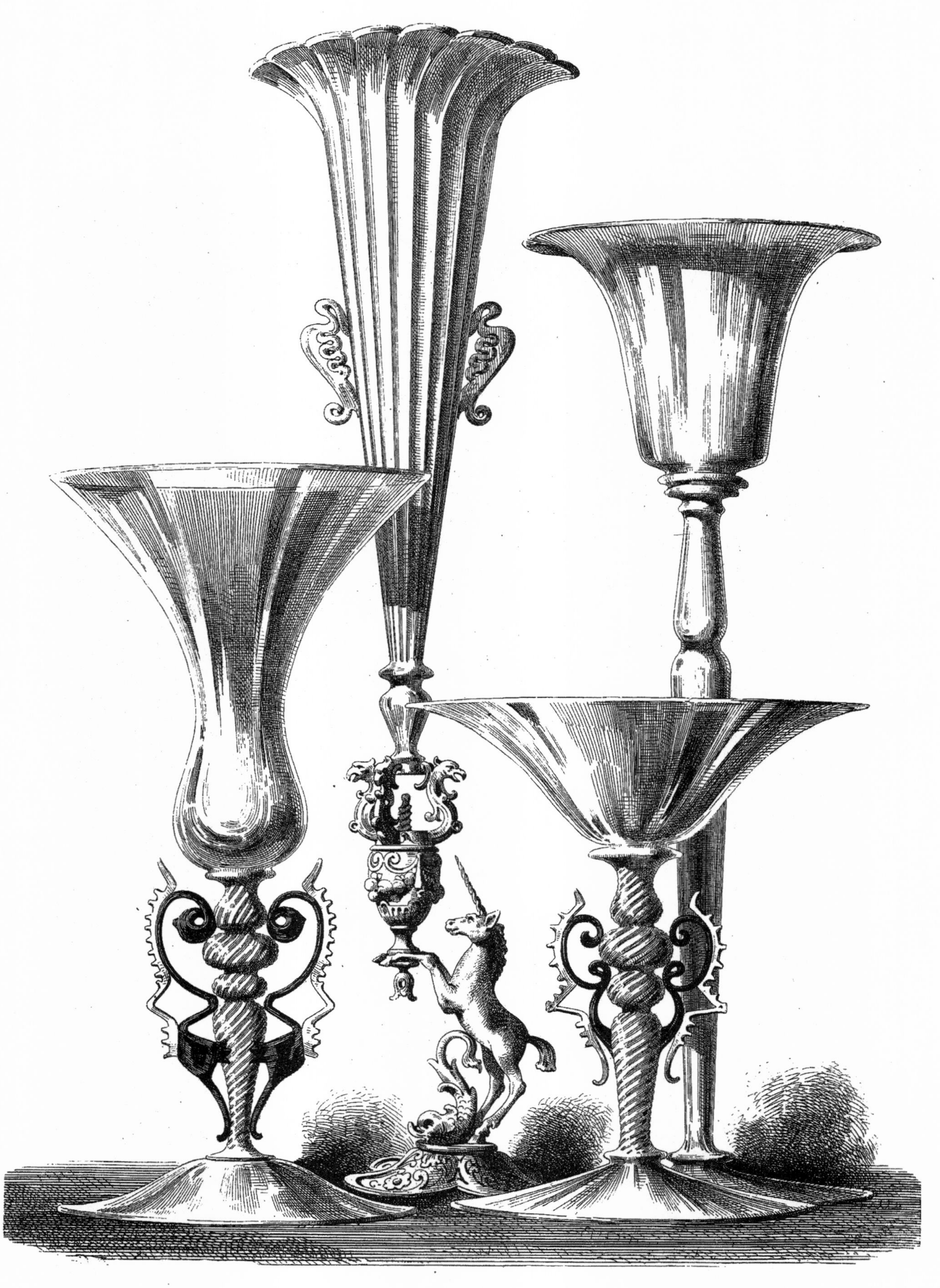

1954 1952 1953 1954

Tous ces divers échantillons de verrerie de Venise sont présentés de la grandeur même de l'exécution. La figure 1951 est un vase en forme de tulipe sur pied avec ornements blancs et bleus. Le pied de la figure 1952, où nous voyons une licorne, est en métal. La figure 1953 est une coupe sur pied décorée d'ornements bleus à jour. (Voy. les premières années de *L'Art pour tous.*)

图中所示的所有威尼斯玻璃制品皆为整体展示。图1951为郁金香状白蓝饰高脚花瓶。图1952中瓶底的独角兽由金属制成。图1953中的带脚杯具带有透空蓝饰。（详见本书前几年）

All these specimens of Venice glass-works are drawn exactly full size of the execution. Fig. 1951 is a tulip-shaped vase with a foot and with white and blue ornaments. The foot of fig. 1952, wherein a unicorn is seen, is of metal. Fig. 1953 is a cup with a foot, and enriched with open-worked blue adornments. (See the first years of the *Art pour tous.*)

XVIIe SIÈCLE. — FONDERIES FRANÇAISES.
(AU LOUVRE ET A L'HOTEL DE CLUNY.)

DÉCORATIONS INTÉRIEURES. — PLAQUES DE FOYER
EN FONTE DE FER.

AU HUITIÈME DE L'EXÉCUTION.

La fig. 1955 se voit dans une des salles du musée du Louvre et provient du château de Villeroy. Elle appartient en toute évidence aux premières années du XVIIe siècle, au règne de Louis XIII par conséquent.

Un cadre formant crossettes et où circule une grecque peu saillante, renferme un cartouche elliptique, contenant lui-même le chiffre ou emblème du propriétaire. Nous y voyons au centre un H magistral autour duquel viennent se grouper une épée suspendue, un sceptre et une main de justice, le tout noué et entouré de banderoles voltigeantes. Un fronton composé de deux consoles affrontées et réunies par une fleur de lis, forme le sommet de cette belle plaque de foyer.

La fig. 1956 est déposée au musée de l'hôtel de Cluny et paraît dater de la même époque que la précédente; si l'on s'en rapporte au chiffre central, où nous voyons également un H, mais accompagné cette fois de deux caducées et d'une massue, nous ne serions pas éloignés de croire que cette seconde plaque provient aussi du château de Villeroy. Ici les formes sont plus contournées, les lignes moins accusées, mais on y retrouve toutefois une parenté évidente avec la première plaque. L'épaisseur de la fonte est de 0,03.

1955

Fig. 1955 is to be seen in one of the rooms of the Louvre Museum and comes from the castle of Villeroy. It most evidently belongs to the first years of the XVIIth century, and consequently to the reign of Louis XIII.

A crookedly framê, along which runs a little projecting fretwork, includes an elliptic cartouch which itself contains the cipher or emblem of the owner. There we see in the centre a capital H, in which are grouped an inverted sword, a sceptre and a hand of justice, the whole being tied and surrounded with flying streamers. A frontal composed o two affront consols, united by a flower-de-luce, forms the top of that fine hearth-plate.

Fig. 1956 belongs to the Cluny Museum and seems to have the same date as the preceding one. Were we to trust to the central cipher, wherein is likewise seen the letter H, but here with two caducei and a club, we should feel disposed to believe this second plate comes too from the Villeroy castle. Here the forms are more forced and the lines less distinct; yet withal a kindred with the former plate is evidently to be found. The thickness of the cast is 0,03.

图 1955 中的图样可见于法国的卢浮宫的一个房间，来自维勒鲁瓦城堡。此图样显然属于17世纪初年且盛行于路易十三时期。

弯曲的装饰框架内是一圈凸起的浮雕细工，此回纹中有一幅椭圆形的涡卷饰，其中还含有器物主人的符号或徽章。图样中心有一个大写的字母H，H上装饰有一把反向的剑，一个权杖及一只正义之手，三样物品由飞扬的饰带绑在一起。在此图样的顶部，两条三角楣饰由一朵鸢尾花连结而成，凝成了此幅图样的焦点。

1956

图 1956 中图样来自巴黎克吕尼博物馆，与上图同时期。图样中心同样可见一相同的字母H，但装饰物换成了两根使者杖和一根棍棒。我们很有理由相信，第二张图版同样也来自维勒鲁瓦城堡。第二张图样与上图属同类，形状更加弯曲，线条却不那么突出。此图版的厚度仅为 0.03 米。

XVIIIᵉ SIÈCLE. — ÉCOLE FRANÇAISE.

(ÉPOQUE DE LOUIS XVI.)

VIGNETTES. — FLEURONS. — CULS-DE-LAMPE,

PAR P. CHOFFARD.

C'est encore du *Voyage dans le royaume de Naples et en Sicile* par l'abbé de Saint-Non que nous avons extrait ces trois gracieux culs-de-lampe. Seulement pour ceux-ci on a eu recours au burin exercé de P. Choffard, maître bien connu de la fin du xviiiᵉ siècle, et nous devons ajouter qu'il a atteint dans leur exécution à une perfection qu'on rencontre rarement dans les travaux de cette nature. Le travail d'eau-forte est corrigé, complété par le burin, et le modelé, fin et ferme à la fois, ne laisse à notre avis rien à désirer. On comprendra parfaitement que nos reproductions ne peuvent donner qu'une faible idée de la perfection des gravures en taille-douce; aussi est-ce uniquement pour montrer la composition et l'arrangement des culs-de-lampe que nous les avons reproduits dans *L'Art pour tous*.

Les gravures sont exécutées d'après les dessins de Paris, architecte du roi.

(Voy. les exemples déjà publiés du même ouvrage.)

It is also from the *Voyage dans le royaume de Naples et en Sicile* by the abbot of Saint-Non, that we have borrowed these three graceful tail-pieces. Only, for the actual ones, the skilled graver of P. Choffard, a well-known master of the end of the xviiith century, has been resorted to, and we must add that it reaches, in their execution, a perfectness rarely met with in works of that kind. The aqua-fortis process is corrected and completed by the graver, and the modelling, at once fine and firm, leaves nothing in our mind to be desired. It will be easily understood that our reproductions can give but a feeble idea of the perfection of copper-plate engravings; so it is only to show the composition and arrangement of those tail-pieces, that we have reproduced them in the *Art pour tous*.

The engravings are executed from the drawings of Paris, the king's architect. (See the already published extracts from the same work.)

1957

1958

此页的图同样出自圣农修道院院长之手，我们从他的众多作品中节选了三幅章末装饰图。在这些图样的实际成品中，就属 18 世纪末期著名雕刻家皮埃尔·乔法德（P.Choffard）的作品最出彩，他的精湛技艺使其作品比同类作品更罕见地完美。乔法德还更正并完善了雕刻中硝酸处理的方法，建模方法也更准确，没有什么需要改进的了。我们对铜版雕刻的复制品很难描绘出这些图样的完美，为了展现这些章末装饰图的构图排列，我们在此原样复制了这些图样。

这些雕刻图样均借鉴于皇家建筑师帕里斯（Paris）的画作。（更多示例详见同类出版物）

1959

XVe SIÈCLE. — TRAVAIL FLAMAND. PEIGNES A DEUX FINS, DÉCOUPÉS A JOUR.

(MUSÉE DU LOUVRE. — ANCIENNE COLLECTION SAUVAGEOT.

Toute l'ornementation de ces peignes en bois est prise dans la masse et sans addition d'aucune matière étrangère. Les découpures, si étrangement riches, qui décorent ces deux objets, sont on ne peut mieux combinées et d'un goût exquis, sans sortir toutefois des formes régulières et presque partout géométriques. Dans la figure du haut nous remarquons un écusson aux fleurs de lis de France, surmonté d'une couronne, indiquant que l'objet a pu appartenir à quelque personnage d'origine royale.

Dans la figure inférieure on lit la devise: *Pour bien je le done.* Cette devise est disposée sur des parties pleines qui servent de fonds à de petits miroirs placés à moitié de l'épaisseur du bois. Le même fait est à noter pour la première de nos deux figures : l'écusson armorié et le lion héraldique cachent aussi de petits miroirs.

Ces deux objets sont présentés aux deux tiers.

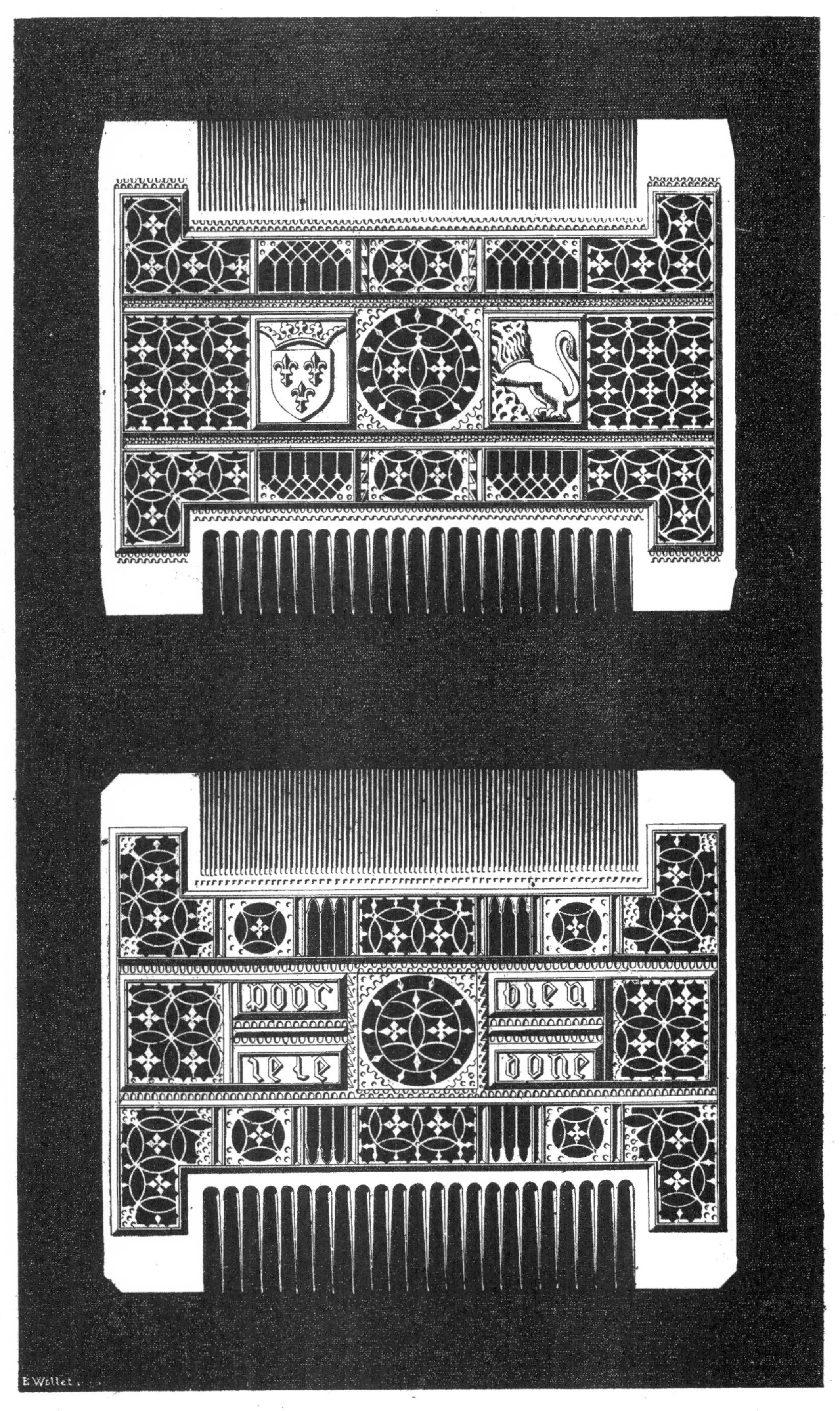

The whole ornamentation of these wooden combs is taken out of the very stock and without extraneous material being used. The odd and rich cuttings-out, with which these two objects are decorated, are contrivances than which nothing can be better, and of an exquisite style, yet without deviation from the regular and but everywhere geometrical forms. In the upper figure an escutcheon is seen with the flowers-de-luce of France, and which is capped with a crown, being an indication that the object's owner might have been a person of royal descent.

In the lower figure one may read the motto: *Pour bien je le done.* That device is disposed upon full parts forming the backs of small mirrors which exist behind the object and take one half of the thickness of the wood. The same may be said of the first of our two figures, as the shield with arms and the heraldic lion likewise conceal small mirrors.

These two objects are reproduced at two thirds of their execution.

这些木梳的整体装饰来自于同一块木料，没用到任何其他材料。两把梳子上有众多分散的几何型切割装饰，整齐而高雅，让人叹为观止。上图中有一个装饰着法国鸢尾花的纹章，上面饰有一顶王冠，预示着器物主人可能拥有皇室血统。

图示下方的梳子中可见一句格言：“Pour bien je le done”。梳子背面还带有一面小镜子，厚度为木梳的一半。上方的木梳也装有这样的小机关，纹章与狮子装饰后面也藏有两面小镜子。

图示以这两件物品原件大小的三分之二比例展现。

1960 1961

XIXe SIÈCLE. — ART FRANÇAIS CONTEMPORAIN.
PEINTURES MURALES POLYCHROMES.

DÉCORATION DE LA CHAPELLE SAINTE-CLOTILDE
A NOTRE-DAME DE PARIS.

D'APRÈS LES CARTONS DE M. E. VIOLLET-LE-DUC ARCHITECTE

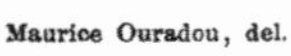
Maurice Ouradou, del.

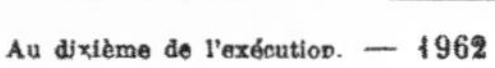
Au dixième de l'exécution. — 1962

Ad. Levié, lith.

Cette planche et la suivante sont extraites de l'ouvrage sur les peintures murales de Notre-Dame de Paris dessinées par M. Maurice Ouradou, d'après les cartons de M. E. Viollet-Le-Duc. Elles contiennent l'une et l'autre des fragments de la chapelle Sainte-Clotilde, au dixième de l'exécution. C'est une véritable fortune pour l'*Art pour Tous* que de pouvoir montrer un exemple de peintures murales ainsi comprises, ainsi exécutées, et qui ont fait sensation le jour où elles ont été livrées à l'appréciation du public.

此页及下页中的图样来源于巴黎圣母院的壁画。图样出自莫里斯・乌拉杜（M.Maurice Ouradou）之手，经欧仁・维奥莱・勒・杜克（M.Viollel-Le-Duc）修复。本页两幅图中都展示了克洛蒂尔德小教堂。这些精美的壁画一经问世便引起了轰动，本书能展示其一，已是莫大的荣幸。

This plate and the following are from the work on the mural paintings of the church of Our Lady, in Paris, drawn by M. Maurice Ouradou, after M. Viollet-Le-Duc's cartoons. Both contain fragments of Saint-Clotilda Chapel, at the tenth of the execution. It is a piece of good fortune for the *Art pour Tous* being enabled to show an example of mural pictures composed and executed in such a fashion and which caused quite a sensation when exposed to the public appreciation.

XIXe SIÈCLE. — ART FRANÇAIS CONTEMPORAIN. PEINTURES MURALES POLYCHROMES.

DÉCORATION DE LA CHAPELLE SAINTE-CLOTILDE A NOTRE-DAME DE PARIS.

D'APRÈS LES CARTONS DE M. E. VIOLLET-LE-DUC, ARCHITECTE.

Maurice Ouradou, del. Au dixième de l'exécution. — 1963 Ad. Levié, lith.

Jusqu'à ce jour on n'avait guère vu, en fait de peintures murales dans le style des XIIe et XIIIe siècles, que des copies serviles ou des imitations dans lesquelles l'éclat des couleurs n'osait pour ainsi dire se montrer : les tons pâles et blafards semblaient adoptés de préférence. Dans les peintures de Notre-Dame de Paris, on voit au contraire les tons les plus vifs savamment mélangés, opposés les uns aux autres, et produire un effet général des plus harmonieux, des mieux combinés.

如今，关于 12 世纪和 13 世纪风格壁画的刻板复制与模仿十分多见，它们的用色既不大胆也不出彩，笔触单调苍白。巴黎圣母院里的壁画正好相反，各种生动的色彩交互辉映，组成了最协调联动的图像。

Till the present day, in point of mural paintings in the style of the xiith and xiiith centuries, generally but servile copies or imitations were to be seen, wherein the eclat of colours did not dare, so to say, to show itself : dull and pallid tones seemed in preference adopted. The paintings of Our Lady's show, on the contrary, the most vivid tones artistically mixed together, opposed to each other, and producing a general effect the most harmonious and best combined.

XVIe SIÈCLE. — ÉCOLE FLAMANDE. COMPOSITIONS DIVERSES. — CARTOUCHES.

1964

1965

Ces deux compositions sont copiées de gravures en taille-douce. | 以上两幅作品皆复制于铜版雕刻画。 | Both compositions are copied from copper-plate engravings.

XVIe SIÈCLE. — ÉCOLE FRANCO-ITALIENNE. **PLAFOND PEINT AU CHATEAU D'ANCY-LE-FRANC.**

1966

Nous ne montrons qu'un fragment de ce plafond remarquable. Le plafond entier est divisé en caissons par des poutres saillantes et ornées. Chaque grand caisson est lui-même subdivisé en caissons plus petits, couverts de damasquines d'or d'une élégance et d'une finesse parfaites. La salle entière a pour décoration principale les sept arts libéraux, d'où lui vient le nom actuel de chambre des arts. Le château d'Ancy-le-Franc, œuvre du Primatice, appartient à M. le duc de Clermont-Tonnerre, et il a été construit par un de ses ancêtres.

这幅天花板精美的装饰图样我们在此只展示了部分，图中整体由数根凸出且带花纹的梁柱分隔出不同的区域，各区域内又被精巧雅致的饰金浮雕分隔开来。整墙主要装饰包括七种独立工艺，由此得名《艺术之堂》。此面天花板所在的城堡为克雷芒・东奈公爵（Clermont-Tonnerre）所有，为了纪念公爵的一位先人，他请昂西勒弗朗（Ancy-le-Franc）与普列马提乔（Primatice）设计建造了那座城堡。

We show but a fragment of this remarkable ceiling, whose entireness is divided into compartments by means of projecting and ornated beams. Each large coffer is itself subdivided in smaller compartments covered with gold embossments of a perfect elegance and fineness. The whole hall has for its main decoration the seven liberal arts, wherefrom comes its present name of chamber of the arts. The castle of Ancy-le-Franc, Primatice's work, is owned by the duke of Clermont-Tonnerre, and was built for an ancestor of his.

XVIe, XVIIe ET XVIIIe SIÈCLES. — FABRIQUES FRANÇAISES ET ALLEMANDES.

ARMES DIVERSES DAMASQUINÉES. HALLEBARDES, PERTUISANES, ETC.

(AU MUSÉE D'ARTILLERIE A PARIS.)

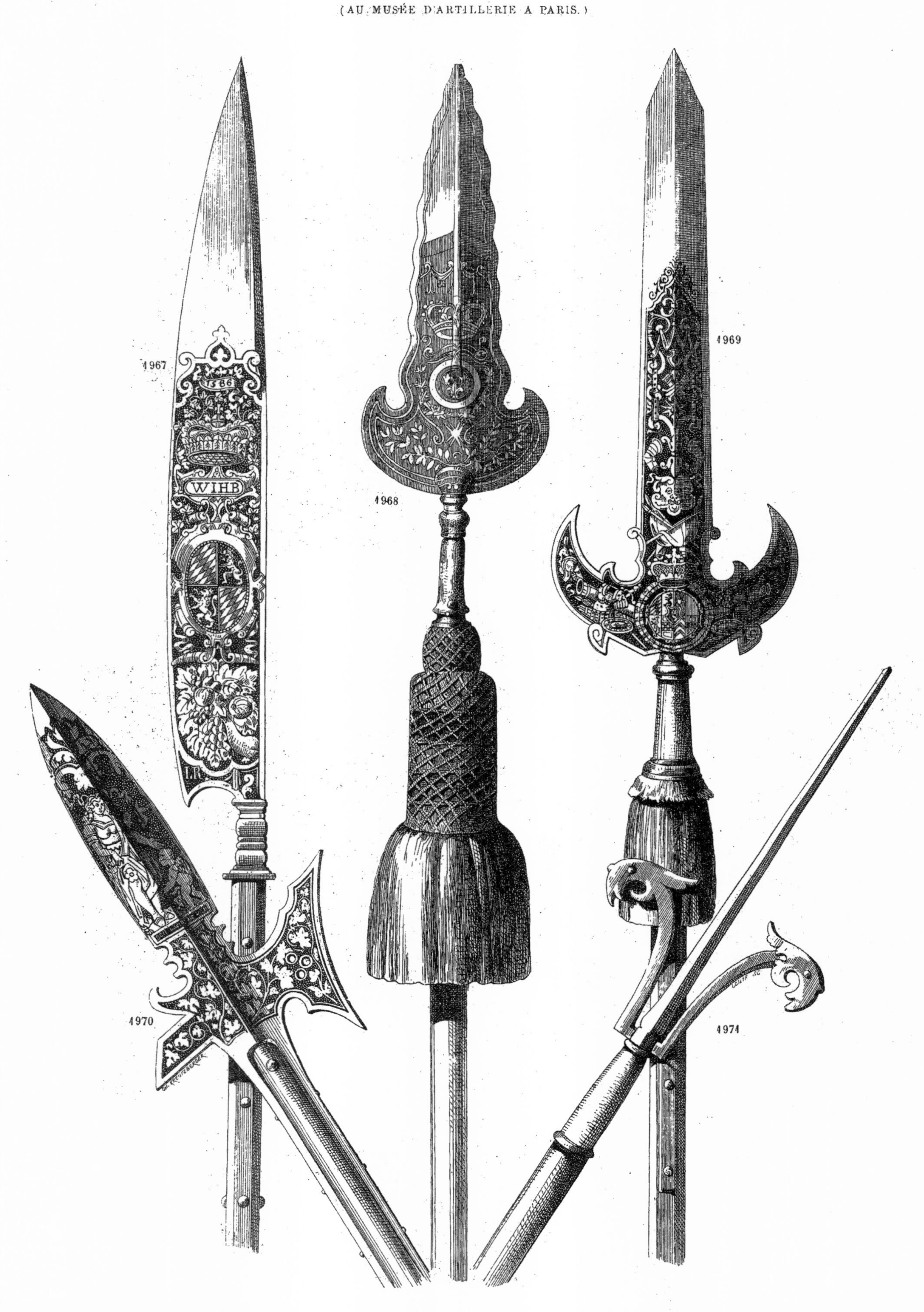

La figure 1968 est une pertuisane de garde du roi sous Louis XVI. Figure 1967, couteau de brèche allemand à la date de 1586. Figure 1969, pertuisane allemande du XVIIe siècle. Figure 1971, porte-mèche de canonnier, XVIe siècle. Figure 1970, hallebarde datant de 1571.

图 1968 展示了路易十六国王其中一位守卫所用的戟。图 1967 则是 1580 年时的德式短刀。图 1969 中的是 17 世纪的德式戟。图 1971 展示了 16 世纪时炮手所用的导火线固定器。图 1970 则是 1571 年的长戟。

Figure 1968 is a partisan of one of king Louis XVI's guardsmen. Figure 1967 is a German breach-cutlass, dating from the year 1580. Figure 1969 is a German partisan of the XVIIth century; figure 1971 a match-holder of the XVIth century, and figure 1970 a halberd from the year 1571.

1972 1973 1974

La figure centrale 1973 est décorée sur la panse d'un sujet à personnages. L'Amour paraît montrer à une jeune femme le portrait de son futur enfant. Les figures 1972 et 1974 sont le même objet : l'une le montre de face et l'autre de côté. Des fleurs parfaitement peintes ornent la panse de cette petite buire à couvercle, qui a pu à la rigueur servir d'huilier.

图 1973 中的瓶体腹部带有人物形象装饰。在此装饰图上，一位女士和她的孩子们之间的亲密展露无疑。图 1972 和图 1974 展示的是同一物体的正面与侧面。这个带盖小瓶带有精美的花朵装饰，在当时很可能被用作调味瓶。

The central figure 1973 has for the decoration of its belly a subject with personages. Here Love appears showing to a young female in an interesting position the portrait of her child that is to be. Figures 1972-74 are the same objects, shown the one full front and the other sidewise. Perfectly painted flowers adorn this small vase with a lid, which was perhaps used as a cruet.

XVIIe SIÈCLE. — ÉCOLE FRANÇAISE.
(ÉPOQUE DE LOUIS XIV.)

FRISE. — COMPOSITIONS DIVERSES.
PAR J.-B. TORO.

1975

1976

La frise, ou plutôt les fragments de frise présentés fig. 1975, sont d'un dessin élégant, mais empreint d'une maigreur relative: ils se prêteraient, semble-t-il, à être rendus de préférence par la peinture ou par le dessin. Le relief rendrait difficilement la ténuité des formes des chimères et des enroulements. Dans les fig. 1976 et 1977 le fait contraire se présente. Les rinceaux, plus soutenus, plus vigoureux, d'un feuillage moins grêle et plus fourni, s'emploieraient volontiers en sculpture. Nous éviterons de louer par exemple le cartouche central, qu'on aimerait à voir moins déjeté et plus correct; mais il faut prendre les maîtres tels qu'ils sont, et ce n'est pas à Toro que nous demanderons d'être sévère dans ses lignes.

图 1975 展示了一幅横饰带，更准确地说是横饰带的一部分，尽管此条饰带已受到极大损毁，我们还是能看出其出彩的设计。我们只能从画作中寻找它的身影。而画作也很难重现吐火兽和漩涡饰的形状。图 1976 和图 1975 则相反，图中的叶子更高更有生机，植物枝干更粗更分明，因此常见于雕塑题材。然而，图中心的涡卷饰却不那么出众了，有人说这图样该少些卷曲多些舒展，但我们应接受杰作原本的样子，不该像托罗（Toro）那样苛求线条的严谨性。

The frieze, or better said the fragments of a frieze, presented in figure 1975, have an excellent design, though being marred by a relative meagreness. They would gain, we think, to be executed in painting or in drawing. The relief could with difficulty give the tenuity of shape to the chimeræ and volutions. In figures 1976-77 it is contrariwise, as the foliages, loftier and more vigorous, and with a leafage less slender and more stocked, would easily lend themselves to the sculpture. Yet, we shall take care not to praise the central cartouch, which one might wish less warped and more correct; but we must accept the masters such as they are, and it is not from Toro that we are to ask the severity of lines.

XVe SIÈCLE. — ÉCOLE FLAMANDE.

SCULPTURE SUR BOIS.

MOBILIER. — COSTUME. — PARTIE D'UN RETABLE.

(COLLECTION DE FEU GERMEAU.)

The Flemish artists of the xvth century were rather partial to articles and pieces of household furniture of that kind in carved wood, and now-a-days do we find still, either in churches and museums or in private collections, a great many sculpted altar-screens, painted and gilt, whereon are represented diverse scenes of Christ's life and passion. Generally those monuments of art and of iconography are rather overstocked with personages, as the sculptor never hesitated adding to the number of figures which he thought necessary to the rendering of a scene or episode of his. To us those works are assuredly of precious account, we must add, for household furniture and costumes, as all their personages are strictly dressed according to the fashion of the epoch, with the greatest correctness and a real perfection. The present subject is the Presentation in the temple and comprises thirteen personages in varied attitudes. As for the furniture, a reading-desk, round which young clerks are grouped, deserves attention by its shape. An altar with screen is seen, too, in the background. The entire object, gilt and varnished all over, is here and there coloured.

4977

15世纪佛兰德的艺术家偏爱木雕器物及家具。如今教堂、博物馆和个人的收藏里仍多见祭坛屏风雕刻，这些经过上色与镀金的雕刻上，还展示了耶稣不同的生活场景与所受苦难。通常这些艺术肖像名作都带有过多的人物图像，雕塑家们好像总喜欢往自己作品里添加许多他认为是必须的人物形象。我们必须承认，那些雕刻的确非常出色，各种家庭用具及服装上的尽善尽美，人物装扮也严格依照时代潮流特色而正确着装。图中展示了在一座庙宇中形态各异的十三个人。图中的阅读台旁围着一群年轻人，阅读台独特的形状也值得我们注意。图中背景处还可见一带屏风的祭坛。此雕刻物各处都着上了鲜艳的色彩，整体还闪着漫漆后的金光。

Les artistes flamands du xve siècle avaient une sorte de prédilection pour les objets et meubles de cette sorte en bois sculpté; et c'est en très-grand nombre que l'on rencontre encore aujourd'hui, soit dans les églises, soit dans les musées ou les collections particulières, des retables sculptés, peints et dorés, où sont représentées diverses scènes de la passion et de la vie du Christ. Dans ces monuments d'art et de science iconographique les personnages sont le plus souvent prodigués; le sculpteur n'hésite jamais devant le nombre de figures nécessaires au rendu d'une scène, d'un épisode.

Pour nous modernes, il faut dire que ces œuvres nous sont de précieux renseignements au point de vue du mobilier et des costumes, car tous les personnages sont vêtus de costumes du temps, traités avec la plus scrupuleuse exactitude et une véritable perfection. Le sujet ci-dessus est la présentation au temple, composée de treize personnages d'attitudes très-variées. En fait de meubles, un lutrin, autour duquel se groupent de jeunes clercs, mérite pour sa forme d'attirer l'attention. Un autel avec retable se voit dans le fond.

Le meuble entier, doré et couvert de vernis, est colorié par place.

ANTIQUITÉ. — CÉRAMIQUE GRECQUE.

(A LA BIBLIOTHÈQUE IMPÉRIALE.)

TYPES COMIQUES EN TERRE CUITE,

A MOITIÉ DE L'EXÉCUTION.

1978

1979

Les masques tragiques ou comiques paraissent avoir pris naissance en Grèce aux fêtes de Bacchus, où ceux qui y prenaient part, avaient l'habitude de se déguiser. Divers auteurs cependant en attribuent l'invention à Thespis ou à Eschyle. A Rome, les masques furent de tout temps employés dans les atellanes, mais non dans les représentations du drame régulier. On les fit primitivement d'écorce d'arbre, plus tard on préféra le cuir, le bois, le bronze. Les types ci-contre ont pu servir à la décoration d'édifices.

Tragic and comic masks seem to owe their origin in Greece to Bacchus' feasts, wherein those, who took part in them, were in the habit of disguising themselves. Various authors, however, assign their contrivance to Thespis or Æschylus. At Rome masks were used in the Atellans, but not in representations of the regular drama. They were primitively made of the bark of trees, which later was superseded by leather, wood and bronze. These here types may have been used in the decoration of edifices.

表现人物悲喜的面具似乎是起源于希腊神话中酒神巴克斯（Bacchus）的盛宴，在此盛宴中，人们必须戴着面具来伪装自己。许多文人认为是古希腊诗人泰斯庇斯（Thespis）或埃斯库罗斯（Æschylus）发明了它们。在罗马，阿特拉笑剧中会用到此种面具，寻常剧目中则不会。面具的最初材质为树皮，之后被皮革、木材和青铜所取代。本页所见的面具种类也常见于大型建筑物的装饰。

1980

1981

1982

XVIe SIÈCLE. — CÉRAMIQUE FRANÇAISE.
(ÉPOQUE DE HENRI II.)

VASE OU BIBERON EN FAIENCE D'OIRON.
(AU MUSÉE DE SOUTH-KENSINGTON.)

1983

Les pièces de la fabrique d'Oiron sont au nombre de cinquante-quatre seulement. Celle-ci est incontestablement une des mieux composées et décorées.

此类瓦隆装饰品仅存五十四个。这无疑是其中最精美的一个。

Pieces of Oiron manufacture are only fifty-four in number. This is unquestionably one of the best composed and decorated.

XVIIe SIÈCLE. — FERRONNERIE FRANÇAISE.
(ÉPOQUE DE LOUIS XIII.)

CLOTURES OU GRILLES EN FER FORGÉ,
AU DIXIÈME DE L'EXÉCUTION.

1984

1985

La première de ces grilles en fer forgé, fig. 1984, a été dessinée dans la cathédrale de Rouen; elle clôt la chapelle de Saint-Eustache, la deuxième à droite en entrant dans la cathédrale. Nous n'en montrons ici que la moitié, la grille entière se composant de cinq travées, répétant invariablement le même motif. La disposition générale est ingénieuse, mais le couronnement, orné de lancettes, ne se lie guère avec le reste; on le supprimerait même, que l'œuvre n'y perdrait rien.

La fig. 1985 provient également d'une église.

在这两幅铁铸栏杆的图中，第一幅图 1984 可见于鲁昂大教堂。当进入这所教堂时，在右侧第二间圣尤斯塔修斯礼拜堂旁，就能看见这幅图样。但我们在这里只展示了全图的一半，全图分为五个部分，运用了同一图样。图样的整体布局具有独创性，但顶部的长矛状装饰与其余部分却有些格格不入，若是删去，也没什么大碍。

图 1985 同样来自这所大教堂。

The first of these two railings in wrought iron, fig. 1984, has been drawn in the cathedral of Rouen; it closes the chapel of Saint-Eustachius, the second on your right, when you enter the church. We show here but one half of it, the whole piece being composed of five divisions, all of which reproducing invariably the same motive. The general disposition is ingenious; but the top with its lance-shaped ornaments is little in keeping with the rest, and by its suppression the work would lose nothing.

Fig. 1985 comes likewise from a church.

XVIe SIÈCLE. — TRAVAIL FLAMAND. **BRODERIE. — FRAGMENT DE GUIPURE.**

GRANDEUR DE L'ORIGINAL.

(AU BUREAU DE L'UNION CENTRALE DES BEAUX-ARTS APPLIQUÉS A L'INDUSTRIE.)

1986

La broderie appelée ordinairement « Guipure » est un mélange de la broderie d'*application* et de la broderie au *lancé*. C'est la plus riche sous le rapport des matières employées. Elle met souvent en œuvre les fils d'or et d argent, les plumes, les pierreries, etc. La guipure ci-dessus est simple de matière, mais singulièrement compliquée de dessin. Les pleins sont bien combinés comme valeur avec les vides, et le *rhythme* des entrelacs est des plus ingénieux.

采用“水纹绣”绣法的绣品结合了加缝刺绣与镶边刺绣。此种绣品的材料常用金银绣线、羽毛、奇石等，因此得到了很高的赞誉。图中绣品所用的马尔他几何梭结花边虽是普通材料，却应用了复杂的图样设计。

绣品中的留白与整体艺术性地结合在一起，加上绣线的完美组合，促成了一幅协调的绣品。

The embroidery usually called « Guipure » is a combination of the *application* and *lancé* embroideries. It is the richest with respect to the materials used in it, as it often employs gold and silver threads, feathers, precious stones, etc. The above Maltese lace is of plain materials, but of a very complicate design.

The blanks and full parts artistically combine together, and the twines are nicely and harmoniously contrived.

XVIIe SIÈCLE. — ÉCOLE FRANÇAISE.

(ÉPOQUE DE HENRI IV.)

DÉCORATIONS INTÉRIEURES. — PORTE.

(AU CABINET DE SULLY, A L'ARSENAL.)

1987

C'est d'après un dessin de M. Albert Grand, qui vient de restaurer en entier le cabinet de Sully à la bibliothèque de l'Arsenal, que nous avons fait exécuter notre gravure. Dans de prochains numéros, nous avons l'intention de montrer un autre côté de ce précieux et intéressant cabinet. Précieux, parce que les décorations intérieures de cette époque deviennent de plus en plus rares, et intéressant à cause du parti pris décoratif adopté.

我们展示的此幅图片节选自阿尔伯特·格兰德(M.Albert Grand）的画作，格兰德刚刚完成了对阿森纳博物馆中萨利陈列馆的整体修复。未来我们希望能展示更多此陈列馆珍奇有趣的部分。馆内日益罕见且带有时代特色的内部装饰，以及大气灵动的装饰风格使得这座陈列馆的一摆一设都显得那么珍贵。

It is from a drawing by M. Albert Grand, he who has just entirely restored the Sully cabinet in the Arsenal library, that we have had our engraving executed. We intend to show in future numbers other parts of that precious and interesting closet, precious because of the interior decorations of its epoch becoming rarer everyday, and interesting for the decorative style unflinchingly adopted in it.

XVIe SIÈCLE. — ÉCOLE FRANÇAISE. — SCULPTURE.
(ÉPOQUE DE HENRI II.)

URNE CONTENANT LE CŒUR DE FRANÇOIS Ier
A SAINT-DENÍS.

Ce vase, œuvre de Pierre Bontemps, sculpteur, fut déposé jusqu'à la révolution à l'abbaye de Hautes-Bruyères. François Ier mourut, comme on sait, à Rambouillet, le 31 mars 1547, et Dubreuil (théâtre des Antiquitez de Paris) nous apprend que « le cœur du roi et ses intestins furent portez en l'abbaye de Nostre-Dame des religieuses de Hautes-Bruyères, qui est proche du dict Rambouillet, et mis au chœur de l'église, les dicts intestins en terre, et le cœur enchâssé sur une haute colonne d'albastre, devant la grande grille. » Pierre Bontemps reçut, dit un ancien registre de la Chambre des comptes, « la somme de 115 livres pour ouvrage de maçonnerie, et taille de sculpture en marbre blanc par lui faits de neuf à un vase pour le chœur de l'église de l'abbaye de Hautes-Bruyères, où est le cœur du feu roi François. »

Ce beau vase a été sauvé, dit M. de Guilhermy, avec son piédestal, par le directeur des monuments français, qui donna en échange une voie de bois, et ne crut pas faire un mauvais marché.

C'est d'après le modèle en relief des tombeaux de l'église de Saint-Denis, par M. Villeminot, sculpteur, que nous avons fait exécuter la gravure ci-jointe. Nous montrerons dans de prochaines pages *divers détails* à une grande échelle de cette œuvre remarquable de sculpture.

This vase, a work by the sculptor Peter Bontemps, was, to the time of the great French revolution, to be seen in the abbey of the Hautes-Bruyères. It is well known Francis I died at Rambouillet, on March, 31, and Dubreuil (théâtre des Antiquitez de Paris) tells us that « le cœur du roi et sês intestins furent portez en l'abbaye de Nostre-Dame des religieuses de Hautes-Bruyères, qui est proche du dict Rambouillet, et mis au chœur de l'église, les dicts intestins en terre, et le cœur enchâssé sur une haute colomne d'albastre, devant la grande grille. » P. Bontemps received, according to an old account-book of the Audit-office, « the sum of 115 pounds (French) for the mason's work and for the new carving in white marble by him executed to a vase for the church's choir of the abbey of Hautes-Bruyères, wherein is the heart of the late king Francis. »

This fine vase was saved, says M. de Guilhermy, with its pedestal, by the director of the French monuments, who gave in exchange for it a cart-load of wood, and not a bad bargain surely.

It is after the model in relief of the Saint-Denis tombs, by M. Villeminot, sculptor, that we have had the present engraving made. We shortly will show in our pages, and on a large scale, *divers détails* of that remarkable work of sculpture.

此瓶出自雕刻师皮埃尔·邦当(Peter Bontemps)之手，产于法国大革命时期，存于奥特·布鲁耶尔圣母院。弗朗索瓦一世于1547年3月31日在郎布依埃逝世，而巴黎古剧场的杜布勒伊(Dubreillet)告诉我们，国王的心脏及肠子被放置于奥特·布鲁耶尔圣母院的高坛，肠子在地上，心脏在门前的阿尔巴斯特高柱上。根据一本古老的账簿显示，邦当(P.Bontemps)因其泥瓦匠的工作加上为奥特·布鲁耶尔圣母院内高坛制作的白色大理石花瓶而得到了115镑。而已故国王的心脏就放在这个瓶子里。德吉列米先生(M. de Guilhermy)说这个瓶子得以保存多亏了一笔不太明智的交易。法国纪念碑的建造者连着底座一起用这个瓶子换了一车木材。雕刻家M.维尔米诺(M.Villeminot)依照圣丹尼的墓穴雕刻出了我们现在看到的样子。本页在此只做简单的展示，瓶身卓越的雕刻及细节却展露无疑。

ANTIQUITÉ. — FONDERIES ROMAINES. **TRÉPIED EN BRONZE.**

(MUSÉE NAPOLÉON III, AU LOUVRE.)

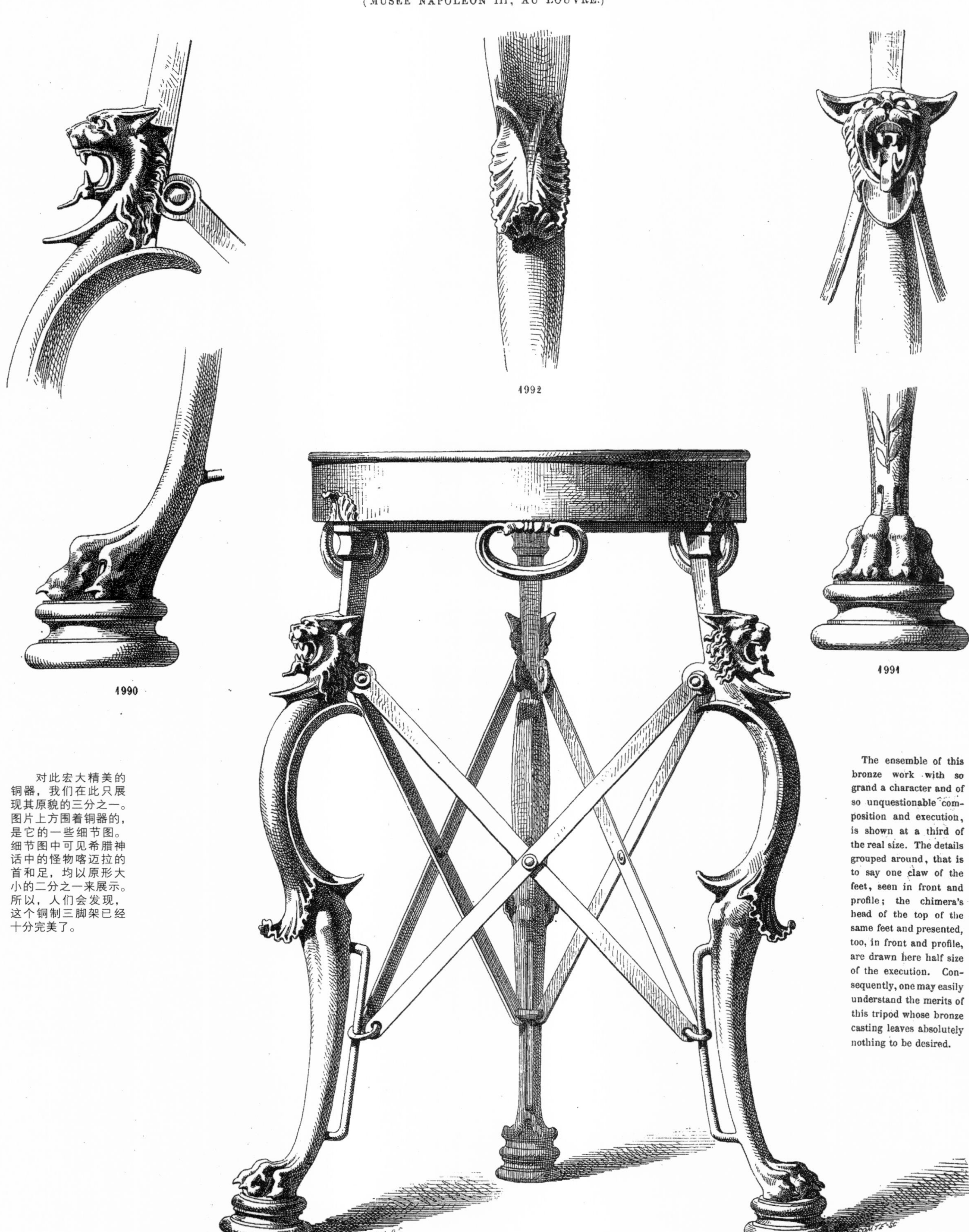

对此宏大精美的铜器，我们在此只展现其原貌的三分之一。图片上方围着铜器的，是它的一些细节图。细节图中可见希腊神话中的怪物喀迈拉的首和足，均以原形大小的二分之一来展示。所以，人们会发现，这个铜制三脚架已经十分完美了。

The ensemble of this bronze work with so grand a character and of so unquestionable composition and execution, is shown at a third of the real size. The details grouped around, that is to say one claw of the feet, seen in front and profile; the chimera's head of the top of the same feet and presented, too, in front and profile, are drawn here half size of the execution. Consequently, one may easily understand the merits of this tripod whose bronze casting leaves absolutely nothing to be desired.

L'ensemble de cette œuvre de bronze, d'un si grand caractère et d'une pureté de composition et d'exécution si incontestable, est présenté au tiers de l'exécution. Les détails groupés autour de l'ensemble, c'est-à-dire une griffe des pieds, vue de face et de profil, la tête de chimère du sommet des mêmes pieds, et présentée également de face et de profil, sont dessinés à moitié de l'exécution. On peut de cette façon se rendre compte du mérite de ce trépied dont la réussite, comme bronze fondu, ne laisse absolument rien à désirer.

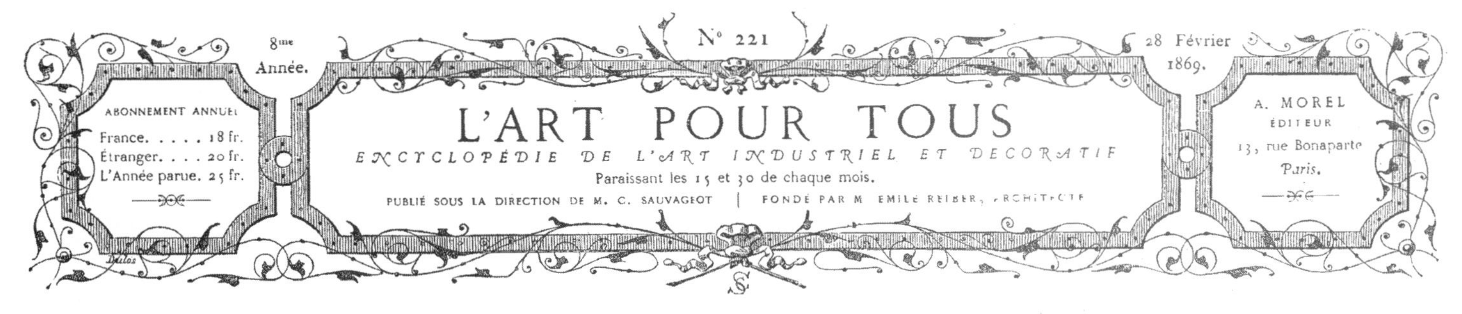
8me Année. — N° 221 — 28 Février 1869.

L'ART POUR TOUS

ENCYCLOPÉDIE DE L'ART INDUSTRIEL ET DÉCORATIF

Paraissant les 15 et 30 de chaque mois.

PUBLIÉ SOUS LA DIRECTION DE M. C. SAUVAGEOT | FONDÉ PAR M. EMILE REIBER, ARCHITECTE

ABONNEMENT ANNUEL
France. . . . . 18 fr.
Étranger. . . . 20 fr.
L'Année parue. 25 fr.

A. MOREL
ÉDITEUR
13, rue Bonaparte
Paris.

XVe SIÈCLE. — ÉCOLE ITALIENNE.

(CATHÉDRALE D'ORVIETO.)

PEINTURES A FRESQUES. — ARABESQUES

ATTRIBUÉES A LUCA SIGNORELLI.

DESSIN DE M. ALBERT GIRARD.

4993

Fragments d'une fresque peinte sur fond d'or dans une chapelle de la cathédrale d'Orvieto, et découverte depuis quelques années seulement. Le personnage central est le Dante.

此图为奥维多大教堂一个礼拜堂里的部分壁画，数年前才被发现。图片中心人物为但丁（Dante）。

Fragments of a fresco painted on golden ground in a chapel of the cathedral of Orvieto and discovered only a few years since. The central personage is Dante.

XVIIIe SIÈCLE. — ÉCOLE FRANÇAISE.

(ÉPOQUE DE LOUIS XVI.)

VIGNETTES. — FLEURONS. — CULS-DE-LAMPE,

PAR P.-G. BERTHAULD.

1994 1995 1996 1997 1998 1999

Motifs extraits de la deuxième suite de culs-de-lampe et fleurons à l'usage des artistes; inventés par P.-G. Berthault et publiés chez Chereau, rue des Mathurins, aux deux piliers d'or (avec privilége du roi). — Voy. les précédents numéros de l'*Art pour tous*.

此页展示的是章末装饰图第二个系列的基本图案。图样由P·G·贝尔霍尔德（P.-G.Berthauld）绘制，在巴黎马蒂兰街拥有皇家许可的夏罗尔处印刷出版。（详见本书前面的章节）

Motives from the second series of tail-pieces *ad usum* of artists; invented by P.-G. Berthauld and published at Chereau's, in Mathurins-street, Paris, at the sign of the two golden-pillars (by royal licence). — See the anterior numbers of the *Art pour tous*.

XVIe SIÈCLE. — CÉRAMIQUE FRANÇAISE. (ÉPOQUE DE HENRI II.)

ACCESSOIRES DE TABLE. — SALIÈRE DE LA FABRIQUE D'OIRON.

MUSÉE DU LOUVRE. — ANCIENNE COLLECTION SAUVAGEOT.

On sait combien sont rares les pièces fabriquées à Oiron, et à quel prix élevé elles atteignent aujourd'hui. Parmi les cinquante-quatre pièces connues et cataloguées, pièces où l'on remarque des coupes, des pots à cire, des flambeaux, des aiguières, des biberons, il faut citer en première ligne peut-être la salière que nous montrons ici.

On y remarque, comme dans la plupart des objets de cette fabrique *seigneuriale et privée*, l'emploi de certaines formes architecturales de l'époque et l'application d'ornéments typographiques que les livres du xvie siècle nous montrent en si grande abondance; seulement, il faut le dire, les lignes et les moulures empruntées à l'architecture sont bien disposées et dans de bonnes proportions, et des nielles ingénieuses et variées viennent enrichir l'objet sans en détruire les lignes principales.

Cette salière est triangulaire, avec angles abattus, où prennent place des enfants nus, appuyés sur des cartouches armoriés. Les pieds sont trois masques humains amortis par des consoles. Les ornements niellés, disposés par bandes suivant les moulures, sont d'un goût si exquis, que nous avons eu la pensée de les ajouter l'ensemble en les doublant de dimension. En effet, on saisira mieux de cette façon le principe de cette ornementation, qui semble un souvenir ou une imitation d'ornements arabes ou mauresques.

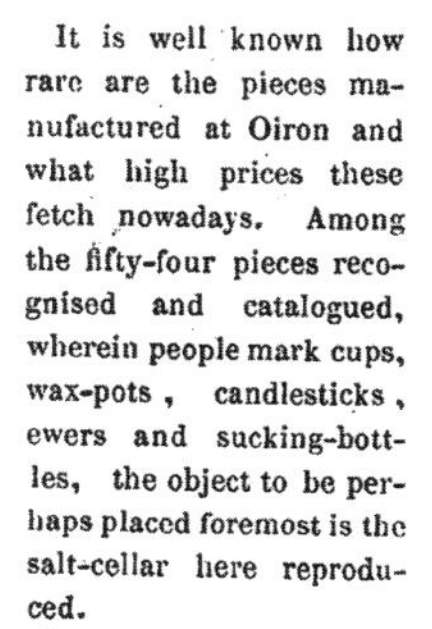

It is well known how rare are the pieces manufactured at Oiron and what high prices these fetch nowadays. Among the fifty-four pieces recognised and catalogued, wherein people mark cups, wax-pots, candlesticks, ewers and sucking-bottles, the object to be perhaps placed foremost is the salt-cellar here reproduced.

In it, as in most of the productions of that manufacture, there is to be noted the use of certain architectural forms of that epoch and the appliance of typographic adornments which are abundantly found in books of the xvith. century; only we must add that the lines and mouldings borrowed from architecture are well disposed and in nice proportions, and that ingenious and well disposed nielli come and enrich the object without destroying its principal lines.

This salt-cellar is triangularly shaped, with cut down angles against which stand naked children leaning upon cartouches with scutcheons. The feet are three human masks with consols. The ornaments in nielli, disposed in bands and following the mouldings, are so exquisitely contrived that we have thought proper to add them to the whole thing in enlarging them to twice their relative dimensions. In fact, it will be so much easier to understand the principle of this ornamentation which seems a remembrance or imitation of the Arabic or Morish style.

众所周知，这些瓦隆图样十分名贵，且在当今社会都获得了极高赞誉。在五十四件已被辨别及确认的杯子、蜡罐、烛台、水壶及婴儿奶瓶上，精致的瓦隆图样清晰可见。此页上方的展示图样来自一个盐罐。

在当时大多数的工艺制造品中，都显示出了那个时代鲜明的特色及特定建筑型式，器械印出的装饰也大量见于16世纪的书籍中。借鉴于建筑样式的装饰性线条布局合理且精美，精致的乌银镶嵌装饰在不破坏原有线条的情况下，丰富的整个物体。

图中的这个三角盐罐以裸体的小天使为垂直装饰，天使周围是涡卷饰及装饰标牌。支撑着这个盐罐的三只带托架的脚上分别雕刻着三张人物面具。此物所用乌金镶嵌装饰及饰带是如此的精致讲究，我们在此将它们扩大了两倍，以供更仔细地欣赏。我们能更清晰的看到，此乌金镶嵌装饰运用或仿照了阿拉伯式或摩尔式装饰。

2001

2000

2002

2003

XVIIe SIÈCLE. — FERRONNERIE FRANÇAISE.
(ÉPOQUES DE LOUIS XIII ET LOUIS XIV)

FRAGMENTS DE BALCONS EN FER FORGÉ.
AU DIXIÈME DE L'EXÉCUTION.

2004

2005

2006

2007

C'est surtout dans cette sorte de ferronnerie que la simplicité des formes apparaît comme une règle de bon goût et de rationalisme. On rencontre encore fréquemment des œuvres de cette nature en tous points dignes d'imitation.

这些铁制装饰品的形式简洁，其高雅典致展露无疑。其值得借鉴的样式是我们在寻常装饰中十分少见的。

It is specially in iron-works that the simplicity of forms appears as a rule of good taste and reason. Not unfrequently do we meet with objects of that kind in every respect worthy of being imitated.

XVIe SIÈCLE. — ÉCOLE FRANÇAISE.

(ÉPOQUE DE HENRI II.)

SCULPTURE. — DIANE CHASSERESSE.

BAS-RELIEF EN MARBRE.

(COLLECTION DE M. D'YVON.)

2008

Ce bas-relief, dont l'exécution est des plus remarquables, appartient sans conteste à l'école de Jean Goujon. On y retrouve beaucoup la science et l'habileté du maître, dont une des qualités principales était, on le sait, de présenter dans sa sculpture beaucoup de relief et de modelé avec peu de saillie. Le marbre que nous avons fait graver est dans ces conditions.

Diane est entièrement nue et assise. A ses pieds sont ses deux chiens Rocion et Cirius; elle s'appuie sur l'un d'eux, tandis que son bras gauche entourant le cerf tient un javelot. Le corps de la déesse est parfait; c'est la nature prise sur le fait et exempte de toute convention.

Il était de mode à la Renaissance de peindre, sculpter ou graver des Dianes chasseresses et de rappeler dans leur exécution les traits de la duchesse de Valentinois. Nous ne savons si l'auteur de ce bas-relief s'est inspiré directement pour sa figure de la belle favorite de Henri II.

这幅精美的浅浮雕无疑出自让・古戎（Jean Goujon）的手法，作品体现了这位名家的杰出技艺。众所周知，古戎的浮雕和雕塑作品中总是带有一丝现实指向性。此幅大理石浮雕也正体现了这一点。

图中雕刻了裸体并半倚着的黛安娜（Diana）和她的两条狗罗西奥（Bocio）和西里斯（Cirius），她倚在其中一条狗身上，环绕着一头雄赤鹿的左手还握着一支投枪。她所展示的完美的女神体态不受习俗偏见的拘束，闪着奇异的光彩。

这就是文艺复兴时期绘画及雕刻的潮流，也是这幅参照瓦伦蒂诺（Valentinois）公爵夫人形象所作的女猎人雕刻所带有的特点。我们不知道创作这幅浅浮雕的作者是否从亨利第二个最美丽的爱妃身上得到了灵感。

This basso-relievo, whose execution is most remarkable unquestionably belongs to the school of Jean Goujon. There is to be found in it much of the science and skill of that master, one of the chief qualities of whom was, it is known, the power of giving his sculptures a great deal of relief and model, with little real projection. The marble which we have had engraved presents those very particulars.

Diana is quite naked and half recumbent. Her two dogs, Rocio and Cirius, are by her, and she is leaning on one of them, whilst her left arm encircling the hart's neck holds a javelin. The body of the goddess is perfect; it is nature revealing herself in her splendour and free from any conventional bias.

It was the fashion, at this epoch of the Renaissance, to paint, carve or engrave huntresses Dianæ with the features of the duchess of Valentinois. We do not know wether the author of this low-relief has got a direct inspiration, for his figure, from Henry the Second's beautiful favorite.

XIXe SIÈCLE. — ÉCOLE CONTEMPORAINE. **CHAIRE A PRÊCHER DE NOTRE-DAME DE PARIS.**

COMPOSITION DE M. E. VIOLLET-LE-DUC, ARCHITECTE.

Dessiné par L. Sauvageot, arch. — 2009 La menuiserie par M. Mirgon. — La sculpture par M. Corbon. Strasbourg, typ. G. Silbermann.

XIXe SIÈCLE. — ÉCOLE CONTEMPORAINE.

CHAIRE A PRÊCHER DE NOTRE-DAME DE PARIS.

COMPOSITION DE M. E. VIOLLET-LE-DUC, ARCHITECTE.

2010
PARTIE SUPÉRIEURE
de la Chaire.
Au dixième de l'exécution.

2011
COUPE.

2012
à 0m,025 p. m.

PLAN
sur le
SOUBASSEMENT.

PLAN
sur la
CUVE.

Dessiné par L. Sauvageot, arch.

Strasbourg, typ. G. Silbermann.

DÉTAILS DE LA CHAIRE A PRÊCHER.

ANTIQUITÉ. — FONDERIES ROMAINES.

(A LA BIBLIOTHÈQUE IMPÉRIALE.)

CANDÉLABRES EN BRONZE

AUX TROIS QUARTS DE L'EXÉCUTION.

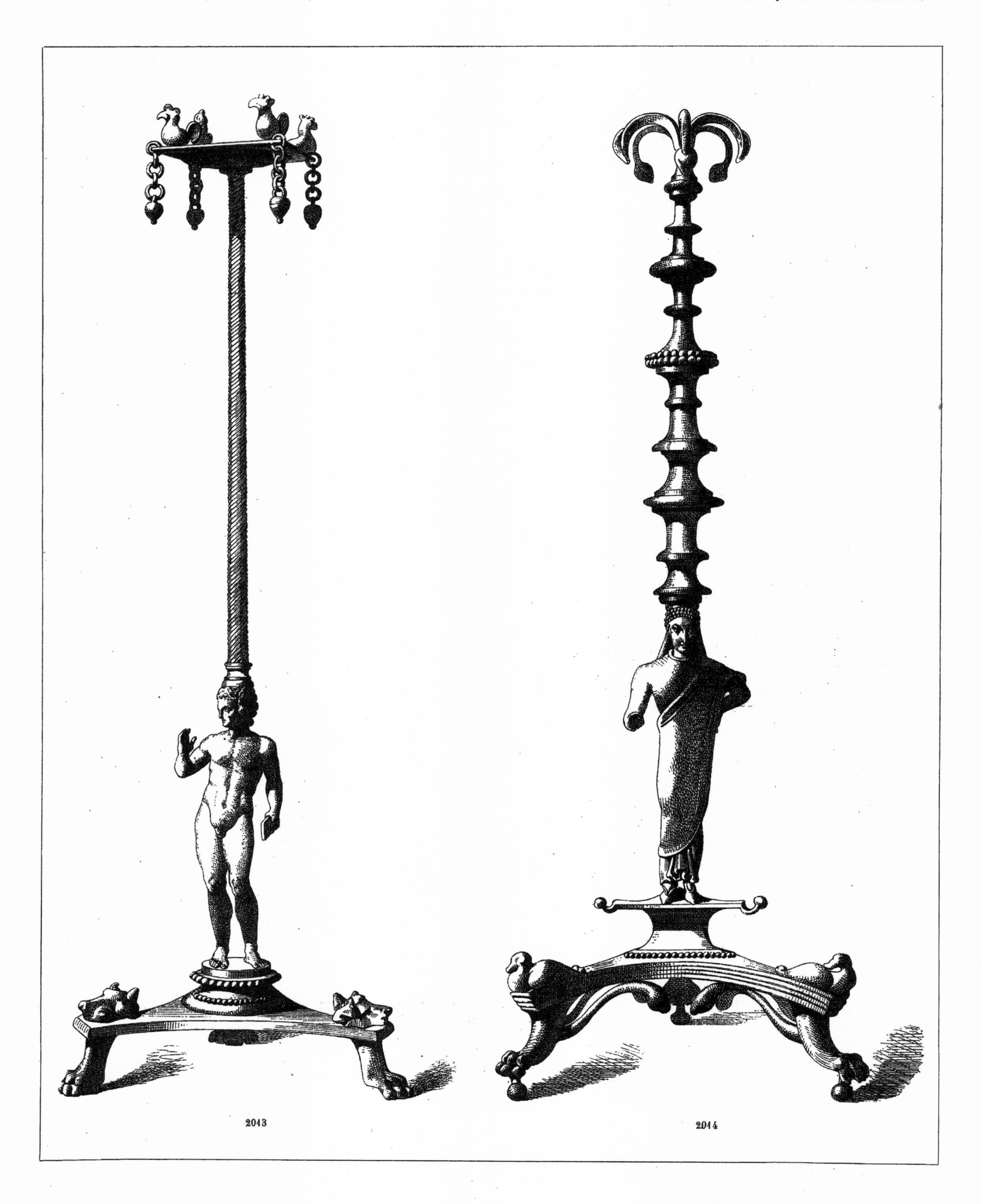

Le no 2013 fait partie des anciennes collections de la Bibliothèque impériale. — Le no 2014 a été récemment donné par le vicomte de Janzé.

图2013是皇家图书馆的收藏。图2014来自让泽（Janze）子爵的赠与。

No 2013 is a part of the ancient collections at the Bibliothèque impériale. No 2014 has been given of late by the viscount of Janzé.

ART CHINOIS ANCIEN. — ÉMAUX.

VASE A ÉMAUX CLOISONNÉS.

(COLLECTION DE M. ÉMILE GALICHON.)

The « cloisonné » enamel of the ancient Chinese was carried, one may say, to the perfection in that branche of the art. In proof thereof stands unquestionably the vase here shown and which we borrow from the *Gazette des Beaux-Arts;* it is well known to the artists and amateurs of the best articles of virtu; for it was placed in diverse exhibitions and has not a few times already received the honour of being made known to the public. « Everything in it is admirable, says Mr Philippe Burty *(Arts industriels)*; the shape is on a par with that of the most severe Etruscan vases; the tone is as harmonious as that of a Cashmere shawl; even the materials imperceptibly rugous or rather punctured everywhere with the small air-bubbles which burst during the baking process, hold the light in and soften the too vivid reflex. — The arrangement of the handles, formed of monster's 'heads, indicates too, the care with which the Orientals break the monotony of the outline. » We are not alone, as may be seen, to admire this fine antique Chinese piece, and we hope that the reader will be anything but displeased with us for having reproduced it in our review.

2045

中国古代的景泰蓝瓷瓶是艺术史上一几近完美的分支，我们在此展示的这一精美的花瓶就是最好的证明，这一图样取自《美术公报》。艺术家和普通人都深知它的古董价值。在它面向世人的多次展示中，收获了众多赞誉。艺术界的菲利普・布尔蒂（Mr Philippe Burty）称“它的每一处都是那么的令人赞叹”。它的形状是同类中最具有伊特鲁利亚特色的，瓶身色调如羊绒披肩般柔和协调；瓶体材质上细微的褶皱及瓶身上因烧瓷时产生的小气泡，使照射在瓶身的强烈光线变得柔和。瓶身手柄上的兽首打破了单调，体现了东方元素。我们绝不是喜爱此件瓷器的唯一的人，我们也希望能收藏这样一件精美的藏品。

L'émail cloisonné des Chinois anciens a su atteindre, on peut le dire, la perfection dans cette branche de l'art. Le vase que nous empruntons aujourd'hui à la collection du directeur de la *Gazette des Beaux-Arts* en est une preuve incontestable; il est fort connu des artistes et des amateurs de haute curiosité, car il a figuré dans diverses expositions et a reçu plusieurs fois déjà les honneurs de la publicité. « Tout en est admirable, dit M. Ph. Burty (*Arts industriels*); la forme peut lutter avec celle des plus sévères vases étrusques, le ton est harmonieux comme celui d'un châle de cachemire; la matière même, insensiblement rugueuse ou piquassée, c'est-à-dire piquée de petits points par les bulles d'air qui ont crevé pendant la cuisson, retient la lumière et atténue les reflets trop vifs. — L'arrangement des anses, formées de têtes de monstre, marque aussi le soin avec lequel les Orientaux rompent la monotonie de la silhouette. » Nous ne sommes pas seuls, on le voit, à admirer cette belle pièce chinoise antique, et on ne nous saura pas mauvais gré, nous l'espérons, de l'avoir fait figurer dans notre recueil.

XVe SIÈCLE. — TRAVAIL ALLEMAND.

CHASSE OU RELIQUAIRE EN CUIVRE DORÉ.

(A M. BASILEWSKI.)

2016

Ce qui caractérise cette châsse du xve siècle, c'est sa forme empruntée à certaines maisons de l'époque. Les côtés montrent des arcatures ajourées ; le *toit* est orné d'une crête et d'imbrications. — Le tout flanqué aux angles de quatre contre-forts posant sur des lions.

这座 15 世纪的庙宇体现了当时某些特定的建筑型式。此面可见一透空式拱廊；拱廊顶部带有顶饰及鳞状图案。拱廊四角底部还饰有石狮子型支墩。

That which characterizes this shrine of the xvth. century is its form borrowed from certain houses of this epoch. The sides have open-worked arcades; the « roof » is ornated with a crest and with imbrications. — The whole object has at its angles four buttresses resting on lions.

ANTIQUITÉ. — CÉRAMIQUE GRECQUE.

(A LA BIBLIOTHÈQUE IMPÉRIALE.)

DÉCORATION ARCHITECTURALE. — ANTÉFIXES

EN TERRE CUITE PEINTE.

Ces deux monuments de céramique grecque sont déposés à la Bibliothèque impériale parmi d'autres objets antiques de même nature et d'un égal intérêt.

La fig. 2017 est composée d'un buste de Silène barbu, le front ceint d'un diadème et couronné de pampres qui se détachent en haut relief d'une sorte de coquille; les peintures sont à deux tons : en bleu et rouge.

Ce fragment antique, d'un très-beau style grec, a été trouvé en Sicile et acquis pour la Bibliothèque en 1840 à la vente de M. le vicomte Beugnot. — Hauteur, 28 centimètres; largeur, 26 centimètres.

Le motif inférieur (figure 2018) montre une tête de Vénus diadémée, se détachant également en relief au milieu d'une coquille non moins archaïque que la précédente. — Les rayons de cette coquille sont colorés alternativement en rouge et en noir, séparés par des parties blanches. — Cet exemple de céramique peinte, d'ancien style et d'un très-beau caractère, a été également acquis en 1840 à la vente de M. Beugnot. — Hauteur, 28 centimètres; largeur, 26 centimètres.

2017

These two samples of the Greek ceramic are deposited in the Bibliothèque impériale among other antique objects of the same nature and equal interest.

Fig. 2017 is the bust of a bearded Silenus with diademed brow, and crowned with vine-branches which detach themselves in high relief from a kind of shell; the colouring is blue and red.

This antique fragment of a very fine Greek style was found in Sicily and bought for the great French library at the sale of viscount Beugnot's. — Height : 28 centimetres; width : 26 centimetres.

The lower motive (fig. 2018) shows the diademed head of a Venus, which likewise detaches itself in relief from the middle of a not less Archaic shell than the upper one. — The rays of the latter shell are alternately coloured red and black with dividing white parts. — This sample of ceramic painted in an ancient style and having a very fine character, was purchased too, in 1840, at the sale of Mr Beugnot's. — Same dimensions as in the former.

图中这两件瓷器与其他同类瓷器一起，都藏于皇家图书馆。

图 2017 是一座西勒诺斯（Silenus）的半身像，这位森林之神蓄着胡须，额上戴着带状头饰，头饰上绕着葡萄枝叶。在此高凸浮雕中，葡萄枝叶分隔出的人物形象比贝壳型底纹更加突出。此物着以蓝色和红色。

此座希腊式雕像发现于西西里岛，后经伯尼奥（Beugnot）子爵拍下后，赠给了法国皇家博物馆。这座半身像高 28 厘米，宽 26 厘米。

下方的图 2018 展现的是带冠的维纳斯（Venus）头像，与上图同样古老，冠饰同样也分隔了中心图样及贝壳型底纹。贝壳底纹中的射线图纹非黑即红，并加以白块间隔。这个古式绘制瓷器特点鲜明，在 1840 年同样被伯尼奥先生（Beugnot）买下。此物与上图半身像尺寸相同。

2018

XVIIe SIÈCLE. — ÉCOLE FRANÇAISE.
(ÉPOQUE DE LOUIS XIV.)

MARQUETERIE D'ÉCAILLE ET DE CUIVRE,
PAR BOULE.

(A LA BIBLIOTHÈQUE IMPÉRIALE.)

2020 2019 2021

2022

Ces bandes ornées, ces fragments de marqueterie, appartiennent à un médailler qui se voit dans l'une des salles de la Bibliothèque impériale. Ces ornements, d'un goût pur, décorent les montants et les traverses du meuble et sont, à n'en pas douter, du maître célèbre qui nous a laissé tant de chefs-d'œuvre en ce genre. (Moitié de l'exécution.)

这些体现镶嵌细工的装饰带藏于皇家图书馆的其中一间纪念章陈列室中。这些饰带样式高雅，无疑出自名作众多的名家之手。（展示图样为实际藏品的二分之一）

These ornated bands and fragments of marquetry belong to a cabinet of medals which is to be seen in one of the rooms of the Bibliothèque impériale. The ornaments, of a chaste style, adorn the uprights and crossbars of the fabric, and doubtless are the work of the celebrated artist who left us so many master-pieces of that kind (half size of the execution).

8e Année. — N° 224 — 15 Avril 1869.

L'ART POUR TOUS

ENCYCLOPÉDIE DE L'ART INDUSTRIEL ET DÉCORATIF

Paraissant les 15 et 30 de chaque mois.

PUBLIÉ SOUS LA DIRECTION DE M. C. SAUVAGEOT | FONDÉ PAR M. EMILE REIBER, ARCHITECTE

ABONNEMENT ANNUEL
France. . . . . 18 fr.
Étranger. . . . 20 fr.
L'Année parue. 25 fr.

A. MOREL
ÉDITEUR
13, rue Bonaparte
Paris.

XVIIIe SIÈCLE. — CÉRAMIQUE HOLLANDAISE.
FAIENCE PEINTE.

ACCESSOIRES DE TABLE. — BUIRES OU PETITES AIGUIÈRES.
(AU MUSÉE DE CLUNY, A PARIS.

2023 2024

Ces deux objets provenant de la fabrique de Delft paraissent toutefois sortir des mains d'ouvriers italiens qui, tout en empruntant les formes générales à la céramique de leur pays, les ont décorés de motifs chinois et d'ornements flamands particuliers à la célèbre fabrique dont les pièces sont si recherchées aujourd'hui.

这两件物品属代夫特陶器制品，制作它们的意大利人借鉴了他本国的瓷器样式，运用了当今名作里特有的中式图案及佛兰德式装饰。

These two objects come from the Delft manufacture, yet they seem to be the work of Italian artists who, while borrowing the general forms from their own country's ceramic, have endowed their work with Chinese motives and Flemish ornaments peculiar to the celebrated manufacture the pieces from which are to-day in such a request

XVIIe SIÈCLE. — FABRIQUE FLAMANDE.
(ÉPOQUE DE LOUIS XIII.)

MEUBLE. — BAHUT EN CHÊNE SCULPTÉ.
(COLLECTION DU MUSÉE DE CLUNY, A PARIS.)

AU HUITIÈME DE L'EXÉCUTION.

文艺复兴时期的雕刻家具，如衣柜、拱门或匣子等，都借鉴了建筑型式及样式，十分常见，也十分精美。图中这个柜子虽不是最名贵的，能让你一眼就看中的名作，但也没有人能否认其上乘质量和精美装饰。前部带有凹槽的圆柱，尽管有些敦实，其间的天使装饰效果及线条美观大方，风格精致高雅。这个柜子也增加了其摆放的房间的整体装饰效果。

柜子前部的两个壁龛内有两个道德天使：“审慎”与“毅力”。中心嵌板中则描绘了尤迪特（Judith）斩下荷罗孚尼（Holofernes）头颅的场景。图 2026 展示的是柜子中心图样的边框装饰。

2025

2026

The Renaissance carved pieces of houschold furniture, as *bahuts*, arks or coffers, have very often taken their general shape and decoration from the forms and lines of architecture's; and one may say those so made are but always the best made. — This here chest is certainly not one of those rare and precious objects, one of those master-works to be at once admired; but nobody can gainsay its serious qualities, and those very qualities have come to it from the employment of an architectural decoration. The fluted columns, a little squat, though, which adorn the angles of the fore-parts, produce a nice effect; the mouldings have a good profile, and their ornaments are in fine style. — It is easily understood this little fabric was to increase the decoratife effect of the room wherein it was placed.

The two niches of the fore-parts contain two virtues : Prudence and Strength, and the middle panel presents, in a naive scene, Judith who has just cut off the head of Holofernes. — Fig. 2026 shows the full length of a part of the ornated moulding which serves for a frame to the central subject.

Les meubles sculptés de la Renaissance, bahut, arche ou coffre, ont très-souvent emprunté leur forme générale et leur décoration aux formes et aux lignes de l'architecture, et il faut dire que ceux qui procèdent ainsi sont presque toujours les mieux réussis. — Le bahut montré aujourd'hui n'est pas assurément un de ces meubles rares et précieux, un de ces chefs-d'œuvre que l'on admire de prime abord, mais on ne peut lui refuser des qualités sérieuses, et ces qualités lui viennent précisément de l'emploi d'une décoration architecturale. — Les colonnes cannelées, bien qu'un peu trapues, qui ornent les angles des avant-corps font bon effet, les moulures sont bien profilées, et les ornements qu'elles reçoivent d'un bon goût. — Il est certain que ce petit meuble devait facilement aider à l'effet décoratif de la pièce qui le renfermait.

Les deux niches des avant-corps contiennent deux vertus : la Prudence et la Force, et le panneau du milieu présente, dans une scène naïve, Judith venant de trancher la tête à Holopherne. — La fig. 2026 montre, grandeur d'exécution, une partie de la moulure ornée qui encadre le sujet central.

XVIe SIÈCLE. — CÉRAMIQUE FRANÇAISE.

FAIENCE DITE D'OIRON.

OBJETS DU CULTE. — BÉNITIER EN FAIENCE ÉMAILLÉE.

DE LA GRANDEUR DE L'EXÉCUTION.

(MUSÉE DU LOUVRE. — COLLECTION SAUVAGEOT.)

Dans la fig. 2027 on montre l'objet de face : l'anse triple et adhérente se développe dans toute son importance, et le Christ en croix disposé sous le goulot relevé, est vu de face aussi. — Le vase est décoré de trois écussons de France : sous la courbe principale de l'anse, existe un couvercle s'ouvrant en deux parties ornées d'une coquille et relevées ensemble par une charnière en faïence. — Diverses parties sont en terre naturelle émaillée blanc ; mais toute l'ornementation de la panse du vase est exécutée en noir sur un fond de terre jaune. — Le décor de la frise inférieure et de celle au-dessus du couvercle est le seul qui soit sur fond brun.

La régularité des ornements, imparfaite par place, laisse supposer que le décor est obtenu au moyen d'un procédé quelconque de décalque.

❀

图 2027 展现的是该物的正面全景。瓶身正面可见三个位于不同位置的手柄，以及瓶颈下方十字架上的耶稣。瓶身饰有三个法国盾型纹章：在提手的主要纹饰下，有一个可打开的盖子，提手两边各有一彩陶铰链连接两侧的把手。各式各样的天然黏

2027　　2028

Fig. 2027 presents the object full front; the threefold and adherent handle is seen in all its development and importance, and below the raised neck, Christ on the cross is also seen full front.—The vase is embellished with three scutcheons of France; under the handle's main curve there is a lid which opens in two portions, ornated with a shell and which are both raised together by means of a faience hinge. — Divers parts are in natural clay with white enamel; but the whole ornamentation of the vase's belly is in black on a ground of yellow earth. — The only decoration of the lower frieze and that over the lid have a brown ground.

The regularity of the ornaments, here and there imperfect, leads one to suppose this decoration was obtained through some process of counter-draw.

❀

土被上以白色瓷釉，可此瓶腹部的装饰却用的是黄土为底，黑色为饰。只有底部的横条装饰带和盖子上的花纹是棕色的。

这些纹饰十分规整，尽管这儿或那儿会有些瑕疵，会让人推想这些装饰是通过临摹获得的。

ART CHINOIS ANCIEN. — ORFÉVRERIE.

(COLLECTION DE M. G. BRION.)

CHANDELIERS EN FONTE DE BRONZE.

AUX DEUX TIERS DE L'EXÉCUTION.

2029

A la vue de ces deux objets on sera peut-être tenté de nous reprocher une sorte de prédilection pour l'art industriel chinois. — Cette prédilection s'explique, si l'on veut, par les pièces de toute sorte dont on se trouve en possession depuis la dernière expédition en ce pays, et qui viennent montrer chez ce peuple ancien un goût des arts qu'on n'était pas toujours disposé à lui accorder dans toute sa vérité.

Au sujet des deux flambeaux que nous présentons aujourd'hui nous voulons établir une sorte de rapprochement, une similitude, qu'il n'est guère possible de nier, entre l'orfévrerie dite romane de nos pays européens et l'orfévrerie chinoise ancienne.

Nous n'osons guère assigner une date à ces deux chandeliers, mais des gens compétents les font remonter aux premiers siècles de notre ère.

❀

看到这两个物体时，我们也许会责备自己对于中国工艺的偏爱。通过上个世纪对中国的军事远征，我们才在各个方面都见识到了前人无疑不具有的古代中国人民在艺术上崇高的品位。

我们在此展示了两个华丽的大烛台，是想确定两者的异同，同时也想与罗马式进行比较，准确来说是欧洲国家与古代中国的银器作对比。

对这两个烛台的年代鉴定，我们不敢妄下定论。但有关人员称它们的年代可追溯到公元 1 世纪。

❀

A look at these two objects may let us open to the reproach of a certain partiality for the Chinese industrial art. — All that can be answered is that such articles of every kind, which have come in to our possession since the last military expedition in that country, show in that ancient people a taste for arts which people were not before disposed to grant undisputed.

About these two flambeaus here presented we want to establish a kind of accordance and similitude, which it is rather hard to deny, between the Romance, or so called, silversmith's art of our European countries, and that of the antique Chinese.

We rather refrain from giving a date to these two candlesticks; but competent persons hold them as going as far back as the first centuries of our era.

2030

8me Année. N° 225 30 Avril 1869.
ABONNEMENT ANNUEL
France. . . . . 18 fr.
Étranger. . . . . 20 fr.
L'Année parue. 25 fr.
L'ART POUR TOUS
ENCYCLOPÉDIE DE L'ART INDUSTRIEL ET DÉCORATIF
Paraissant les 15 et 30 de chaque mois.
PUBLIÉ SOUS LA DIRECTION DE M. C. SAUVAGEOT | FONDÉ PAR M. EMILE REIBER, ARCHITECTE
A. MOREL
ÉDITEUR
13, rue Bonaparte
Paris.

XVIe SIÈCLE. — TRAVAIL ITALIEN. **CADRE DE MIROIR EN BOIS SCULPTÉ.**

(COLLECTION DE M. DEMACHY.)

2031

Ce cadre de miroir est une des belles œuvres de sculpture qui aient figuré à l'Exposition rétrospective de 1865, faite par les soins de l'Union centrale des arts appliqués à l'industrie. — C'est là que nous l'avons fait dessiner : nous sommes donc en retard avec elle, mais nous n'avons aucune crainte, malgré cela, de la voir mal accueillie de nos lecteurs. — Les belles choses demeurent toujours belles et peuvent se dispenser d'être montrées en temps opportun.

这面镜子出现在 1865 年的回顾展中，是展内最精美的雕刻品之一。多亏了中央艺术联盟，这面镜子才得以展出。我们也是在那个展览上绘制了这幅图样，同时我们也承认这幅图样完成的有些迟，然而我们的读者就算有些不快也没关系，因为美好的东西终究是美好的，就算有时来的迟了也是可以原谅的。

This mirror frame is one of the fine works of sculpture which appeared at the retrospective Exhibition of 1865, that took place thanks to the central Union of the fine arts as applied to industry. — It is there we have had it drawn, and whilst we confess the drawing comes rather late, we nevertheless fear not to see our readers receive it unkindly for all that. — Fine things always remain fine and can be excused for their not being shown quite timely.

XVe SIÈCLE. — ÉCOLE ITALIENNE.
(CATHÉDRALE D'ORVIÉTO.)

PEINTURES A FRESQUE. — ARABESQUES,
ATTRIBUÉES A LUCA SIGNORELLI.

(DESSIN DE M. ALBERT GIRARD.)

2032

Fragments d'une fresque peinte sur fond d'or dans une chapelle de la cathédrale d'Orvieto.

奥维多大教堂某礼拜堂中金色底面壁画的一部分。

Fragments of a fresco painted on golden ground in a chapel of the Orvieto cathedral.

XVIᵉ SIÈCLE. — ÉCOLE FRANÇAISE.
(ÉPOQUE DE CHARLES IX.)

RELIURE. — COUVERTURE DE LIVRE.
(COLLECTION DE M. G. BRION.)

2033

Le motif central et les quatre écoinçons de cette reliure du XVIᵉ siècle sont d'un goût correct et sérieux, non dépourvu cependant de grâce et de charme. — Ces motifs rehaussés d'or seraient volontiers applicables à une décoration architecturale, et plus d'un architecte, plus d'un sculpteur, nous l'espérons, en feront leur profit.

Le livre aussi artistement relié est l'*Histoire de Marc-Aurèle, vray miroir et horloge des princes, Paris, Jehan le Royer, imprimeur du roy, MDLXV.*

此装订面上的中心图样及四个角上的图样均来自16世纪，图样周正严谨，却不失优雅美丽。这些图样以黄金为点缀，很容易就能应用于建筑型式，我们希望能有更多的建筑师或雕塑家，把这些图样应用于实际。

这本封面如此艺术的书名为《马克·奥雷莱的故事》，由国王的印刷工杰汉·罗耶（Jehan le Royer）所著。

The central motive and the four angle-ties of this binding, from the XVI th. century, have a correct and serious style, yet not devoid of grace and charm. — These motives, set off with gold, would easily apply to an architectural decoration, and more than one architect or sculptor, we hope, will turn them to account.

The book so artistically bound is the *Histoire de Marc-Aurèle, vray miroir et horloge des princes.* Paris, Jehan le Royer, printer to the king, MDLXV.

XVIIe SIÈCLE. — ÉCOLE FLORENTINE.
(AU MUSÉE DU LOUVRE A PARIS.)

ANCIENS MAITRES. — DESSINS ET COMPOSITIONS,
PAR BERNARDINO POCCETTI.

2034 2035

Fac-simile d'un dessin à la plume de Bernardino Poccetti, maître florentin. — Ce dessin porte le n° 1548 du catalogue du musée. — Notre reproduction est de la grandeur même de l'original.

这幅笔墨临摹的作者是伯纳迪诺·波切蒂（Bernardino Poccetti），一位佛罗伦萨画派的大师。这幅画是博物馆目录册中的第 1548 号。我们以原图大小展示了这幅图。

Fac-simile of a pen and ink drawing by Bernardino Poccetti, a Florentine master. — This drawing bears the n° 1548 of the catalogue of the Museum. — Our reproduction has the exact size of the original.

8me Année. № 226 15 Mai 1869.

XVIe SIÈCLE. — ÉCOLE DE LIMOGES.

(COLLECTION DE M. BASILEWSKI.)

L'ADORATION DES MAGES.

ÉMAIL DE PENICAUD.

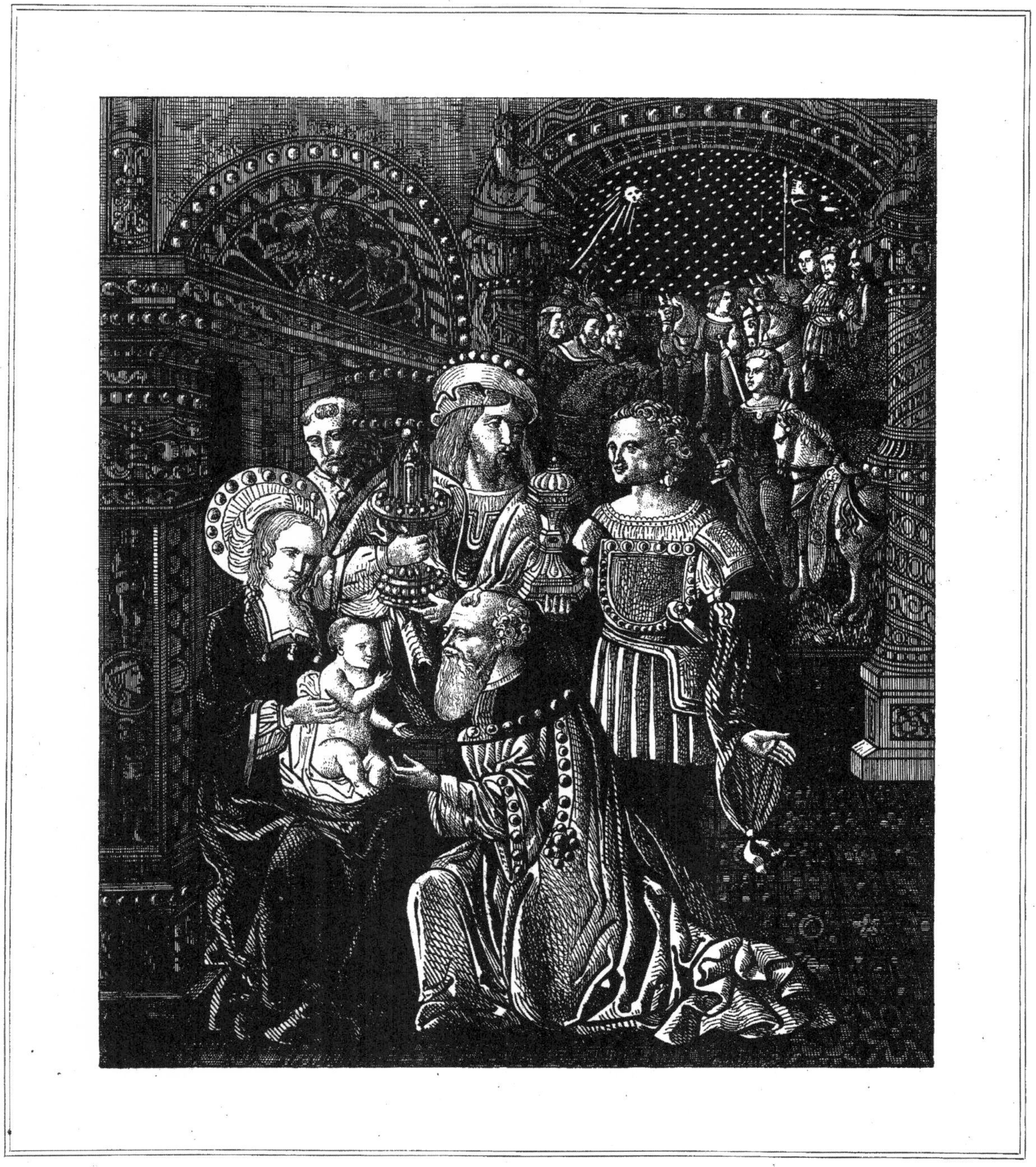

2035

Plaque émaillée attribuée à Jean Ier Penicaud, un des maîtres de cette brillante école limousine qui nous a valu tant de chefs-d'œuvre en ce genre. Elle représente l'adoration des Mages. La Vierge est assise à gauche, à l'entrée d'un palais (véritable anachronisme) d'une architecture fabuleusement riche. Un des rois est agenouillé devant la Vierge et l'Enfant-Dieu. Les deux autres debouts et vêtus d'un costume du temps tiennent en mains leurs présents. La suite nombreuse des Mages apparaît dans le fond.

Les émaux sont très-colorés; les chairs violet foncé.— Fonds de métal avec rehauts d'or par places.

这个搪瓷的平板被认为是约翰·佩尼柯（Penicaud）一世所作，培尼柯是名作众多的利穆赞流派中的一位大师。图中描绘了对东方圣人的崇拜。圣母玛利亚坐在图中左侧的宫殿入口处，宫殿一派繁华，与事实正相反。有一位国王跪在圣母玛利亚与刚出生的耶稣身旁，而另外两位国王则站在旁边，身着具有时代特色的服装，手里拿着礼物。图片背景可见东方三博士的众多列队随从。

釉颜色是深色的；人物是深紫罗兰色。黑色的底面上点缀着金色。

An enamelled plate attributed to Jean Ier Panicaud, one of the masters of that brilliant Limosin school to which we owe so many marvels of that kind. It represents the Adoration of the wise men of the East. The Virgin is seated on the left and at the entrance of a palace with an architecture as rich as the whole is contrary to the truth. One of the kings is kneeling before the Virgin and the Infant-God. The two others, standing up and clothed with garments of the epoch, hold presents in their hands. The numerous train of the Magi appears in the back-ground.

The enamels are high-coloured; the flesh is of a deep violet. — Metallic back-grounds with gold set off here and there.

XVIe SIÈCLE. — ÉCOLE ITALIENNE.
(MUSÉE DU LOUVRE.)

ARMES DÉFENSIVES. — CASQUE,
D'APRÈS LE DESSIN ORIGINAL.

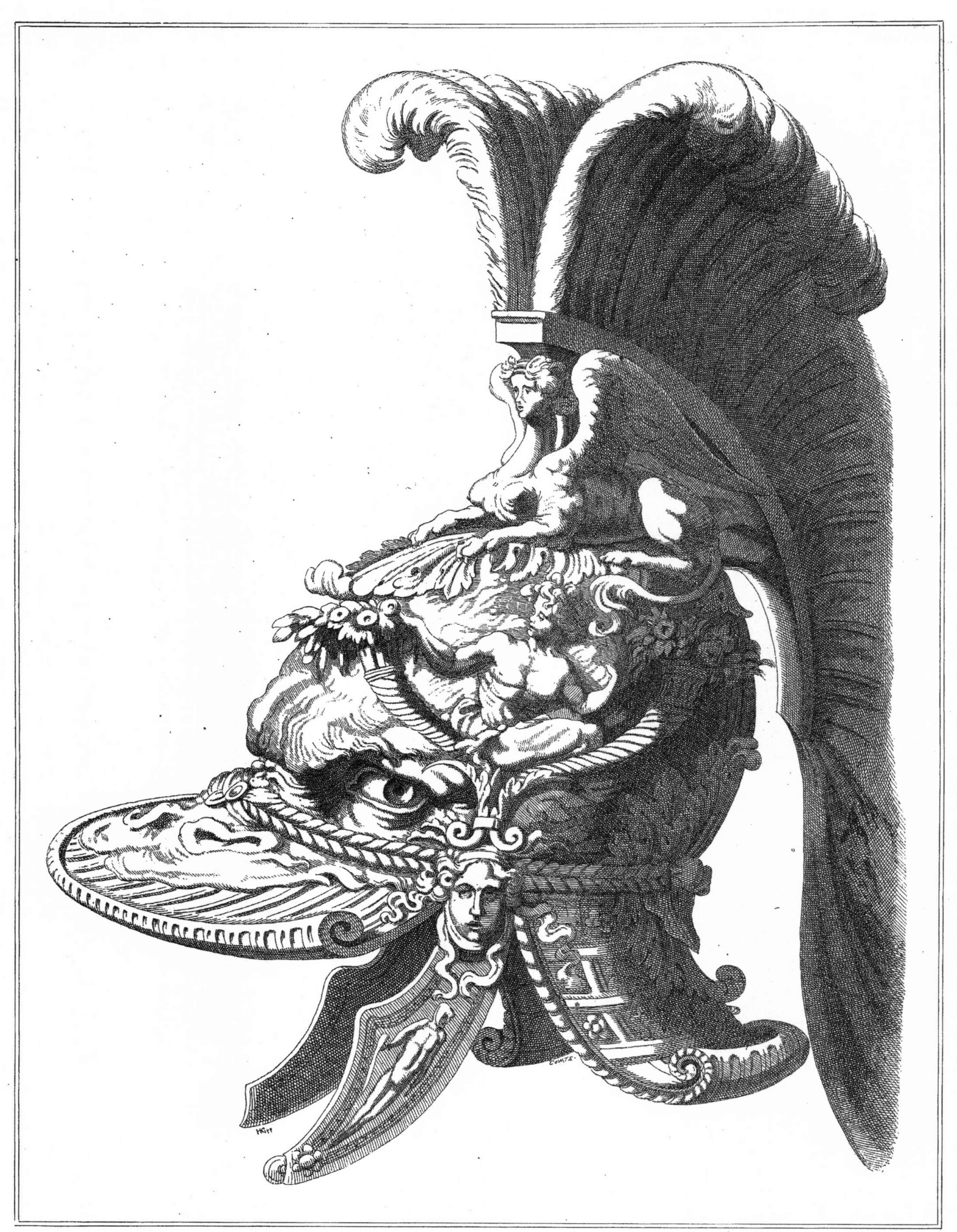

2036

Le musée du Louvre possède depuis longtemps une série précieuse de dessins de maîtres anciens qui vient de s'augmenter encore de quelques pièces rares. — Le casque ci-dessus, dessiné par Polydore de Caravage, a particulièrement attiré notre attention, et nous l'avons fait reproduire.

卢浮宫博物馆长久以来都收藏着许多古代大师们的名贵画作，近期又增加了一批珍奇作品。

我们在此复制的头盔图样由波吕多罗斯·卡拉瓦乔（Polydorus di Caravaggio）绘成，此图十分引人注目。

The Louvre's Museum has long been in possession of a precious series of drawings by old masters, which has just got an increase by the addition of some rare pieces.

The above helmet, drawn by Polydorus di Caravaggio, has particularly attracted our attention, and we have had it reproduced.

XVIe SIÈCLE. — SCULPTURE ET MENUISERIE FRANÇAISE.

(ÉPOQUE DE HENRI II.)

PORTE EN BOIS DU CHATEAU D'ANET.

A L'INTÉRIEUR DE LA CHAPELLE.

2037

2038

Tout le monde sait que le château d'Anet, près de Dreux, avait été élevé pour Diane de Poitiers, favorite du roi Henri II, et qu'un des plus grands architectes de la Renaissance, Philibert de l'Orme y avait dépensé tout ce qu'il avait de science et de goût. Il avait été puissamment secondé, il est vrai, par d'habiles artistes, et entre autres, par Jean Goujon, le sculpteur français par excellence, comme de l'Orme en était, à cette époque, l'architecte. La demeure de la duchesse de Valentinois put devenir, grâce à ce concours, une des plus splendides et des plus belles habitations élevées pendant la Renaissance. Malgré cela le château d'Anet ne put se conserver bien longtemps intact; le beau caractère dont l'avait empreint son architecte fut dénaturé, dès 1688, par le duc Louis de Vendôme, qui fit faire par Le Vau, architecte de mérite pourtant, des additions et des modifications extrêmement fâcheuses dans plusieurs parties de l'édifice.

Les propriétaires successifs ne se firent pas faute d'imiter ce triste exemple, et 93, couronnant l'œuvre de destruction, en fit presque des ruines.

Depuis quelques années, M. Moreau, le nouveau propriétaire du château d'Anet, amateur et collectionneur distingué, en a entrepris la restauration, et l'édifice n'a plus déjà l'aspect attristant que nous lui avons vu il y a quinze ans.

La porte que nous montrons, et qui provient de la chapelle, est en noyer incrusté de bois des Iles, bois qui étaient plus rares à cette époque qu'ils ne le sont aujourd'hui. — Dans les deux panneaux sculptés, on voit au centre une tête d'ange ailé servir de naissance à des feuillages, et posée sur une sorte de bouclier orné du croissant de Diane de Poitiers.

Everybody knows that the castle of Anet, near Dreux, was erected for Diana of Poitiers, Henri the Second's favourite, and that one of the greatest architects of the Renaissance, Philibert de l'Orme, spent on the building all that his science and taste could give. He was, it is true, powerfully helped by skilful artists and specially by Jean Goujon, the French sculptor, par excellence, of that epoch, as Philibert de l'Orme was the French architect. Thanks to that cooperation, the residence of the duchess of Valentinois became one of the finest and most splendid dwellings built during the Renaissance. For all that, Anet castle was not enabled to remain long intact: the fine character with which it had been stamped by its architect was adulterated by the duke Louis de Vendôme who had most regrettable additions and modifications made in several parts of the edifice by Le Vau, an architect of merit, though. The successive owners did not fail to follow this sad example, and 93, giving the last blow, made but a wreck of that beautiful structure.

For a few years, M. Moreau, the new landlord of Anet castle, has undertaken its restoration, and already the edifice has no more the sad look which we saw it looking some fifteen years ago.

The door here shown and which is that of the chapel, is of nut wood with incrustations in West-Indies wood which was then rarer than it is now. — In both carved panels is seen the head of a winged angel wherefrom spring some foliages and which is placed upon a kind of a shield ornated with the crescent of Diana of Poitiers.

Let us again say that Anet castle has just been carefully restored by its present owner, M. Moreau, an eminent amator and collector.

众所周知，法国得勒附近的安奈城堡是为了亨利二世的最爱——戴安娜·普瓦捷（Diane de Poitiers），而制造的。安奈城堡是文艺复兴时最杰出的建筑物之一，充分倾注了建筑者菲利贝尔·德洛姆（Philibert de l'Orme）的全部心血。实际上，德洛姆还得到了法国同时代的一位杰出的雕塑家让·古戎（Jean Goujon）的鼎力相助。多亏了两人的合作，瓦伦蒂诺（Valentinois）公爵夫人的住所才得以成为文艺复兴时期最壮丽出色的建筑。尽管如此，安奈城堡的原样并没能长久地保存下来，路易旺多姆（Louis de Vendome）公爵妄自命人在德洛姆出色的设计上增改，尽管在这座建筑上做出多处改动的人是著名建筑师勒沃（Le Vau），这些改动依旧令人生憾。这座建筑之后的几位所有者，也无一不破坏了它，最终，这座城堡成为了一座废墟。

几年之后，安奈城堡的新主人莫罗（M.Moreau）先生开始了对它的修复，这座建筑物也不再像它十五年前那样破旧了。

我们在此展示的图样来自城堡里小教堂的门，门由西印度群岛的坚果木制成，木材上有现在也十分罕见的结痂。在这两面嵌板中都可见一个有翼的天使头像，及其头上的叶子，下方的盾型物还饰有戴安娜·普瓦捷的新月标记。

我们在此重申，安奈城堡现已被它目前的所有者莫罗先生修缮一新。莫罗先生是一位著名的收藏家和艺术爱好者。

XVIIe SIÈCLE. — DINANDERIE FLAMANDE.
(ÉPOQUE DE LOUIS XIII.)

USTENSILES DIVERS. — BRAZEROS ET CHAUFFERETTES
EN CUIVRE REPOUSSÉ.

2039

2040

2041

2042

La fig. 1 qui appartient à M. Achille Jubinal, est un brazero monté sur une tige, s'adaptant elle-même à un pied composé de trois branches. La tige et les branches du pied sont de forme torse. Le tisonnier, la pelle et les pincettes qui se suspendent à la cuvette du meuble sont aussi traités dans cet esprit. — Un disque troué, où l'on voit une image équestre de l'empereur Marc-Aurèle, sert de couvercle au brazero, mais ne paraît pas avoir été fait pour cette destination.

Les fig. 2039 et 2040 sont deux chaufferettes dites *gueux* à mains. — La fig. 2041 montre en plan la figure 2040.

图 2039 是一个火盆，支在一根三脚长杆上，此物归阿希尔・朱比那（Achille Jubinal）先生所有。长杆及其三脚分支上均带扭纹。火盆旁挂着的拔火棍、铲子和钳子也装饰着扭纹。图中那块有许多小洞的盘子刻有皇帝马可・奥里列乌斯（Marcus-Aurelius）的骑马像，似乎起的是火盆盖的作用，但又好像不是因这个目的而制作的。

图 2040 和图 2042 展示的均是被称为“Gueux”的暖脚器。

图 2041 则是图 2040 所展示物品的俯瞰图。

Fig. 1 is a brazero set up a rod which fits into a foot with three branches, and belongs to M. Achille Jubinal. The rod and the branches of the foot are twisted. The poker, shovel and tongs, hanging to the basin of the object, have also the same decorative shape. — A disk with holes wherein is seen an equestrian statue of the emperor Marcus-Aurelius, serves for a lid to the brazero, but does not seem to have been made for that purpose.

Fig. 2 and 3 are two foot-warmers, called *gueux* with a handle. Fig. 4 shows the object seen from the top.

8e Année. — N° 227 — 30 Mai 1869.
L'ART POUR TOUS
ENCYCLOPÉDIE DE L'ART INDUSTRIEL ET DÉCORATIF
Paraissant les 15 et 30 de chaque mois.
PUBLIÉ SOUS LA DIRECTION DE M. C. SAUVAGEOT | FONDÉ PAR M. EMILE REIBER, ARCHITECTE
ABONNEMENT ANNUEL
France. . . . . 18 fr.
Étranger. . . . 20 fr.
L'Année parue. 25 fr.
A. MOREL
ÉDITEUR
13, rue Bonaparte
Paris.

XVIe SIÈCLE. — SCULPTURE FRANÇAISE. (HENRI III.)

PANNEAUX OU MONTANTS EN BOIS SCULPTÉ, ORNÉS D'ARABESQUES.

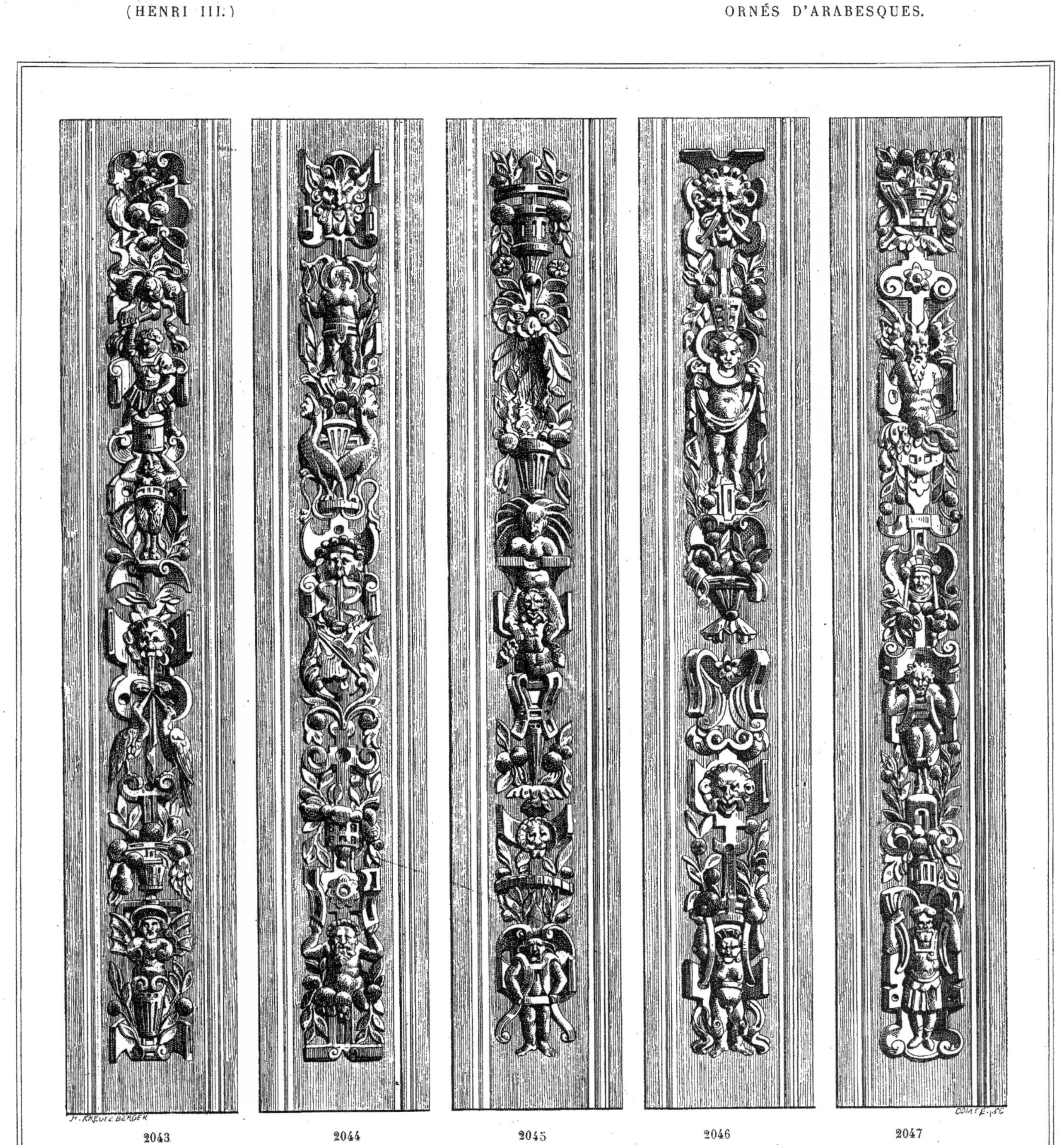

2043 2044 2045 2046 2047

Ces cinq fragments ont fait partie d'un meuble fabriqué vers la fin du xvie siècle, mais à quel genre de meuble? Nous l'ignorons. La sculpture, un peu arrondie aujourd'hui, était à n'en pas douter, très-soignée et bien à sa place. Ce ne sont plus les fines arabesques des premières années de la Renaissance, mais c'est moins banal peut-être, et en même temps plus sévère, plus contenu, sans toutefois manquer de variété. — On pourrait sans crainte s'en inspirer dans la décoration d'un meuble en style de cette époque et dans maints autres cas.

图中的五个部分曾属同一件制于 16 世纪末的家具，但家具的种类我们无法得知。这些雕刻线条圆润，位置周正。其中没有文艺复兴初年的蔓藤花纹，雕刻图样不太常见，却更加严谨精炼，独具特色。人们也许会把它们当做是那个时代的物品装饰图样的典型，也可能还有些别的用处。

These five fragments were once parts of a piece of household furniture, manufactured about the end of the xvith. century; but of what kind? We do not know. The carving, to-day rather roundish, was doubtless carefully executed and in its proper place. Therein we have no more the nice arabesques of the first years of the Renaissance, but something perhaps less common-place and withal more severe and chastened, though far from lacking in variety. — One might confidently take it as a model for the decoration of an object in the style of that epoch, and for many other purposes.

XVIe SIÈCLE. — ÉCOLE FRANÇAISE.

MOBILIER. — COMMODE ORNÉE D'INCRUSTATIONS.

2048

Cette pièce, œuvre de Boule, se voit à la Bibliothèque Mazarine, à Paris.

这件博勒（Boule）的作品可见于巴黎的马萨林博物馆。

This object, a work of Boule, is to be seen at the Mazarine Library of Paris.

XVIe SIÈCLE. — ÉCOLE ITALIENNE. ANCIENS MAITRES. — DESSINS ET COMPOSITIONS.

(AU MUSÉE DU LOUVRE A PARIS.)

Dans une des salles du Louvre on a eu l'excellente idée de disposer sur une sorte de pupitre tournant un certain nombre de dessins de maîtres d'une extrême variété. — Par leur valeur incontestable ces dessins méritaient une sorte de distinction, et c'est avec un véritable intérêt qu'on les passe un à un en revue.

Nous avons fait reproduire quelques-unes de ces œuvres pour notre recueil, celles bien entendu qui ne sortaient pas du cadre que nous rous sommes tracé. — Les deux fragments ci-contre ne sont pas signés; il est, en conséquence difficile de leur donner une attribution positive. Nous dirons seulement qu'ils sont œuvres de maîtres et exécutés avec une très-grande facilité. — Le trait à la fois ferme et correct est rehaussé de lavis.

❀

在卢浮宫的其中一面墙上，有这样一组精美的装饰，图中有一旋转桌子，还展示着各种精美的名家作品。这些高雅出众的作品有着不可否认的价值，人们在一幅幅地欣赏它们时也是带着极大的兴趣。

在可展示的范围内，我们有幸在

2049

2050

In one of the Louvre's halls, there is a contrivance, and it is an excellent one, which consists in a kind of revolving desk whereupon is spread a large variety of drawings by well known masters. — Their incontestable value deserved those designs a kind of inscription, and it is with a real interest that people examine those drawings the one after the other.

We have had some of those works reproduced for our Review, the ones, be it understood, that did not exceed the limits which we were obliged to lay out. — The two fragments here shown are without signature; it is consequently difficult to say positively what they were intended for. But we do say that they are masterly works and executed by an easy hand. — The trait, both firm and correct, is set off with wash.

❀

此复制了几幅名作以供观赏。此处展示的两幅图均无详细署名，因此也就很难确定他们原本的用途。但我们能肯定地说，他们都出自技艺超群的大师之手。颜料的薄涂层也使图样线条更加强健有力和适合周正。

VASES DIVERS EN TERRE NOIRE.

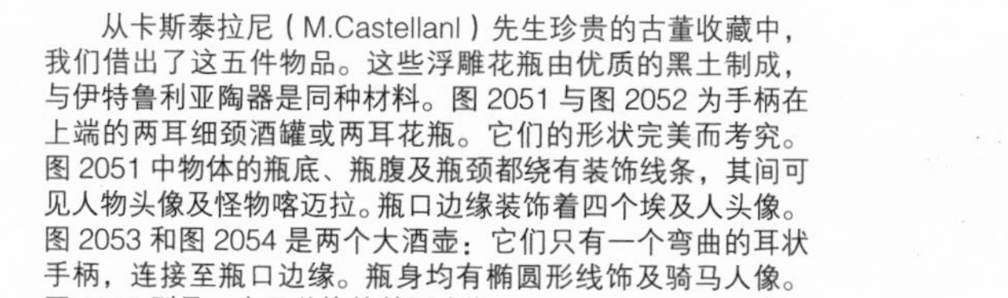

从卡斯泰拉尼（M.Castellani）先生珍贵的古董收藏中，我们借出了这五件物品。这些浮雕花瓶由优质的黑土制成，与伊特鲁利亚陶器是同种材料。图 2051 与图 2052 为手柄在上端的两耳细颈酒罐或两耳花瓶。它们的形状完美而考究。图 2051 中物体的瓶底、瓶腹及瓶颈都绕有装饰线条，其间可见人物头像及怪物喀迈拉。瓶口边缘装饰着四个埃及人头像。图 2053 和图 2054 是两个大酒壶：它们只有一个弯曲的耳状手柄，连接至瓶口边缘。瓶身均有椭圆形线饰及骑马人像。图 2055 则是一个无装饰的单耳小瓶。

It is from M. Castellani's fine collection of antique works that we borrow these five objects. They are vases with embossings, manufactured from a black and fine earth often made use of in Etruscan potteries. — Fig. 1 and 2 are amphoræ or two-handled vases which were carried on the head. — Their shape is pure and well studied. — The bottom, belly and neck of fig. 1 are encircled with mouldings and, in the field formed by the latter, one sees chimeræ and human figures. The rim of the aperture is decorated with four heads of true Egyptian descent. Fig. 3 and 4 are œnochæ : they have but one handle which bends, ear-like, at its junction with the rim. — We still see here mouldings with godroons, and horsemen disposed on the vase's belly. — Fig 5 is quite a small vase with a single handle and without any decoration.

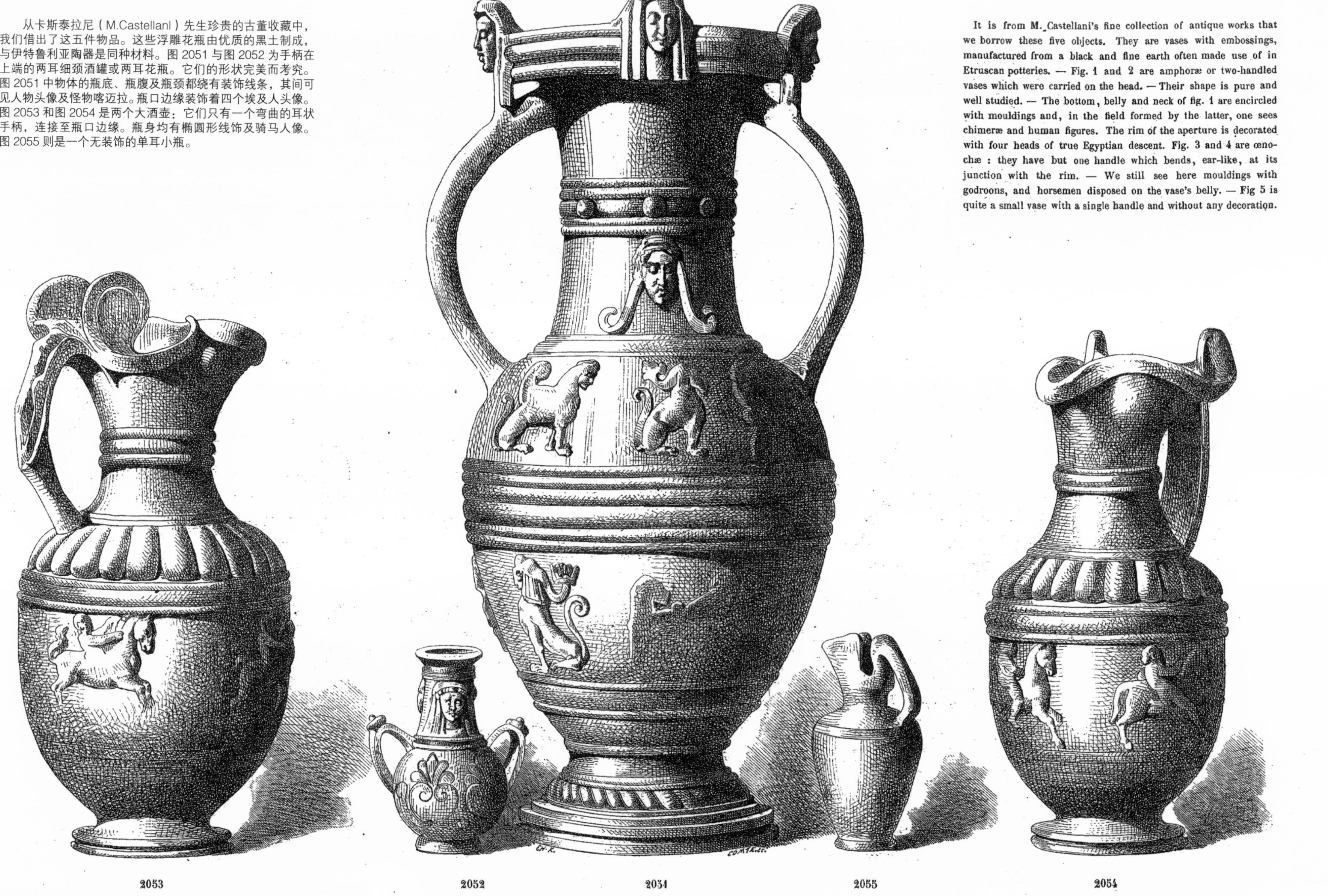

2053 2052 2051 2055 2054

C'est à la belle collection d'œuvres antiques de M. Castellani que nous empruntons les cinq objets ci-dessus. Ce sont des vases à reliefs fabriqués avec une terre noire et fine, souvent en usage dans les poteries étrusques. — Les fig. 1 et 2 sont des amphores ou vases à deux anses destinés à être portés sur la tête. — Leur forme est pure et étudiée. — La base, le col et la panse de la fig. 1 sont cerclés de moulures, et dans le champ formé par celles-ci sont disposées des chimères et des figures humaines. Le bord de l'orifice est décoré de quatre têtes d'un souvenir tout égyptien. — Les fig. 3 et 4 sont des œnochœs : ils ne possèdent qu'une seule anse se courbant en oreillette à sa jonction avec le bord de l'orifice. — Nous voyons encore ici des moulures avec godrons, et des cavaliers disposés sur la panse. — La fig. 5 est un tout petit vase à une anse privé de toute décoration.

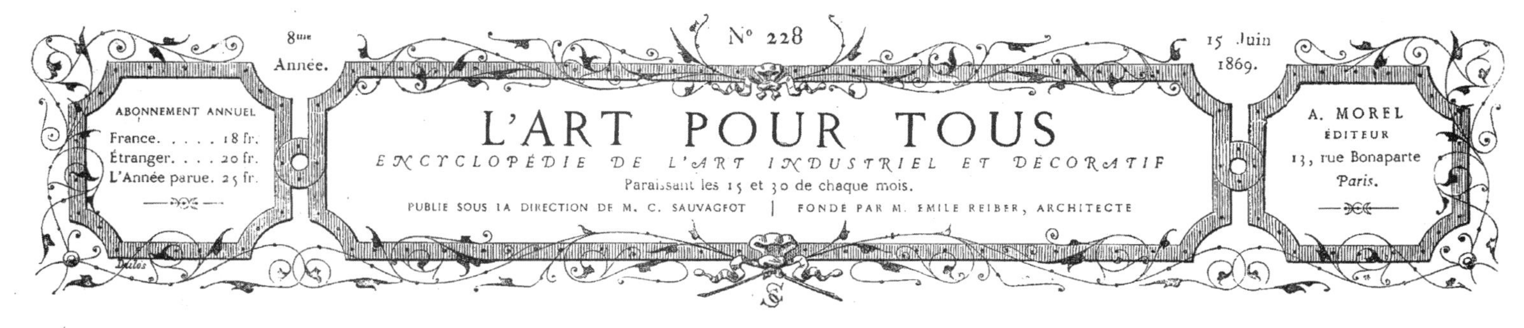

XVII° SIÈCLE. — FABRIQUE FRANÇAISE.
(ÉPOQUE DE LOUIS XIV.)

DÉCORATIONS INTÉRIEURES. — CUIR GAUFRÉ
AU TIERS DE L'EXÉCUTION.

(AU MUSÉE DE L'UNION CENTRALE DES ARTS APPLIQUÉS A L'INDUSTRIE.)

2056

Il était de mode pendant les XVIe et XVIIe siècles d'employer, pour les tentures de tout appartement somptueux, le cuir gaufré rehaussé d'or. — C'était à la fois riche, solennel et de longue durée. Il est regrettable qu'on ait à peu près renoncé à ce mode de tenture.

每一座豪华住所都要悬挂饰金压花皮革是 16 世纪和 17 世纪的潮流。

此种悬挂物华贵瑰丽又持久耐用。真遗憾现在我们已经不再使用这种悬挂物了。

In the XVIth and XVIIth centuries it was the fashion to use for hangings of every sumptuous apartment the goffered leather set off with gold.

It was both rich grand and lasting. It is to be regretted that we have given up that kind of hangings.

XVIIIe SIÈCLE. — ÉCOLE FRANÇAISE.
(ÉPOQUE DE LOUIS XV.)

ENCADREMENTS-TITRES. — FRONTISPICES,
COMPOSÉ ET GRAVÉ PAR BABEL.

AVIS AU LECTEUR DES ORDRES D'ARCHITECTURE

Le mot d'Ordre signifie dans ce grand Art un assemblage de différents corps qui étant proportionnels entre eux, et au tout, flattent la vüe, de même que l'union de plusieurs sons harmoniques procure à l'oreille une agréable sensation.

On distingue cinq ordres, savoir : le Toscan, le Dorique, l'Ionique, le Corinthien et le Composite ou Romain. Chacun de ces ordres est composé de trois parties principales, du piédestal, de la colonne et de l'entablement qui doivent être proportionnés entre eux et à la hauteur de toutte l'ordonnance ; ces mêmes parties sont aussi subdivisées chacune en trois autres, le piédestal a sa base, son fust et son chapiteau, et l'entablement a son architrave, sa frize et sa cornicbe. J'ai pensé qu'il étoit à propos pour en dôner d'abord une idée d'en dessiner les figures, et donner à entendre ce que c'est que module qui n'est autre chose qu'une mesure de la longueur du semi-diamètre de la colonne que vous voulez construire, sans pourtant y marquer les mesures, parce qu'en cecy mon dessein n'est autre que de représenter tout d'un coûp l'effet d'une règle générale dont je ferai dans la suite l'application à chaque ordre en particulier.

ANTIQUITÉ. — CÉRAMIQUE GRECQUE. FIGURES DÉCORATIVES ET FRISES.

(AU MUSÉE NAPOLÉON III.)

2058

2059

XVIe SIÈCLE. — SCULPTURE FRANÇAISE.
(MUSÉE DE L'HOTEL DE CLUNY.)

GAINES ET SUPPORTS
EN BOIS SCULPTÉ.

2060  2061  2062  2063

Dans la fig. 2060, les jambes du satyre passent à travers une gaine chargée de fruits. — La fig. 2061 montre un pied de table ajouré. La fig. 2062 est un support provenant de l'ancien escalier de la Cour des comptes. Fig. 2063, profil du support.

在图 2060 中，萨蒂尔（Satyr）的双足穿过了覆盖着水果的装饰。图 2061 中的物体底部有镂空装饰。图 2062 位于巴黎市审计厅，属其古旧楼梯支撑物的一部分。图 2063 则是图 2062 的侧面照。

In fig. 2060, the satyr's feet pass through a sheath covered with fruits. — Fig. 2061 shows a table's foot open-worked. Fig. 2062 is a support of the old staircase at the Audit Office in Paris. Fig. 2063 is the profile of ditto.

XVIIIe SIÈCLE. — TRAVAIL FRANÇAIS.
(ÉPOQUE DE LA RÉGENCE.)

CADRE EN BOIS SCULPTÉ.
(ANCIENNE COLLECTION LE CARPENTIER.)

2064

A un excellent parti pris d'ensemble se joint une certaine confusion de détails qui vient nuire à l'objet entier. On peut supposer que ce trop riche cadre est un de ces chefs-d'œuvre de maîtrise comme il s'en fit tant pendant les deux derniers siècles. L'auteur a voulu, semble-t-il, faire quelque chose de très-remarquable : il y est parvenu, mais quant à l'exécution seulement.

Les sujets du centre sont peints.

图中我们能看到，此物体图样中过于复杂的细节不利于整体效果的展示。也许会有人会认为这个花样繁杂的框架是众多上乘之作的其中之一，就像过去两个世纪里流行的那样。这位艺术家似乎是想制作出一件卓越非凡的艺术品，却只成功地表现了自己的雕刻技巧。

中心图样是一幅绘画。

We see here with an excellent conception of ensemble a certain confusion of the details which is prejudicial to the whole object. One may suppose this rather too rich frame is one of the trial pieces for the mastership, such as so many were executed in the two last centuries. It seems the artist was attempting to make something very remarkable and has succeeded but in the execution.

The central subjects are painted.

XVIIIe SIÈCLE. — CÉRAMIQUE FRANÇAISE.
FABRIQUES DE ROUEN.

SALADIER EN FAÏENCE ÉMAILLÉE
A Mme JOURDEUIL.

Pralon, del. et lith. 2065 Strasbourg, typ. G. Silbermann

Cet objet est présenté un peu moins grand que l'exécution. — Comme dans toutes les pièces de cette époque fabriquées à Rouen, on remarque le bon goût et l'harmonie du décor joints à la finesse de l'émail.

这个盘子的展示大小比实际要小些。此盘处处都展现出那时鲁昂工艺品的特色。其设计优美，饰样协调，使得此件瓷器更加精美。

This salad-dish is here a bit smaller than in its execution. — Therein, as in every piece of that epoch manufactured at Rouen, may be seen the good style and harmony of the decoration to which is added the fineness of the enamel.

VIIe SIÈCLE. — ÉCOLE SAXONNE.

ENTRELACS TIRÉS D'UN MANUSCRIT.

2066

2067

2068

2069

Chauvet, del. Strasbourg, typ. G. Silbermann. Pralon, lith.

Ces ingénieux entrelacs sont au double de l'original.

这些缠绕复杂的独特图样的大小是原图的两倍。

These ingenious twines are drawn double of the original.

ANTIQUITÉ. — CÉRAMIQUE GRECQUE.
(MUSÉE NAPOLÉON III.)

TERRE CUITE. — VASE VOTIF
(A MOITIÉ DE L'EXÉCUTION.)

2070

Voy. l'*Art pour Tous*, vol. II, page 207, ‖ 详见本书第二年的 207 页。 ‖ See *Art pour Tous*, vol. II, page 207.